通信网络前沿
技术丛书

无人机无线网络技术

[英] 穆罕默德·阿里·伊姆兰（Muhammad Ali Imran）
奥卢瓦卡约德·奥尼雷蒂（Oluwakayode Onireti）
舒贾·安萨里（Shuja Ansari）
卡默尔·H. 阿巴斯（Qammer H. Abbasi） 编著

祝小平 王飞 张阳 祝宁华 译

AUTONOMOUS AIRBORNE WIRELESS NETWORKS

图书在版编目（CIP）数据

无人机无线网络技术 /（英）穆罕默德・阿里・伊姆兰（Muhammad Ali Imran）等编著；祝小平等译．北京：机械工业出版社，2024. 12. --（通信网络前沿技术丛书）-- ISBN 978-7-111-77047-3

I. V279

中国国家版本馆 CIP 数据核字第 2024S9R178 号

机械工业出版社（北京市百万庄大街 22 号　邮政编码 100037）

策划编辑：王　颖　　　　　　　　责任编辑：王　颖

责任校对：李　霞　李可意　景　飞　　责任印制：任维东

河北鹏盛贤印刷有限公司印刷

2025 年 1 月第 1 版第 1 次印刷

186mm × 240mm・14 印张・248 千字

标准书号：ISBN 978-7-111-77047-3

定价：89.00 元

电话服务　　　　　　　　　　　网络服务

客服电话：010-88361066　　　　机　工　官　网：www.cmpbook.com

　　　　　010-88379833　　　　机　工　官　博：weibo.com/cmp1952

　　　　　010-68326294　　　　金　　书　　网：www.golden-book.com

封底无防伪标均为盗版　　　　机工教育服务网：www.cmpedu.com

| Preface | 前　言

当前，空中网络（AN）在军事、民用和公共应用中发挥着越来越关键的作用，已逐渐成为无线通信领域的研究热点。第三代标准化合作伙伴项目（3GPP）促进了空中无线网络与未来蜂窝网络的整合研究。由无人机（UAV）提供的空中无线网络以较低的成本提供可靠的无线通信，可用于未来各种有通信需求的新型应用。与基于高空平台的通信或传统的地面通信相比，用无人机提供的按需通信具有快捷部署的特性，并且在需要重新部署或配置时具有较强的灵活性，特别是其视线（LoS）链路距离最短的特性，使得空中无线网络的传输具有较强的优势。

尽管空中无线网络有很多优点，但在实际应用中也受到一些限制，例如能量限制（电池电量有限）、飞行区域限制和相关安全问题。因此，为自主空中无线网络开发新的信号处理、通信与优化框架是至关重要的。新型空中无线网络应可以提供较高传输速率，并协助传统的地面网络为传感应用提供实时和可靠性高的网络支持。因此，应在考虑用户的高移动性以及用户日益增长的数据需求的基础上，对通信信道进行准确的表征；空中无线网络的空对地（AG）和空对空（AA）信道传播模型可以通过测量和经验研究来描述。此外，需要根据不同的使用场景，对空中无线网络的关键性能指标（KPI）进行优化，如飞行时间、轨迹、数据速率、能源效率和延迟等。

本书探讨了空中无线网络理论和实践的最新进展，包括应急通信、物联网（IoT）、信息传播、未来医疗、pop-up 网络等。本书重点介绍了信道特性和建模、网络架构、空中网络、自组织回传、基于人工智能的轨迹优化，以及空中无线网络技术在农业、水下通信和应急网络等领域的应用。本书进一步强调了自主空中网络设计过程中的主要考虑因素，并探讨了由无线通信系统的最新进展带来的新机遇。本书还向读者展示了通过自组织网络和人工智能支持空中无线网络的各种用例。

无人机为各种需要无线网络可靠且覆盖范围广的应用提供了一个合适的空中平台。信道模型在无线通信系统中起着关键作用，准确的信道建模对于满足终端用户日益增长的数据需求是必不可少的。第1章主要讨论无人机网络的信道模型，介绍了无人机通信中的信道建模，同时关注空对地和空对空传播信道的突出特点，最后讨论了无人机作为空中无线节点实际部署中的一些关键研究挑战。

第2章描述了超宽带（UWB）信道的基本特性，介绍了人体和无人机在7.5 GHz带宽下的首次实验性研究。介绍了测量环境，详细说明了在室内和室外环境中进行视线和非视线情况下的测量活动。此外，还介绍了基于超宽带无人机到可穿戴设备（UAV2W）的信道特性，以及通过统计分析准确表征无人机与位于身体不同位置的接收器通信时的信道衰减分布。

第3章介绍了基于合作的多智能体——Q-learning算法。该算法的设计目标是使网络中离线的用户数量最小化，它确定了频率的最佳分配方案以及无人机的使用数量。提出并比较了基于四种不同行动选择策略的Q-learning算法在设计复杂性、更改运行无人机数量的能力和收敛时间方面的不同。还提出了数值结果，给出了感兴趣区域的用户密度与运行频率之间的关系。

第4章提出了一个自供能无人机辅助缓存中继方案。在该方案中，无人机的通信能力可由基于功率分流的无线携能通信（PS-SWIPT）接收器实现。该接收器采用解码和转发（DF）中继协议来协助信息源节点向用户传输信息。本章提出了可适应系统内通信过程的信息传输框图。此外，在遵守通信网络服务质量要求的同时，讨论了通信系统的最佳运行时间、资源分配以及无人机的最优轨迹，最后介绍了在用户设备中，系统参数对信息率影响的数值仿真结果。

第5章重点介绍了毫米波（mmWave）和太赫兹（THz）通信的案例研究，以及应用毫米波和太赫兹频段对无人机通信技术的挑战。本章首先介绍了毫米波和太赫兹频段的通信潜力，随后概述了为无人机通信实施毫米波和太赫兹频段的技术挑战，接下来提出了理论分析，重点是无人机的配置问题。此外，本章考虑严格的通信限制，如系统带宽、数据速率、信噪比（SNR）等，研究了无人机辅助的混合异构网络（HetNet）的性能，通过解决地面小尺寸蜂窝基站（SCB）与无人机通信的相关问题，使整个系统的总速率最大化。数值结果显示基于无人机辅助的无线网络性能良好。

第6章讨论了一种使用合作型无人机作为友好干扰器来提高认知无线电网络安全性能的方法。本章首先介绍了认知无线电系统中无人机合作干扰的系统模型，然后提出了优化问题。网络中的资源分配必须与发射功率、无人机轨迹进行联合优化，在满足主接收机（PR）给定干扰阈值的同时，最大化安全传输速率。由于原始问题是非凸的，我们首先将原始问题转化为可优化的形式，然后提出了一种基于凸近似的连续算法来解决它，最后通过数值结果验证了认知无线网络的安全性能得到显著改善。

第7章探讨了在空中无线网络中使用智能反射面（IRS）对用户和基站进行定位的技术。定位是目前和未来无线网络中的一个重要部分，它可以提高网络运行效率并协助多种基于定位的应用。本章首先介绍了相关工作以及基于智能反射面与无人机基站的潜在应用，然后讨论了智能反射面在空中无线网络中的整合以及潜在的使用案例，之后介绍了一个基于智能反射面的自动导航仪的定位模型以及一些数学模型，最后提出了一些研究方向以及未来研究挑战。

第8章描述了无人机在灾难网络恢复中的应用。本章首先对无人机网络进行了概述，包括对无人机架构的描述，即单无人机系统、多无人机系统、合作多无人机系统和多层无人机网络。然后我们讨论了无人机最广泛的应用与无人机系统要求的不同、在灾难网络恢复背景下无人机网络的设计考虑、无人机灾难网络的新技术和基础设施趋势[即网络功能虚拟化（NFV)、软件定义网络（SDN)、云计算和毫米波网络]，以及人工智能、机器学习、优化理论和博弈论等技术。

第9章讨论了无人机在智能城市环境监测中对病毒防范的重要性。我们介绍了无人机的两个使用场景，即无人机作为空中基站（ABS）和无人机作为中转站，同时还介绍了两个场景光线追踪的仿真设置。在空中基站传输功率和悬停高度的限制下，我们推导出覆盖指定区域的最优空中基站数量，并考虑了光线追踪模拟的路径损耗和信道衰减效应。然后，我们描述了使用无人机作为中转站时的5G空中接口，介绍了地面用户的接收功率和覆盖区域吞吐量的模拟结果。

第10章介绍并讨论了基于物联网的智能农业（SF）的研究举措和科学文献，然后分析了无人机在智能农业中的使用方式和应用场景，详细回顾了文献中的各项科学工作。接着，本章介绍了联网的要求和解决方案，以及对农业环境中支持物联网方案的现有协议的简要对比。最后，本章讨论了联合使用移动边缘计算（MEC）和5G网络的潜在作用，提出了通过无人机和卫星连接智能农场的网络架构。

湿地监测需要准确的地形图和测深图，这可以通过使用无人机来实现，无人机可以定期创建地图，而且成本最低，对环境影响也小。第11章介绍了实现该功能所需的一套系统。我们首先讨论了自动图像标记系统，接下来介绍了一个用于区分陆地和水面的在线分类系统，然后使用航空机器人创建离线测深制图。由于离线方法没有充分利用无人机提供的适应性，我们还介绍了在线测深制图。最后，本章介绍了结果和分析，以显示在线测深制图的最佳组合。

随着探索深空和连接太阳系行星与地球的研究，传统的卫星网络已经超越了地球同步赤道轨道（GEO），其中星际互联网将发挥关键作用。第12章对卫星间以及深空网络（ISDN）进行了简要回顾。本章讨论了卫星网络以及深空网络的分类，将其分为不同的层级，同时强调了通信和网络范式。我们讨论了每个层级的安全要求、挑战和威胁，并提出在卫星及深空网络不同层级中对已确定挑战的潜在解决方案，最后在结论中强调了卫星网络以及深空网络在未来蜂窝网络中的关键作用。

| Contributors to this book | 本书贡献者

Muhammad Ali Imran（英国格拉斯哥大学）
Oluwakayode Onireti（英国格拉斯哥大学）
Shuja Ansari（英国格拉斯哥大学）
Qammer H. Abbasi（英国格拉斯哥大学）
Hisham Abuella（美国俄克拉荷马州立大学）
Rigoberto Acosta-González（古巴拉斯维拉斯中央大学）
Muhammad W. Akhtar（巴基斯坦国立科技大学）
Gotta Alberto（意大利信息科学技术研究所）
Mudassar Ali（巴基斯坦工程技术大学）
Imran S. Ansari（英国格拉斯哥大学）
Rafay I. Ansari（英国诺森比亚大学）
Shuja S. Ansari（英国格拉斯哥大学）
Muhammad R. Asghar（新西兰奥克兰大学）
Muhammad Awais（英国兰卡斯特大学）
Elizabeth Basha（美国太平洋大学）
Rabeea Basir（英国格拉斯哥大学）
Charles F. Bunting（美国俄克拉荷马州立大学）
Yunfei Chen（英国华威大学）
Naveed A. Chughtai（巴基斯坦国立科技大学）
Jacob N. Dixon（美国 IBM 公司）
Sabit Ekin（美国俄克拉荷马州立大学）
Syed A. Hassan（巴基斯坦国立科技大学）

Jamey D. Jacob（美国俄克拉荷马州立大学）
Dushantha Nalin K.Jayakody（斯里兰卡技术学院）
Amit Kachroo（美国俄克拉荷马州立大学）
Aziz Khuwaja（英国沃里克大学）
Paulo V. Klaine（英国格拉斯哥大学）
Hassan Malik（英国艾吉希尔大学）
Bacco Manlio（意大利信息科学技术研究所）
Ruggeri Massimiliano(意大利国家研究委员会能源与可持续交通科学技术研究所）
Lina Mohjazi（英国格拉斯哥大学）
Samuel Montejo-Sánchez（智利都市科技大学）
Hieu V. Nguyen（越南岘港大学）
Qiang Ni（英国兰卡斯特大学）
Phu X. Nguyen（越南 FPT 大学）
Van-Dinh Nguyen（卢森堡跨学科安全中心）
Barsocchi Paolo（意大利信息科学技术研究所）
Haris Pervaiz（英国兰卡斯特大学）
Olaoluwa Popoola（英国格拉斯哥大学）
Tharindu D. Ponnimbaduge Perera（俄罗斯联邦托木斯克理工大学国家研究中心）
Adithya Popuri（美国俄克拉荷马州立大学）
Saad Qaisar（巴基斯坦国立科技大学）
Marwa Qaraqe（卡塔尔科学与工程学院）
Navuday Sharma（爱沙尼亚爱立信公司）
Richard D. Souza（巴西圣卡塔林纳联邦大学）
Muhammad K. Shehzad（巴基斯坦国立科技大学）
Oh-Soon Shin（韩国松石大学）
Sean Thalken（美国太平洋大学）
Jason To-Tran（美国太平洋大学）
Christopher Uramoto（美国太平洋大学）
Muhammad Usman（卡塔尔哈马德・本・哈利法大学）
Surbhi Vishwakarma（美国俄克拉荷马州立大学）
Davis Young（美国太平洋大学）
Lei Zhang（英国格拉斯哥大学）

| Contents | 目　录

Chapter 1 第 1 章

无人机网络的信道模型

1.1 引言

无人机（UAV）的高机动性、易操作性和可负担的价格使其广泛应用于各种民用领域，如救灾、空中摄影、远程监控和连续遥测等。当发生自然灾害时，或者当热点地区通信网络资源将被耗尽时，可以使用无人机实现无线通信网络[1]。高通公司已经开始进行 5G 蜂窝应用的现场试验[2]。Google 和 Facebook 公司也在利用无人机为偏远地区提供互联网接入服务[3]。

根据不同环境下的应用和目标，选择适当类型的无人机对于满足预期服务质量（QoS）至关重要。对于任何特定的无线网络应用，必须考虑无人机的飞行高度及其性能。根据飞行高度可以将无人机分为低空平台（LAP）和高空平台（HAP）；根据结构，又可以将无人机分为固定翼无人机和旋翼无人机。与旋翼无人机相比，固定翼无人机为了保持飞行高度，需要一直向前飞行；旋翼无人机则适用于需要无人机在特定区域内保持相对静止的应用。这两种类型无人机的飞行时间主要取决于其携带的能源、重量、飞行速度和轨迹。

基于无人机的通信网络的突出特点是空对地和空对空传播信道。准确的信道建模对于满足终端用户日益增长的数据需求是必不可少的。现有的空对地传播信道模型是为地面通信或高海拔地区的航空通信设计的。这些模型对于在城市环境中使用小尺寸无人机的低空无人机通信是不适用的。空对地信道具有更高的视线（LoS）传播概率，这可以降低发射功率，且可靠性高。在非视线（NLoS）情况下，阴影和衍射损失可以通过无人机和地面设备之间的大仰角得到补偿。由于多普勒频移，无人机的移动会导致空对地和空对空信道传播时间发生明显的变化。

小型无人机的俯仰、偏航和滚转角变化较大，可能会出现机身阴影。此外，无人机机身的独特结构设计和材料可能会带来额外的阴影衰减。

尽管无人机有前景的应用很多，但在推广前需要解决几个技术挑战。例如，在空中基站（BS）场景中使用无人机时，主要技术挑战包括无线电资源管理、飞行时间、无人机的最优部署、轨迹优化和性能分析。在空中用户设备（UE）场景下，无人机的主要技术挑战包括干扰管理、交接管理、延迟控制和三维定位。因此，在这两种情况下，信道建模对于实现基于无人机的通信网络是非常重要的。本章概述了使用无人机作为空中用户设备和空中基站的情况，并讨论了与空对地信道建模、机身阴影、无人机的最佳部署、轨迹优化、资源管理以及与能源效率有关的技术挑战。

1.2 无人机的分类

为了确定执任务的无人机类型，需要考虑具体的任务、环境条件以及当地民用航空规定。此外，对于任何特定的无人机无线网络应用，还应考虑如无人机的数量、最佳部署方案和对于预期服务质量的要求等因素。根据飞行高度，可将无人机分为低空平台无人机和高空平台无人机。低空平台无人机可以在几十米到几千米的高度飞行[4]。为了避免与商业航班发生空中碰撞，一些国家的民航部门将无人机的飞行高度设定为几百米。例如，表 1.1 列出了在无飞行许可证的情况下，不同国家对低空平台无人机部署的规定[5]。高空平台无人机通常指飞行高度在 17km 以上的无人机。此时，无人机通常是准静止的[1, 4]。

表 1.1 不同国家对低空平台无人机部署的规定

国家	最大飞行高度 /m	与人群最短距离 /km	与机场的最短距离 /km
美国	122	—	8
英国	122	50	—
智利	130	36	—
澳大利亚	120	30	5.5
南非	46	50	10

对于实时性要求较高的应用，如紧急服务，低空平台无人机比高空平台无人机更适合，因其可以实现快速部署、快速移动，具有一定的成本效益。低空平台无人机还可用于从地面收集传感器数据。此时，低空平台无人机需要随时更换电池或充电。相比之下，高空平台无人机因其长时间（数天或数月）的飞行和对地面更广泛的

覆盖而成为该场景下的首选[1]。然而，随着高空平台无人机部署时间的增加，其飞行成本也会显著提高。

根据结构不同，无人机也可以分为旋翼无人机和固定翼无人机。旋翼无人机由旋转的叶片提供动力，根据叶片数量的不同，它们被称为四旋翼、六旋翼或八旋翼。固定翼无人机是指由小尺寸发动机驱动螺旋桨来提供动力的无人机，其机翼是固定的。无人机的飞行时间取决于几个关键因素，如类型、重量、速度、能量来源（电池或发动机）以及飞行轨迹。

1.3　基于无人机的无线通信

无人机可以作为空中用户设备和空中基站，如图 1.1 所示。例如，使用无人机为那些车辆难以到达地区提供空中监视是一种更具成本优势的解决方案。在这种情况下，配备摄像头和传感器的无人机可以收集地面上特定目标的视频、实时图像信息以及传感器数据。无人机通过现有的网络设施与地面用户协调，在达到预期服务质量要求的同时，以一定的可靠性、吞吐量和延迟来传输所收集的信息。图 1.1 中的第一种情况（左侧）要求空中用户设备和至少一个地面基站有较好的连接。然而，当存在空中干扰的用户设备时，预计性能会下降。此外，还必须研究空中用户设备、地面用户设备和蜂窝网络基础设施之间的共存问题。

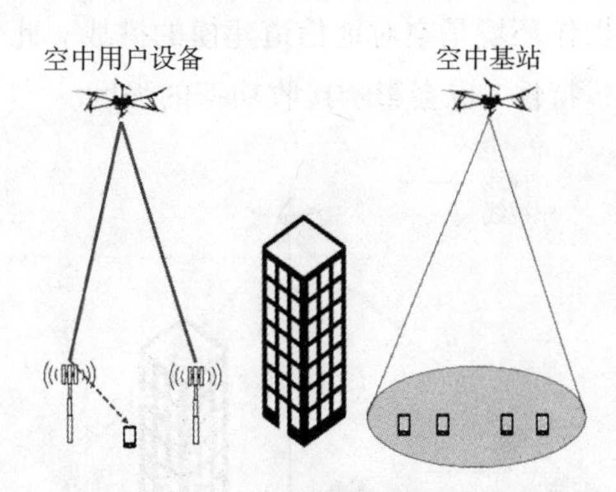

图 1.1　无人机可以作为空中用户设备和空中基站

无人机具有移动性，可以在未来的无线网络中作为空中基站进行部署。在这种情况下，无人机可以根据不同需求动态地提供额外容量。网络服务提供商可以利用无人机网络的这一优势，实现网络扩容，扩大覆盖面积，或在紧急情况下实现快速部署。此外，由于无人机和地面用户之间的有利传播条件，定位服务的精度可以得到提高。图 1.1 中的第二种情况（右侧）需要在空中基站与所有地面用户设备之间建立更好的联系。与固定基站相比，空中基站能够调整飞行高度实现良好的视线传播。这种情况下的关键挑战是空中基站的最优部署，即在当前情况下实现最大的覆盖范围，并获得更高的数据吞吐量。

1.4 无人机通信中的信道建模

在无线通信中，无线信道是发射器和接收器之间的通信空间。很明显，无线网络的性能受到传播信道特性的影响。因此，关于无线信道的研究对于设计基于无人机网络的无线通信很有意义。此外，无线信道的特征与无人机网络结构的建模对网络性能的分析至关重要。

大部分的信道建模工作都是针对基于地面固定基础设施的无线信道。然而，由于无人机的移动性和小尺寸，这些信道模型可能并不完全适用于使用无人机的无线通信。无人机和地面用户之间的空对地信道意味着更高的链路可靠性，并且由于视线传播的概率更高，只其传输功率更低。在非视线的情况下，功率变化较大，因为空对地链路的地面一侧被障碍物包围，对传播有不利影响。图 1.2 描述了基于无人机蜂窝网络的空对地传播信道，并显示了信道的视线和非视线之间的区别，其中 d_p 是传播距离。时间的变化和多普勒位移是由无人机的移动引起的。因此，无人机移动模式的多样性与不同的操作环境是空对地信道建模的挑战。此外，其他因素（如机身阴影和机载天线的位置、特性）也会影响接收功率的强度。

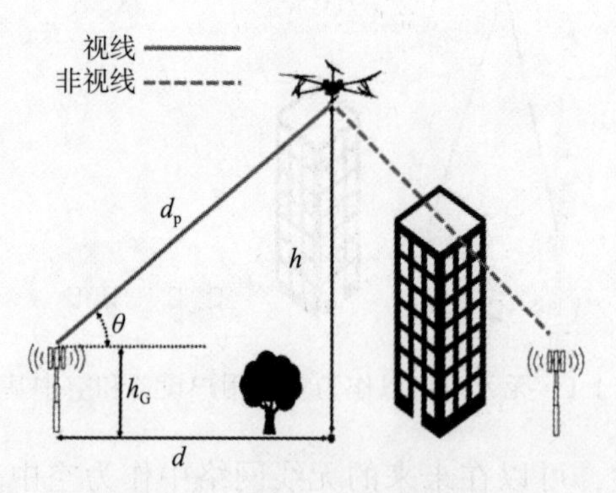

图 1.2　基于无人机蜂窝网络的空对地传播信道

空中无人机之间的空对空信道与空对地信道相似，可以实现视线传播。然而，由于无人机的机动性较高，其多普勒偏移也会升高。因此，多个无人机之间的位置很难保持一致。

准确的空对地和空对空传播信道模型对于无人机通信网络的优化部署和设计是必不可少的。本节将讨论最近在空对地和空对空传播信道建模方面的工作。

背景知识

在无线通信中，电磁波从发射器向多个方向辐射。在其到达接收器之前会与周围环境相互作用，此时会出现几种传播现象。由于自然界的障碍物和人工建筑物的影响，会出现反射、散射、衍射和穿透等传播现象，如图1.3所示，这些现象引发了无人机发射信号的多重实现，通常被称为多径分量（MPC）。因此，接收器收到的每个分量都有不同的振幅、相位和延迟。结果信号是传输信号的多个副本的叠加，它们可以根据各自的随机相位进行破坏性的干扰[6]。通常情况下，几种衰减机制以dB为单位线性相加，可以将无线电信道表示为

$$y = \mathrm{PL} + X_{\mathrm{L}} + X_{\mathrm{S}} \tag{1.1}$$

式中，PL是与距离有关的路径损耗，X_{L}是由环境引起的大规模功率变化造成的衰减，X_{S}是小尺度衰减。信道模型的参数，如路径损耗指数和LoS概率，取决于海拔高度，因为传播条件在不同的海拔高度会发生变化。根据海拔高度通常信道分成以下三个：

（1）地面信道。对于郊区和城市环境，海拔高度分别在0～10m和0～22.5m之间[7]。在这种情况下，地面信道模型可用于模拟空对地传播，因为空中的无人机低于屋顶水平。因此，非视线传播是传播中的主要组成。

（2）受阻的空对地信道。对于郊区和城市环境，海拔高度分别为10～40m和22.5～100m。在这种情况下，视线传播的概率比地面信道要高。

（3）高海拔的空对地信道。在100～300m及以上的高度，所有频道都处于视线传播状态。因此，传播环境与自由空间类似。此外，这些信道也没有出现阴影。

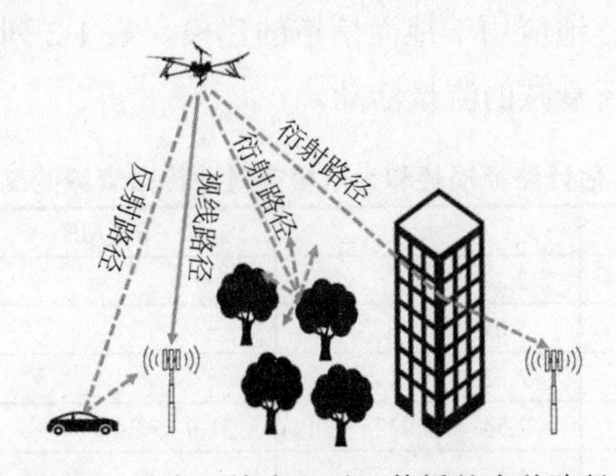

图1.3　城市环境中空对地传播的多种路径

1. 路径损耗和大尺度衰落

空对空信道 自由空间路径损耗模型是最简单的信道模型，可以代表空对空传播时在相对高空环境中的传播。因此，接收功率由参考文献 [6] 给出：

$$P_R = P_T G_T G_R \left(\frac{\lambda_c}{4\pi d}\right)^2 \tag{1.2}$$

式中，P_T 表示发射信号功率，G_T 和 G_R 分别代表发射器和接收器天线的增益，d 是发射器和接收器之间的地面距离，λ_c 是载波波长。路径损失指数 (η) 是与距离有关的功率损失率，其中 η 随环境不同变化。在自由空间传播时 $\eta = 2$。因此，与距离有关的路径损耗表达式可以被概括为

$$\mathrm{PL} = \left(\frac{4\pi d}{\lambda_c}\right)^\eta \tag{1.3}$$

空对地信道 在城市环境中，空对地信道几乎没有自由空间传播的情况。在现有的关于无人机通信的文献中，对数距离模型因其简单性和在环境参数难以定义时的适用性，成为了最常用的路径损耗模型。因此，以 dB 为单位的路径损耗由以下公式给出：

$$\mathrm{PL}(d) = \mathrm{PL}_0 + 10\eta \lg\left(\frac{d}{d_0}\right) \tag{1.4}$$

式中，$\mathrm{PL}_0 = 20\lg\left(\frac{4\pi d_0}{\lambda_c}\right)$ 是参考距离 d_0 的路径损耗。在同一环境中的不同位置，即使地面设备和无人机之间的传播距离相同，信号传播的大规模变化也是不同的。这是由于障碍物的材料不同，对信号传播的影响程度也不同。因此，对于距离 d，式（1.1）中的 X_L 是以 dB 为单位的阴影衰落。X_L 被建模为以 dB 为单位、方差为 σ 的正态随机变量。这个模型被广泛地应用于地面信道的建模。表 1.2 列出了一些用于估计路径损耗和大规模空对地传播衰减的测量活动。

表 1.2 估计路径损耗和大规模空对地传播衰减的测量活动

参考文献	场景	η	PL_0/dB	σ/dB
[8]	城市 / 开阔地带	2.2 ～ 2.6	—	—
[9]	开阔地带	2.01	—	—
[10]	—	2.32	—	—
[11]	郊区 / 空地	2.54 ～ 3.037	21.9 ～ 34.9	2.79 ～ 5.3
[12]	城市 / 农村	4.1	—	5.24

（续）

参考文献	场景	η	PL_0/dB	σ/dB
[13]	机场附近	2 ～ 2.25	—	—
[14]	郊区	1.7（L 波段） 1.5 ～ 2（C 波段）	98.2 ～ 99.4（L 波段） 110.4 ～ 116.7（C 波段）	2.6 ～ 3.1（L 波段） 2.9 ～ 3.2（C 波段）
[15]	山区	1 ～ 1.8	96.1 ～ 123.9	2.2 ～ 3.9
[16]	海上	1.4 ～ 2.46	19 ～ 129	—

另一个广泛使用的用于描述无人机通信中空对地传播的信道模型是参考文献 [4] 和参考文献 [17] 中的概率路径损耗模型。在参考文献 [17] 中，地面设备和无人机之间的路径损耗取决于无人机的位置和传播环境（如郊区、城市、密集的城市、高楼）。因此，在空对地无线电传播期间，通信链路可以是视线或非视线，这取决于环境。许多关于无人机通信的现有工作 [18-35] 采用了参考文献 [4] 和参考文献 [17] 的概率路径损失模型。在这些工作中，视线或非视线链接发生的概率是关于环境参数、建筑物的高度以及地面设备和无人机之间仰角的函数。该模型是基于国际电信联盟（ITU）建议中定义的环境参数。特别地，ITU-R 提供了与环境有关的统计参数，这确定了建筑物或障碍物的高度、数量和密度。例如，在参考文献 [36] 中，建筑物的高度可以通过使用瑞利分布进行建模。在参考文献 [17] 中，空对地传播的平均路径损耗为

$$\overline{\mathrm{PL}} = \mathbb{P}_{\mathrm{LoS}} \times \mathrm{PL}_{\mathrm{LoS}} + (1 - \mathbb{P}_{\mathrm{LoS}}) \times \mathrm{PL}_{\mathrm{NLoS}} \tag{1.5}$$

式中，$\mathrm{PL}_{\mathrm{LoS}}$ 和 $\mathrm{PL}_{\mathrm{NLoS}}$ 分别是自由空间传播的视线和非视线路径损耗。$\mathbb{P}_{\mathrm{LoS}}$ 是视线传播的概率，其公式为

$$\mathbb{P}_{\mathrm{LoS}} = \frac{1}{1 + \mathcal{A}\mathrm{e}^{-\mathcal{B}(\theta - \mathcal{A})}} \tag{1.6}$$

式中，$\mathcal{A}$ 和 $\mathcal{B}$ 是与环境有关的常数，$\theta = \arctan\left(\dfrac{h}{d}\right)$ 是地面用户与无人机之间的仰角，h 是无人机的高度，d 是无人机的地面投影与地面设备之间的距离。根据式（1.6），当仰角随着无人机高度的增加而增加时，阻塞效应就会减少，空对地传播就会产生更多视线传播。这个模型的优点是它适用于不同的环境和不同的无人机高度。然而，由于缺乏与统计参数相关的信息，它无法捕捉到空对地传播在山区和水面对路径损耗的影响。

传统的蜂窝通信信道模型可用于无人机高度在 1.5 ～ 10m 之间的无人机通信。第三代标准化合作伙伴项目（3GPP）在参考文献 [7，37] 中为农村环境设计了宏蜂窝网络模型。

由于视线和非视线路径被分开处理，视线传播的概率被表示为

$$\mathbb{P}_{\text{LoS}}^{\text{G}}=\begin{cases}1, & d\leqslant 10\text{m}\\ \mathrm{e}^{-\frac{d-10}{1000}}, & 10\text{m}<d\end{cases} \tag{1.7}$$

在根据式（1.7）知道视线传播的概率后，就可以计算出路径损耗和大规模衰减。随着通信节点位置的变化，路径损耗也会发生变化，可以描述为

$$\text{PL}_{\text{LoS}}^{\text{G}}=\begin{cases}\text{PL}_1^{\text{G}}, & 10\text{m}\leqslant d\leqslant \hat{d}\\ \text{PL}_2^{\text{G}}, & \hat{d}\leqslant d\leqslant 10\text{km}\end{cases} \tag{1.8}$$

$$\text{PL}_{\text{NLoS}}^{\text{G}}=\max(\text{PL}_{\text{LoS}}^{\text{G}},\widehat{\text{PL}}_{\text{NLoS}}^{\text{G}}),10\text{m}\leqslant d\leqslant 5\text{km} \tag{1.9}$$

其中，

$$\begin{aligned}\text{PL}_1^{\text{G}}=20\lg\left(\frac{40\pi d f_{\text{c}}}{3}\right)+\min(0.03h^{1.72},10)\lg(d)\\ -\min(0.44h^{1.72},14.77)+0.002d\lg(h)\end{aligned} \tag{1.10}$$

$$\text{PL}_2^{\text{G}}=\text{PL}_1^{\text{G}}+40\lg\left(\frac{d}{\hat{d}}\right) \tag{1.11}$$

$$\begin{aligned}\widehat{\text{PL}}_{\text{NLoS}}^{\text{G}}=161.04-7.1\lg(\omega)+7.5\lg(h)-\left(24.37-3.7\left(\frac{h}{h_{\text{G}}}\right)^2\right)\lg(h_{\text{G}})\\ +(43.42-3.1\lg(h_{\text{G}}))(\lg(d)-3)+20\lg(f_{\text{c}})\\ -(3.2\lg(11.75h)^2-4.97)\end{aligned} \tag{1.12}$$

$$\hat{d}=2\pi h h_{\text{G}}\frac{f_{\text{c}}}{c} \tag{1.13}$$

式中，f_{c}、h_{G}、ω和c分别为载波频率、地面基站的高度、街道的平均宽度和光速。

对于无人机在高度 10～40m 之间的空对地传播受阻，农村环境中宏蜂窝网络的视线传播概率可计算为[7]

$$\mathbb{P}_{\text{LoS}}^{\text{A}}=\begin{cases}1, & d\leqslant \tilde{d}\\ \dfrac{\tilde{d}}{d}+\mathrm{e}^{\left(\frac{-d}{p_1}\right)\left(1-\frac{-\tilde{d}}{d}\right)}, & \tilde{d}<d\end{cases} \tag{1.14}$$

其中，

$$\tilde{d}=\max(1350.8\lg(h)-1602,18) \tag{1.15}$$

$$p_1 = \max(15021\lg(h) - 16053, 1000) \quad (1.16)$$

视线和非视线链接的路径损失可以计算为

$$\mathrm{PL}_{\mathrm{LoS}}^{\mathrm{A}} = \max(23.9 - 1.8\lg(h), 20)\lg(d) + 20\lg\left(\frac{40\pi f_{\mathrm{c}}}{3}\right) \quad (1.17)$$

$$\mathrm{PL}_{\mathrm{NLoS}}^{\mathrm{A}} = \max\left(\mathrm{PL}_{\mathrm{LoS}}^{\mathrm{A}} - 12 + (35 - 5.3\lg(h))\lg(d) + 20\lg\left(\frac{40\pi f_{\mathrm{c}}}{3}\right)\right) \quad (1.18)$$

在空对地传播中高度在 $40\mathrm{m} < h \leqslant 300\mathrm{m}$ 时，视线传播的概率为 1，其路径损失可以根据式（1.17）计算。

2. 小规模衰减

小规模衰减是指在短距离或短时期内，由于多径分量的建设性或破坏性干扰，接收信号的振幅和相位的随机波动。对于不同的传播环境和无线系统，人们提出了不同的分布模型来分析接收信号包络的随机变化。莱斯分布和瑞利分布是无线通信文献中广泛使用的模型，两者都是基于中心极限定理的。莱斯分布为空对空和空对地信道提供了更好的拟合，其中视线传播的影响较强。当多径分量以随机的振幅和相位冲击接收器时，小规模的衰减效应可以由瑞利分布来捕捉[6]。

几何分析、数值模拟和经验数据被用来获得随机消退模型[38-40]。基于几何的随机信道模型（GBSCM）是最流行的小规模消退模型类型。GBSCM 又分为基于几何规则的随机信道模型（RS-GBSCM）和基于几何不规则的随机信道模型（IS-GBSCM）。基于几何不规则的时变随机信道模型在参考文献 [41] 中提出，基于几何规则的随机信道模型在参考文献 [42] 和参考文献 [43] 中提出。这些工作说明小规模衰落符合莱斯分布。在参考文献 [44] 中，提出了非几何随机信道模型（NGSCM），其中空对地传播的小规模效应通过莱斯和 Loo 模型进行建模。表 1.3 提供了不同环境下空对地传播的小规模衰减的测量。

表 1.3　不同环境下空对地传播的小规模衰减的测量

场景	波段	衰减分布
郊区 / 开放区域 [11]	超宽带	Nakagami
城市 / 郊区 [12]	宽带	莱斯，瑞利
城市 / 郊区 [13]	宽带	莱斯
城市 / 郊区 [14]	宽带	莱斯
城市 / 郊区 [45]	窄带宽	莱斯
森林 / 树林 [46]	超宽带	莱斯，Nakagami
海洋 / 淡水湖 [47]	宽带	莱斯

1.5 无人机支持的无线网络的关键研究挑战

本节讨论了在实际部署中无人机作为空中无线节点所面临的一些关键研究挑战。

1.5.1 无人机的最佳部署

基于无人机的通信中，关键研究挑战之一就是悬停无人机的最佳三维部署。无人机的机动性和高度可调整的能力为无人机的有效部署提供了新的可控量，以提高网络容量和覆盖范围。事实上，在无人机通信中，无人机的部署比传统的地面通信更具挑战性，因为空对地传播的特性随着无人机的位置而改变。为了有效地部署无人机，还必须考虑无人机的飞行时间和能量限制，因为它们会影响网络的性能。此外，合作信道干扰和无人机空中碰撞的可能性使得同时部署多个无人机更具挑战性。另一个重要挑战是在有地面网络情况下的无人机部署。现有文献广泛讨论了无人机部署问题，包括覆盖率最大化[17, 29, 30, 33, 33]、物联网设备的数据收集[31]、无人机辅助无线网络[27]、灾难场景[49]和缓存应用[22]。

1.5.2 无人机轨迹优化

可移动无人机的最优轨迹设计是无人机通信的一个重要问题。具体来说，最优路径规划器对于从地面传感器收集和缓存数据的无人机来说至关重要。无人机的轨迹优划主要受目标区域的尺寸、任务的飞行时间、地面用户的预期服务质量要求以及能量限制的影响。除了物理参数外，无人机轨迹优化在分析上是一个具有挑战性的问题，因为它涉及与无人机位置相关的固定数量的变量优化[1]。此外，无人机轨迹优化需要将无线通信中的不同预期服务质量指标与无人机的移动性相耦合。最近，有许多关于无人机与其无线通信指标联合的轨迹优化研究，如参考文献 [50-52] 中的吞吐量最大化和参考文献 [53, 54] 中的节能无人机通信。

1.5.3 能量效率和资源管理

当无人机在关键场景下运行时（如收集物联网设备的数据、保障公共安全、支持蜂窝无线网络），需要关注其能量效率和资源管理。资源管理是无人机通信中的一个主要挑战，这与蜂窝通信不同[55]。然而，由于无人机飞行时间、移动模式、有限的能源和频谱效率之间的相互作用，无人机通信在无线电资源管理方面引入了额外的障碍。因此，参考文献 [56] 中将资源管理与无人轨迹规划进行了联合优化。

电池驱动的无人机可用的机载能量有限，必须用于推进和完成通信相关任务 [5]。连续和长期的无线覆盖限制了无人机的飞行时间。无人机的能量消耗还取决于其路径、天气状况和无人机的任务。因此，在规划基于无人机的通信系统时，必须明确地考虑到无人机的能量限制。多项工作都研究了能源效率和最佳无人机轨迹之间的相互作用 [53-55]。

1.6 总结

本章讨论了无人机在无线通信网络中的应用，特别是将无人机作为空中基站和作为蜂窝网络辅助系统中的空中用户设备。在这两种情况下，准确的空对地和空对空传播的信道模型是最重要的，它必须通过环境条件、无线信道损失以及无人机的可移动性来描述基于无人机的通信网络的性能。本章研究了一些信道建模工作。此外，本章还强调了一些关键的挑战，如无人机的最佳部署、轨迹优化、资源管理和能源效率等。

参考文献

1 Zeng, Y., Zhang, R., and Lim, T.J. (2016). Wireless communications with unmanned aerial vehicles: opportunities and challenges. *IEEE Communications Magazine* 54 (5): 36–42.

2 Qualcomm Technologies Inc. (2016). Leading the World to 5G: Evolving Cellular Technologies for Safer Drone Operation. Technical report. Qualcomm.

3 Patterson, T. (2015). Google, Facebook, SpaceX, OneWeb plan to beam internet everywhere. https://edition.cnn.com/2015/10/30/tech/pioneers-google-facebook-spacex-oneweb-satellite-drone-balloon-internet/index.html (accessed 08 March 2021).

4 Al-Hourani, A., Kandeepan, S., and Jamalipour, A. (2014). Modeling air-to-ground path loss for low altitude platforms in urban environments. *2014 IEEE Global Communications Conference*, pp. 2898–2904.

5 Fotouhi, A., Qiang, H., Ding, M. et al. (2019). Survey on UAV cellular communications: practical aspects, standardization advancements, regulation, and security challenges. *IEEE Communications Surveys Tutorials* 21 (4): 3417–3442.

6 Molisch, A. (2011). *Wireless Communications*. Wiley - IEEE.

7 3GPP (2017). Study on Enhanced LTE Support for Aerial Vehicles. Technical report, *3rd Generation Partnership Project 3GPP*.

8 Yanmaz, E., Kuschnig, R., and Bettstetter, C. (2011). Channel measurements over 802.11a-based UAV-to-ground links. *2011 IEEE GLOBECOM Workshops (GC Wkshps)*, pp. 1280–1284.

9 Yanmaz, E., Kuschnig, R., and Bettstetter, C. (2013). Achieving air-ground communications in 802.11 networks with three-dimensional aerial mobility. *2013 Proceedings IEEE INFOCOM*, pp. 120–124.

10 Ahmed, N., Kanhere, S.S., and Jha, S. (2016). On the importance of link characterization for aerial wireless sensor networks. *IEEE Communications Magazine* 54 (5): 52–57.

11 Khawaja, W., Guvenc, I., and Matolak, D. (2016). UWB channel sounding and modeling for UAV air-to-ground propagation channels. *2016 IEEE Global Communications Conference (GLOBECOM)*, pp. 1–7.

12 Newhall, W.G., Mostafa, R., Dietrich, C. et al. (2003). Wideband air-to-ground radio channel measurements using an antenna array at 2 GHz for low-altitude operations. *IEEE Military Communications Conference, 2003. MILCOM 2003*, Volume 2, pp. 1422–1427.

13 Tu, H.D. and Shimamoto, S. (2009). A proposal of wide-band air-to-ground communication at airports employing 5-GHz band. *2009 IEEE Wireless Communications and Networking Conference*, pp. 1–6.

14 Matolak, D.W. and Sun, R. (2017). Air-ground channel characterization for unmanned aircraft systems-part III: the suburban and near-urban environments. *IEEE Transactions on Vehicular Technology* 66 (8): 6607–6618.

15 Sun, R. and Matolak, D.W. (2017). Air-ground channel characterization for unmanned aircraft systems part II: Hilly and mountainous settings. *IEEE Transactions on Vehicular Technology* 66 (3): 1913–1925.

16 Meng, Y.S. and Lee, Y.H. (2011). Measurements and characterizations of air-to-ground channel over sea surface at C-band with low airborne altitudes. *IEEE Transactions on Vehicular Technology* 60 (4): 1943–1948.

17 Al-Hourani, A., Kandeepan, S., and Lardner, S. (2014). Optimal lap altitude for maximum coverage. *IEEE Wireless Communications Letters* 3 (6): 569–572.

18 Bor-Yaliniz, R.I., El-Keyi, A., and Yanikomeroglu, H. (2016). Efficient 3-D placement of an aerial base station in next generation cellular networks. *2016 IEEE International Conference on Communications (ICC)*, pp. 1–5.

19 Bor-Yaliniz, I. and Yanikomeroglu, H. (2016). The new frontier in ran heterogeneity: multi-tier drone-cells. *IEEE Communications Magazine* 54 (11): 48–55.

20 Hayajneh, A.M., Zaidi, S.A.R., McLernon, D.C., and Ghogho, M. (2016). Drone empowered small cellular disaster recovery networks for resilient smart cities. *2016 IEEE International Conference on Sensing, Communication and Networking (SECON Workshops)*, pp. 1–6.

21 Gomez, K., Hourani, A., Goratti, L. et al. (2015). Capacity evaluation of aerial LTE base-stations for public safety communications. *2015*

European Conference on Networks and Communications (EuCNC), pp. 133–138.

22 Chen, M., Mozaffari, M., Saad, W. et al. (2017). Caching in the sky: proactive deployment of cache-enabled unmanned aerial vehicles for optimized quality-of-experience. *IEEE Journal on Selected Areas in Communications* 35 (5): 1046–1061.

23 Challita, U. and Saad, W. (2017). Network formation in the sky: unmanned aerial vehicles for multi-hop wireless backhauling. *GLOBE-COM 2017 – 2017 IEEE Global Communications Conference*, pp. 1–6.

24 Kalantari, E., Yanikomeroglu, H., and Yongacoglu, A. (2016). On the number and 3D placement of drone base stations in wireless cellular networks. *2016 IEEE 84th Vehicular Technology Conference (VTC-Fall).*

25 Shakhatreh, H., Khreishah, A., Chakareski, J. et al. (2016). On the continuous coverage problem for a swarm of UAVs. *2016 IEEE 37th Sarnoff Symposium*, pp. 130–135.

26 Azari, M.M., Rosas, F., Chen, K., and Pollin, S. (2016). Joint sum-rate and power gain analysis of an aerial base station. *2016 IEEE Globecom Workshops (GC Wkshps)*, pp. 1–6.

27 Hayajneh, A.M., Zaidi, S.A.R., McLernon, D.C., and Ghogho, M. (2016). Optimal dimensioning and performance analysis of drone-based wireless communications. *2016 IEEE Globecom Workshops (GC Wkshps)*, pp. 1–6.

28 Jia, S. and Zhang, L. (2017). Modelling unmanned aerial vehicles base station in ground-to-air cooperative networks. *IET Communications* 11 (8): 1187–1194.

29 Mozaffari, M., Saad, W., Bennis, M., and Debbah, M. (2016). Efficient deployment of multiple unmanned aerial vehicles for optimal wireless coverage. *IEEE Communications Letters* 20 (8): 1647–1650.

30 Mozaffari, M., Saad, W., Bennis, M., and Debbah, M. (2015). Drone small cells in the clouds: design, deployment and performance analysis. In *2015 IEEE Global Communications Conference (GLOBECOM)*, pp. 1–6.

31 Mozaffari, M., Saad, W., Bennis, M., and Debbah, M. (2017). Mobile unmanned aerial vehicles (UAVs) for energy-efficient internet of things communications. *IEEE Transactions on Wireless Communications* 16 (11): 7574–7589.

32 Azari, M.M., Rosas, F., Chen, K., and Pollin, S. (2018). Ultra reliable UAV communication using altitude and cooperation diversity. *IEEE Transactions on Communications* 66 (1): 330–344.

33 Alzenad, M., El-Keyi, A., Lagum, F., and Yanikomeroglu, H. (2017). 3-D placement of an unmanned aerial vehicle base station (UAV-BS) for energy-efficient maximal coverage. *IEEE Wireless Communications Letters* 6 (4): 434–437.

34 Alzenad, M., El-Keyi, A., and Yanikomeroglu, H. (2018). 3-D placement of an unmanned aerial vehicle base station for maximum coverage of users with different QoS requirements. *IEEE Wireless Communications Letters* 7 (1): 38–41.

35 Khuwaja, A.A., Zheng, G., Chen, Y., and Feng, W. (2019). Optimum deployment of multiple UAVs for coverage area maximization in the presence of co-channel interference. *IEEE Access* 7: 85203–85212.

36 International Telecommunication Union (ITU) (2003). Propagation Data and Prediction Methods for the Design of Terrestrial Broadband Millimetric Radio Access Systems. Technical report. International Telecommunication Union (ITU).

37 3GPP (2018). Study on Channel Model for Frequencies from 0.5 to 100 GHz. Technical report. 3rd Generation Partnership Project (3GPP).

38 Wentz, M. and Stojanovic, M. (2015). A MIMO radio channel model for low-altitude air-to-ground communication systems. *2015 IEEE 82nd Vehicular Technology Conference (VTC2015-Fall)*, pp. 1–6.

39 Gulfam, S.M., Nawaz, S.J., Ahmed, A., and Patwary, M.N. (2016). Analysis on multipath shape factors of air-to-ground radio communication channels. *2016 Wireless Telecommunications Symposium (WTS)*, pp. 1–5.

40 Zeng, L., Cheng, X., Wang, C., and Yin, X. (2017). Second order statistics of non-isotropic UAV ricean fading channels. *2017 IEEE 86th Vehicular Technology Conference (VTC-Fall)*, pp. 1–5.

41 Blandino, S., Kaltenberger, F., and Feilen, M. (2015). Wireless channel simulator testbed for airborne receivers. *2015 IEEE Globecom Workshops (GC Wkshps)*, pp. 1–6.

42 Ksendzov, A. (2016). A geometrical 3D multi-cluster mobile-to-mobile MIMO channel model with rician correlated fading. *2016 8th International Congress on Ultra Modern Telecommunications and Control Systems and Workshops (ICUMT)*, pp. 191–195.

43 Gao, X., Chen, Z., and Hu, Y. (2013). Analysis of unmanned aerial vehicle MIMO channel capacity based on aircraft attitude. *WSEAS Transactions on Information Science and Applications* 10 (2): 58–67.

44 Yang, J., Liu, P., and Mao, H. (2011). Model and simulation of narrowband ground-to-air fading channel based on Markov process. *2011 International Conference on Network Computing and Information Security*, Volume 1, pp. 142–146. https://doi.org/10.1109/NCIS.2011.37.

45 Simunek, M., Fontán, F.P., and Pechac, P. (2013). The UAV low elevation propagation channel in urban areas: statistical analysis and time-series generator. *IEEE Transactions on Antennas and Propagation* 61 (7): 3850–3858.

46 Cid, E.L., Alejos, A.V., and Sanchez, M.G. (2016). Signaling through scattered vegetation: empirical loss modeling for low elevation angle satellite paths obstructed by isolated thin trees. *IEEE Vehicular Technology Magazine* 11 (3): 22–28.

47 Matolak, D.W. and Sun, R. (2016). Air-ground channels for UAS: summary of measurements and models for L- and C-bands. *2016 Integrated*

Communications Navigation and Surveillance (ICNS), p. 8B2-1–8B2-11.

48 Sun, R., Matolak, D.W., and Rayess, W. (2017). Air-ground channel characterization for unmanned aircraft systems-part IV: airframe shadowing. *IEEE Transactions on Vehicular Technology* 66 (9): 7643–7652.

49 Kosmerl, J. and Vilhar, A. (2014). Base stations placement optimization in wireless networks for emergency communications. *2014 IEEE International Conference on Communications Workshops (ICC)*, pp. 200–205.

50 Valiulahi, I. and Masouros, C. (2020). Multi-UAV deployment for throughput maximization in the presence of co-channel interference. *IEEE Internet of Things Journal* 8 (5): 3605–3618.

51 Zhao, N., Pang, X., Li, Z. et al. (2019). Joint trajectory and precoding optimization for UAV-assisted NOMA networks. *IEEE Transactions on Communications* 67 (5): 3723–3735.

52 Zeng, Y., Zhang, R., and Lim, T.J. (2016). Throughput maximization for UAV-enabled mobile relaying systems. *IEEE Transactions on Communications* 64 (12): 4983–4996.

53 Zeng, Y. and Zhang, R. (2017). Energy-efficient UAV communication with trajectory optimization. *IEEE Transactions on Wireless Communications* 16 (6): 3747–3760.

54 Yang, Z., Pan, C., Wang, K., and Shikh-Bahaei, M. (2019). Energy efficient resource allocation in UAV-enabled mobile edge computing networks. *IEEE Transactions on Wireless Communications* 18 (9): 4576–4589.

55 Mumtaz, S., Huq, K.M.S., Radwan, A. et al. (2014). Energy efficient interference-aware resource allocation in LTE-D2D communication. *2014 IEEE International Conference on Communications (ICC)*, pp. 282–287.

56 Cui, F., Cai, Y., Qin, Z. et al. (2019). Multiple access for mobile-UAV enabled networks: joint trajectory design and resource allocation. *IEEE Transactions on Communications* 67 (7): 4980–4994.

第 2 章 | Chapter 2 |

无人机到可穿戴设备系统的超宽带通道测量与建模

2.1 引言

在过去的几十年里，无线技术所使用的信号带宽有上升趋势。这种上升趋势背后的主要原因是对数据量需求更高的多媒体技术的普及以及用户群的增加。超宽带（UWB）无线电是这一趋势的创造者之一，超宽带技术占用的带宽大于或等于 500 MHz，利用这个大带宽来实现高数据率。除了大带宽外，超宽带的主要优势可以列举如下：

（1）功耗低，速率高。超宽带的接收功率非常接近本底噪声 [1-5]。

（2）对占空比的控制使得电池的寿命增长。

（3）可探测概率低。因为它接近本底噪声，任何企图干扰或窃听动作都会使信号变得嘈杂 [6]。

（4）小波长和低功率使得超宽带成为以身体为中心搭建的无线网络的最优选择 [3, 4]。

这些优点使得超宽带最适合用于可穿戴设备通信。此外，联邦通信委员会（FCC）关于 −41.3 dBm 或 75 nW/MHz 的功率限制准则将超宽带技术确定为非故意干扰源。因此，它可以与其他无线技术共存，例如超宽带与 2.4 GHz（Wi-Fi、蓝牙）通信之间的干扰较小甚至没有干扰，这一事实加强了超宽带技术在可穿戴设备通信中的应用。

同时，无人机正被用于远程医疗运送服务，特别在偏远地区。无人机还被用于需要快速响应的紧急医疗运送服务中，如心脏骤停时 [7-10]。无人机的一个潜在应用是通过可穿戴贴片设备直接监测病人的健康 [1, 7, 10-12]。本章的研究进一步探讨了超宽带技术与基于无人机的健康监测应用。这种包含无人机和可穿戴天线的系统也被称为无人机到可穿戴设备（UAV2W）系统[1]。

参考文献 [1] 考虑了带宽不同的超宽带在室内环境下的信道建模。它通过考虑完整的超宽带带宽（7.5GHz）来研究人体信道，同时也研究了两种不同的环境和姿势对信道的影响。此外，参考文献 [5，13-15] 已经在 2.45GHz 下进行了基于人体的无线电信道表征和建模，但没有在超宽带的频率上进行研究。参考文献 [16-18] 在一个封闭的场景中进行了远离人体的无线电信道研究，天线放置在独立的位置。另一个最接近的研究是参考文献 [2-3]，它在没有真实的人类参与的情况下进行了远离人体和体表的信道特性研究。据我们所知，这是最早考虑在 7.5GHz 带宽下人类和无人机之间的超宽带信道特性的研究工作之一，它还进一步研究了不同的环境和不同身体姿势对超宽带系统的影响。

2.2　测量设置

通常有两种方法来测量无线通信中的信道响应：一种是基于时间相关器，另一种是基于频率扫描。在我们的工作中，基于矢量网络分析仪（VNA）采用了后一种方法。图 2.1 显示了本章采用的超宽带通信测量设置。在这个设置中，接收器（Rx）被安装在人体的特定位置，发射器（Tx）天线安装在无人机上，无人机悬停在一个固定的高度，并与人体保持不同的距离。接收器和发射器天线分别连接在矢量网络分析仪的端口 1 和端口 2。矢量网络分析仪的发射功率保持在 −40 dB，这样它就符合 2.1 节中提到的联邦通信委员会与人体相关的规定。本底噪声与带宽的关系如下：

$$\text{本底噪声}(\text{dBm}) = 10\lg(kT) + 10\lg(B) + \text{NF} \tag{2.1}$$

式中，k 是玻尔兹曼常数，T 是接收器的温度（K），B 是所考虑的带宽，NF 是接收器的噪声系数。在我们的测量设置中，带宽为 7.5 GHz，−40dB 的发射功率被认为是人体可承受的。

给矢量网络分析仪设定从 3.1 ～ 10.6GHz 的频率扫描，在频域上有 1601 个均匀分布的点。然后通过双端口校准机制对矢量网络分析仪进行校准，以消除测量中的电缆影响。测量数据（即 S12 参数）将代表频域中的通道传输函数。这样获得的 S12 参数由笔记本计算机上基于 Python 和 MATLAB 的脚本来处理。通过采取快速傅里叶反变换（IFFT），还将进行各种时域分析，如均方根（RMS）时间和最大超时时间。

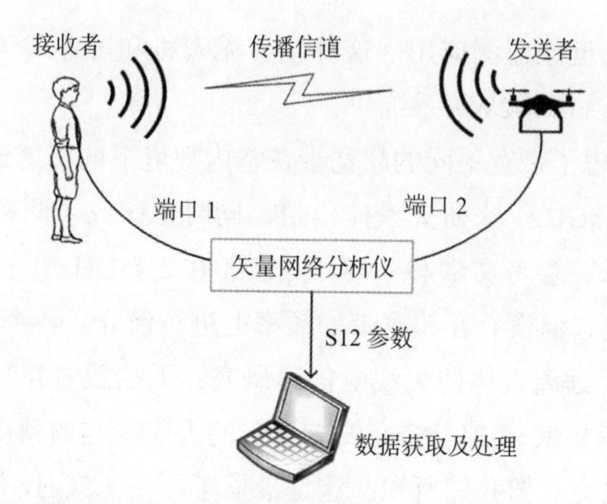

图 2.1　超宽带通信测量设置。资料来源：Kachroo 等人 [1]，已获取 IEEE 许可

本次测量活动中使用的设备及其规格见表 2.1。

超宽带天线（Octane BW-3000-10000-EG）是一个全向的宽带天线，在 3GHz、6GHz 和 9GHz 有 5.5 dBi、8.2 dBi 和 6.3 dBi 的增益。这种小型（2oz㊀）天线的尺寸较小，尺寸为 4.5in × 4.25in × 0.4in㊁，电压驻波比小于 2 ∶ 1。在这次测量活动中使用的"IRIS+ 四轴飞行器"有一个用于通信的"3DR 链接"，最大速度为 25 mph^{2}㊂。图 2.2 为测量中使用的超宽带天线和 IRIS+ 四轴飞行器。

表 2.1　使用的设备及其规格

设备名称	规格
矢量网络分析仪	Agilent 8722ES（50 MHz ～ 40GHz）
校准套件	Agilent 85032F
无人机	3 DR IRIS + Quadcopter
两个天线传感器	Octane BW-3000（3 ～ 11 GHz）

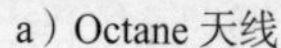
a）Octane 天线

b）IRIS+ 四轴飞行器

图 2.2　测量中使用的超宽带天线和 IRIS+ 四轴飞行器。资料来源：Kachroo 等人 [1]，已获取 IEEE 许可

㊀ 盎司，此处为质量单位，1 oz = 28.3495g。

㊁ 1in = 0.0254m。

㊂ mph，英里每小时，单位符号为 mile/h，1 mile/h = 0.447 04 m/s。

在视线情况下，用于测量的超宽带天线被放置在九个不同的身体位置；在非视线情况下，天线被放置在四个身体位置；天线被放置在不同姿势下的两个身体位置（额头和腹部）。这些不同环境下的不同身体位置可以从图 2.3 中直观地看到。在非视线情况下只使用四个身体位置的原因是，在视线测量活动中，我们观察到，由于身体对称性，左臂 / 左胫的测量结果与右臂 / 右胫的测量结果相近。因此，对于非视线测量，为了节省时间和精力，我们只考虑了四个传感器的位置（见图 2.3b）。

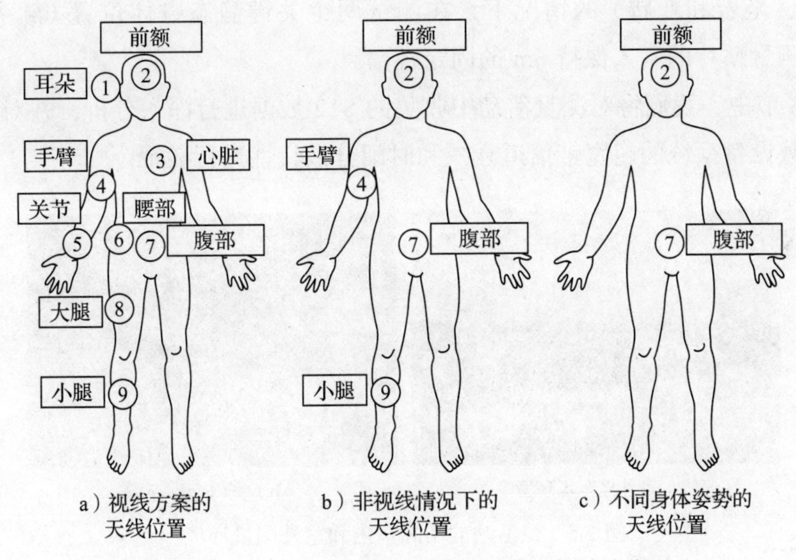

图 2.3　用于 UWB 测量活动的超宽带天线贴片位置

如前所述，发射器天线放置在空中既定高度的无人机上，接收器天线贴在人体上；因此，通过人体（接收器）移动 0.5m 来改变发射器和接收器之间的距离，以覆盖地面上的 10 个点，这相当于接收器与无人机对角线的距离由 8.0m 变为 3.5m。图 2.4 为草图，标注了人体（接收器）离无人机最远和最近时的点和对角线距离。

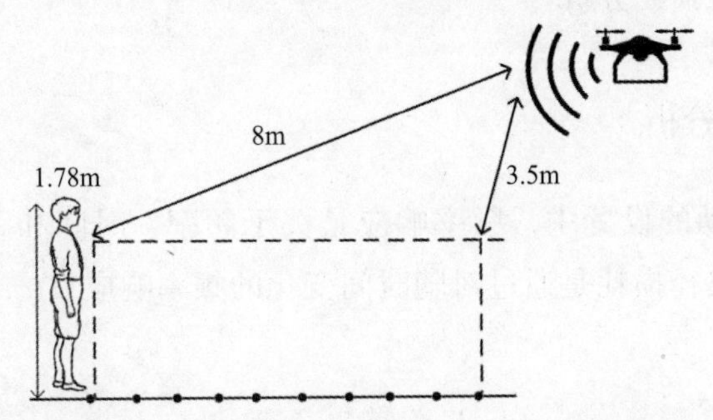

图 2.4　测量活动草图与 10 个不同的点。在这种布局下，对角线距离为 3.5 ～ 8m。资料来源：Kachroo 等人 [1]，已获取 IEEE 许可

在每个距离点，超宽带天线被放置在不同的身体位置，总共记录了10张S12数据的快照，随后进行了平均，以减少误差的概率。S12数据包括幅值（dB）和相位（°）的频率响应。对于每个频率响应，在平均后确定传递函数，然后取传递函数的IFFT来获得信道的时域特性。视线和非视线的测量是在室内（仓库）和室外环境中进行的。

图2.5显示了该活动的实际室内和室外测量环境。此外，在三种不同姿势（站立、睡眠、坐着和弯腰）的情况下，在测试两个关键静态身体位置（额头和腹部）时，携带测量贴片的两人保持6m的固定距离。

在2.3节中，我们将对测量活动中收集的S12数据进行深入分析，并对这种无人机到可穿戴设备系统的超宽带信道衰减和时间分散特性进行表征。

a）室外停车场环境　　　　b）室内仓库环境

图2.5　该活动的实际室内和室外测量环境

2.3　基于超宽带的无人机到可穿戴设备的无线电信道特性分析

在本节中，我们将研究测量活动的下一个部分，即数据处理和分析。我们将分析不同机体位置的路径损耗、超宽带信道衰减特性和不同环境下的时间色散特性。首先，我们进行路径损耗分析。

2.3.1　路径损耗分析

在上述测量活动的设置中，频率响应是关于频率、时间和距离的函数。因此，每个距离点的平均路径损耗是通过对随时间变化的频率响应$H(t_i, f_i, d)$以及频率进行平均得到的。

$$\mathrm{PL}(d)=\frac{1}{N}\frac{1}{M}\sum_{i=1}^{N}\sum_{i=1}^{M}|H(t_i, f_j, d)|^2 \propto d^{\gamma} \tag{2.2}$$

式中，N=10，M=1601，$H(t_i, f_j, d)$ 是信道传递函数（或 S12 参数）。根据参考文献 [20, 21]，广泛使用的带阴影的路径损耗方程为

$$\mathrm{PL}(d) = \mathrm{PL}(d_0) + 10\gamma \lg\left(\frac{d}{d_0}\right) + X_\sigma(d) \tag{2.3}$$

式中，d 是在人体特定位置拍下的超宽带接收器和发射器之间的距离，$\mathrm{PL}(d)$ 是该距离的路径损耗（dB），d_0 是参考距离，$\mathrm{PL}(d_0)$ 是参考距离 d_0 的路径损耗（dB），γ 是路径损耗指数，$X_\sigma(d)$ 是阴影系数。阴影因子由高斯分布表示，其平均值为零，方差为 σ^2。这个方程可以很容易地用线性回归求解，并用于求解路径损耗指数。本章中，该方程又被用于室内和室外环境中（包含视线和非视线场景）的数据测量。图 2.6 显示了在室内环境中，在腰部、腹部与无人机之间使用超宽带无线电信道的情况下，应用线性拟合来求解路径损耗指数的一个案例。

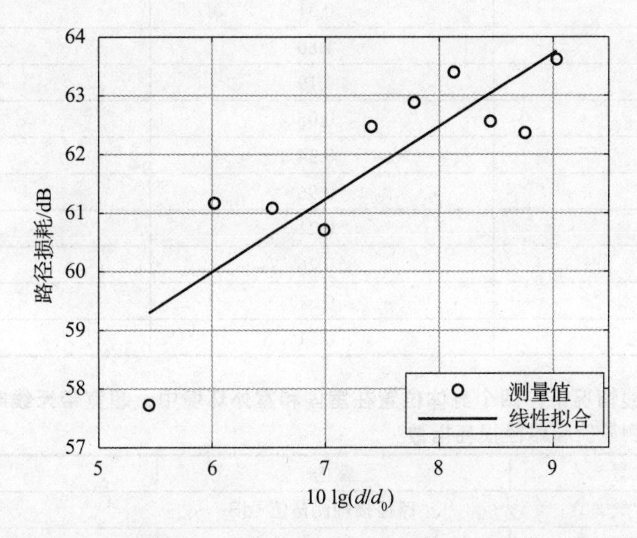

图 2.6　在室内环境中，在腰部、腹部与无人机之间使用超宽带无线电信道的情况下，应用线性拟合来求解路径损耗指数的一个案例

表 2.2 显示了在视线情况下，九个身体位置在室内和室外环境中，超宽带无线电信道的路径损耗测量值和路径损耗指数。为了简化分析，两个或三个身体位置被合并为一个位置，它们各自的路径损耗测量值和路径损耗系数被平均化了。被合并的身体位置是手腕 / 手臂作为手，腹部 / 腰部 / 心脏作为胸部，耳朵 / 前额作为头部，大腿 / 小腿作为腿。表 2.3 显示了在视线情况下，四个身体位置在室内和室外环境中，超宽带无线电信道的路径损耗测量值和路径损耗指数。

表 2.2 在视线情况下，九个身体位置在室内和室外环境中，超宽带无线电信道的路径损耗测量值和路径损耗指数

天线贴片位置	室内	室外
路径损耗测量值 /dB		
耳朵	63.88	66.00
前额	59.44	60.10
胸部	62.14	60.31
右手臂	62.64	63.17
右手腕	64.67	63.48
腰	64.10	64.27
右大腿	63.89	63.81
右小腿	63.52	63.77
腹部	62.57	61.96
全身平均	62.98	62.98
路径损耗指数		
耳朵	0.31	0.57
前额	1.80	1.22
胸部	0.19	1.05
右手臂	0.05	0.94
右手腕	0.34	0.32
腰	0.96	0.85
右大腿	0.21	0.58
右小腿	0.26	0.13
腹部	0.51	0.58
全身平均	0.51	0.69

表 2.3 在视线情况下，四个身体位置在室内和室外环境中，超宽带无线电信道的路径损耗测量值和路径损耗指数

天线贴片位置	室内	室外
路径损耗测量值 /dB		
头	61.66	63.05
胸部	62.9	62.2
手	63.65	63.33
腿	63.70	63.79
路径损耗指数		
头	1.05	0.89
胸部	0.55	0.82
手	0.19	0.63
腿	0.24	0.36

表 2.4 中给出了在非视线情况下，室内和室外环境中，四个身体位置和无人机

之间的超宽带无线电信道的路径损耗测量值和路径损耗指数。从这些测量结果可以清楚地推断出，额头是超宽带天线放置的最佳位置，因为它的路径损耗值最低；耳朵是超宽带天线放置的最差位置，在室内和室外环境的视线和非视线情况下，路径损耗值最高。耳朵效果最差的主要原因是，贴在耳朵上的天线方向与其他地方不同。这将使得耳朵上的超宽带天线和无人机上的天线之间产生指向性损失（极化损耗）。因为前额是身体最顶端的位置，所以天线指向无人机，使其具有较好的指向性。通过对比身体各部分，头部如预期的那样是超宽带天线放置的最佳位置，而腿部的结果则是最差的。在路径损耗之后，我们将阐明时间色散分析，特别是 RMS 延时、最大附加时延和平均时延。

表 2.4　在非视线情况下，室内和室外环境中，四个身体位置和无人机之间的超宽带无线电信道的路径损耗测量值和路径损耗指数

天线贴片位置	室内	室外
	路径损耗测量值 /dB	
头	66.98	66.44
右臂	69.20	68.63
右小腿	68.97	69.32
腹部	69.32	67.60
	路径损耗指数	
头	1.12	0.61
右臂	0.26	0.38
右小腿	0.03	0.15
腹部	0.11	0.50

2.3.2　时间色散分析

由于多径传输与大规模衰减的影响，当天线位于人体不同位置时，与无人机之间的超宽带信道会产生不同的延迟。在本节中，我们将根据功率延迟曲线（PDP）[20-21]来分析三个延迟参数，即 RMS 延时、最大附加时延和平均时延。从数学上讲，功率延迟曲线是由以下公式给出的：

$$P(t,\tau)=|h(t,\tau)|^2 \tag{2.4}$$

式中，$h(t,\tau)$ 是延迟为 τ 且距离 d 处的信道响应，$P(t,\tau)$ 是测量功率。平均附加时延是功率延迟曲线的第一个时刻，并给定为 [1]

$$\overline{\tau}=\frac{\sum_i^n \tau_i P(\tau_i)}{\sum_i^n P(\tau_i)} \tag{2.5}$$

RMS 延时扩散基本上是功率延迟曲线的第二时刻，其公式为

$$\sigma_t = \sqrt{(\tau^2 - \overline{\tau}^2)} \tag{2.6}$$

其中 τ^2 根据下式计算：

$$\tau^2 = \frac{\sum_i^n \tau^2 P(\tau_i)}{\sum_i^n P(\tau_i)} \tag{2.7}$$

式中，n 代表总的样本数。此外，最大附加时延是指接收功率低于特定阈值的时间延迟。在我们的案例中，该阈值被设定为 5 dB。

如前所述，无线信道的功率延迟曲线描述了接收信号的平均功率，即在多径传输中相对于第一到达路径的延迟。从图 2.7 中可以看到不同距离下的延迟传播的平均功率延迟曲线，图 2.8 比较了视线情况下最大附加时延、平均附加时延和 RMS 时延。这里需要注意的一点是，随着发射器和接收器之间距离的增加，接收信号及其多径分量的延迟也会增加。这一点可以从图 2.7 中很容易看出来。

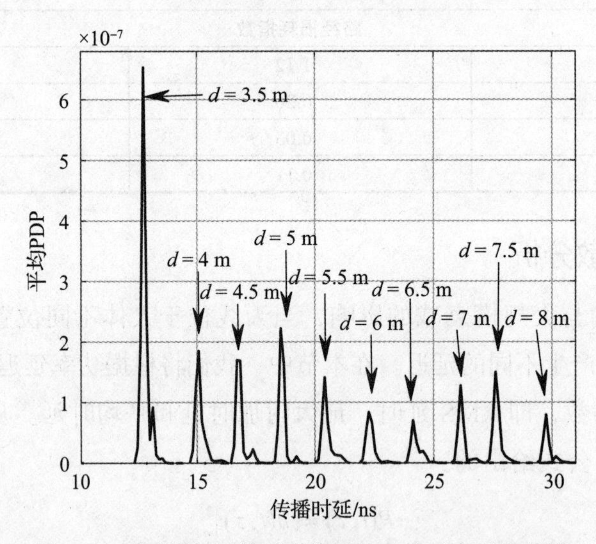

图 2.7 不同距离下的延迟传播的平均功率延迟曲线

类似的规律可以推广到与功率延迟曲线相关的不同延迟（最大附加时延、平均附加时延和 RMS 时延），即发射器和接收器之间的距离越长，相应的延迟值就越高，这一点可以从图 2.8 中轻易推断出来。

此外，表 2.5 和表 2.6 显示了这些参数在视线和非视线情况下基于不同环境的时间色散分析。

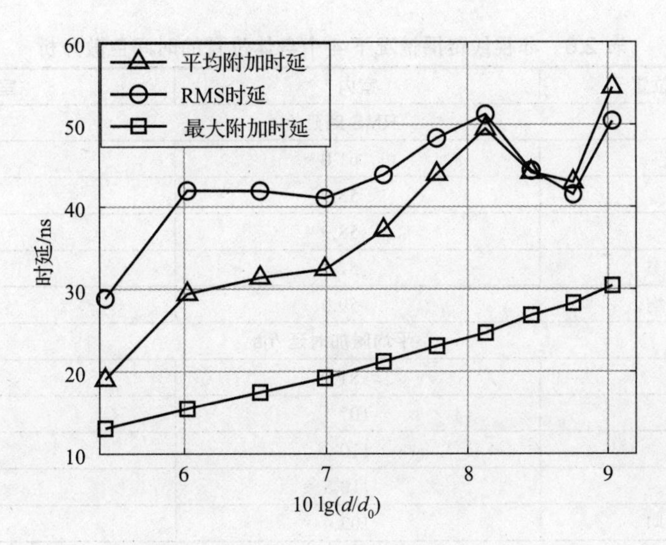

图 2.8　视线情况下最大附加时延、平均附加时延和 RMS 时延

表 2.5　视线传播情况下 9 个身体位置的时间色散分析

天线贴片位置	室内	室外
	RMS 时延 /ns	
耳朵	43.3	64.2
前额	30.5	64.0
胸部	42.9	41.6
右手臂	46.0	60.7
右手腕	56.8	61.2
腰	48.6	59.2
右大腿	49.6	55.1
右小腿	48.2	51.5
腹部	40.9	58.3
全身平均	45.2	57.3
	平均附加时延 /ns	
耳朵	22	13.6
前额	21.7	22.6
胸部	22.5	22.6
右手臂	23.1	12.7
右手腕	73.5	16
腰	41	12.7
右大腿	24.5	25
右小腿	40.2	24.9
腹部	22.6	68.4
全身平均	32.34	24.2

表 2.6 非视线传播情况下 4 个身体位置的时间色散分析

天线贴片位置	室内	室外
	RMS 时延 /ns	
头	61.0	64.0
右手	58.9	62.0
右小腿	58.9	62.5
腹部	57.3	61.4
全身平均	59.0	62.4
	平均附加时延 /ns	
头	81.9	92.3
右手	107	106
右小腿	110	103
腹部	110.8	106
全身平均	102.4	101.8
	最大附加时延 /ns	
头	135	152
右手	213	213
右小腿	213	213
腹部	209	213
全身平均	192.5	197.7

2.3.3 不同姿势下的路径损耗分析

最后，我们将研究身体姿势不同时的路径损耗和时间色散特性。在不同身体姿势（站、坐、弯腰和平躺）情况下，测试者之间保持 6m 的固定距离。在室内环境和室外环境分别测试，待测试的位置为额头和胸部。表 2.7 列出了这四种不同姿势在室内和室外环境中的路径损耗值。

表 2.7 四种不同姿势在室内和室外环境中的路径损耗值

位置	站姿	弯腰姿势	坐姿	平躺姿势
		室内环境 /dB		
额头	59.20	67.02	60.60	67.84
胸部	62.34	65.13	63.34	66.83
		室外环境 /dB		
额头	59.63	68.30	62.38	68.97
胸部	61.48	68.46	60.31	67.53

2.3.4 不同姿势的时间色散分析

本节将研究不同环境下两个身体位置与四种身体姿势的时间分散特性（最大附加

时延、平均附加时延和 RMS 时延）。表 2.8 详细列出了室内和室外环境中不同身体姿势和身体位置的时延测量值。从这些测量值来看，在考虑到 RMS 时延时，对于室内的视线情况，额头是最佳位置，延迟为 30.5ns；对于室外的视线情况，胸部是最佳位置，延迟为 41.6ns；而对于非视线情况，腹部是最佳位置（包括室内和室外环境），在室内和室外环境中延迟分别为 57.3ns 和 61.4ns。

表 2.8　室内与室外环境中不同身体姿势与身体位置的时延测量值（单位为 ns）

位置	站姿	弯腰姿势	坐姿	平躺姿势
RMS 时延（室内环境）				
额头	30.02	61.45	34.46	61.19
胸部	38.78	56.36	39.00	61.76
RMS 时延（室外环境）				
额头	50.14	63.03	56.40	64.94
胸部	57.48	63.86	35.81	61.95
最大附加时延（室内环境）				
额头	21.75	24.84	22.5	23.35
胸部	22.28	22.68	23.08	23.08
最大附加时延（室外环境）				
额头	22.28	24.68	22.81	24.68
胸部	22.94	26.01	23.88	23.88
平均附加时延（室内环境）				
额头	29.92	70.47	33.53	73.30
胸部	36.34	58.57	37.10	75.16
平均附加时延（室外环境）				
额头	45.81	103.00	55.9	92.01
胸部	57.60	94.78	34.79	70.73

现在，考虑平均附加时延，在室内视线情况下，额头是最佳位置，延迟为 30ns；在非视线情况下，延迟值也分别为 81.9ns 和 92.3ns。然而，在非视线情况下，胸部是最佳位置，室内环境的延迟为 37.6ns。当考虑最大附加时延时，额头也是最佳位置，在视线情况下，室内环境中的延迟值为 21.7ns，在非视线情况下，室内和室外环境中的延迟值为 135ns 和 152ns。然而，在视线情况下，手臂和腰部是户外环境中更好的位置，每个位置的最大附加时延为 12.7ns。

最后，仔细检查不同姿势的路径损耗和延迟，可以有把握地得出结论：两个位置的路径损耗和延迟相对相同；在某些姿势中，延迟较小的姿势路径损耗缺较大。总的来说，对于超宽带无线贴片来说，无论环境、传播情况（视线或非视线）以及不同的身体姿势，最佳位置是额头，因为它同时满足低路径损耗和低延迟。

2.4 统计分析

到目前为止，我们分析了无人机到可穿戴设备系统在不同环境和不同体位下的路径损耗和时间色散特性。现在，我们将研究超宽带信道衰减的建模问题。为此，在我们的研究中，我们使用了二阶 Akaike 函数（AIC）[22-23] 来确定测量活动中收集到的超宽带无线电信道衰减中路径损失的最佳拟合分布。较低的 AIC 值代表最佳拟合。在数学上，二阶 AIC 给出的是

$$\mathrm{AIC_c} = -2\ln L + 2k + \frac{2k(k+1)}{n-k-1} \tag{2.8}$$

式中，L 是最大似然分数，k 是估计参数的总数，n 是总样本量。相对修正后的 AIC 为

$$\Delta = \mathrm{AIC_c} - \min(\mathrm{AIC_c})$$

这意味着 0 将表示最佳拟合。拟合度与正态、威布尔分布、对数正态分布、瑞利分布、Nakagami 分布、莱斯分布、Gamma 分布和指数分布进行了比较。

根据结果（见图 2.9），对数正态分布是最适合的。表 2.9 中显示了不同分布的 AIC 分数。通过估计的对数正态分布，将 5.5m 和 7.5m 两个距离的累积分布拟合（CDF）与经验累积分布拟合进行了比较，结果表明估计值与经验值非常接近（见图 2.10）。

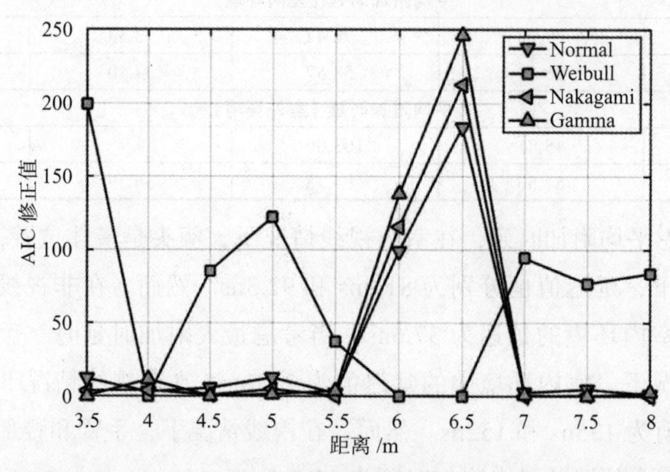

图 2.9 通过统计测试（AIC）来确定无人机和人体在几个距离点上的最佳衰减分布

表 2.9 不同分布（用于对衰减特性建模）的 AIC 分数

位置	正态分布	威布尔分布	对数分布	瑞利分布	Nakagami 分布	莱斯分布	Gamma 分布	指数分布
额头	0.0036	42.19	17.27	4113.59	1.95	0	8.47	6292.23
头	3.49	38.6	4.22	4010.94	0	3.44	1.42	6186.814

（续）

位置	正态分布	威布尔分布	对数分布	瑞利分布	Nakagami 分布	莱斯分布	Gamma 分布	指数分布
手腕	15.65	252.95	0	5668.19	8.85	15.62	3.75	7872.35
胸部	0	19.17	24.12	4513.76	5.12	0.021	13.75	6701.5
大腿	41.39	420.11	0	5807.27	26.17	41.34	12.42	8012.53
手臂	0.0079	44.176	10.10	4537.45	0.575	0	4.6	6725.8
小腿	0	61.33	17.31	5166.476	3.71	0.01	9.75	7365.04
腰	16.28	294.24	0	6103.48	9.62	16.26	4.25	8311.30
耳朵	11.11	301.88	0	6380.04	6.31	11.10	2.59	8589.74

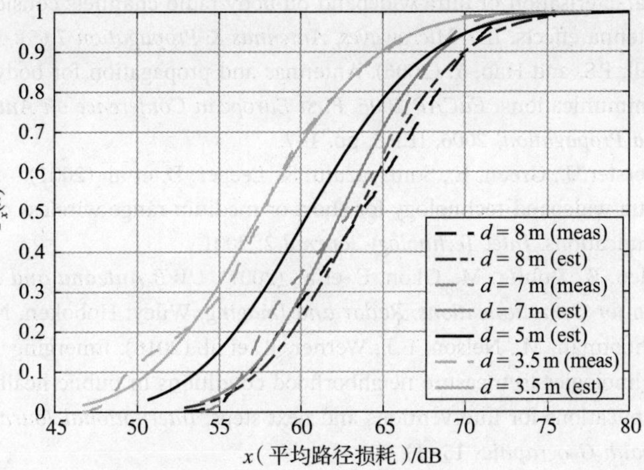

图 2.10　额头与无人机之间无线电信道的经验及预测累积分布拟合值，测量环境分别为：室内，对角线距离为 3.5m、5m 和 8m

2.5　总结

在这一章中，我们对人体和无人机之间在 7.5 GHz 带宽下的体外超宽带信道进行了深入分析。发射器天线被放置在无人机上，而活动期间接收器天线被贴在人体不同位置。测量活动分别在室内和室外环境下进行的，包含视线和非视线情况。从二阶 Akaike（AIC）拟合测试中发现，超宽带信道衰减遵循对数正态分布。此外，对不同贴片位置的路径损耗和延迟进行了分析，结论是：在室内或室外环境中，额头是放置超宽带天线的最佳位置，包括视线和非视线。另外，考虑不同姿势下的路径损耗和延迟的最佳组合，额头是放置超宽带贴片的最佳位置。

参考文献

1 Kachroo, A., Vishwakarma, S., Dixon, J.N. et al. (2019). Unmanned aerial vehicle-to-wearables (UAV2W) indoor radio propagation channel measurements and modeling. *IEEE Access* 7: 73741–73750.

2 Khan, M.M., Abbasi, Q.H., Alomainy, A., and Hao, Y. (2012). Performance of ultrawideband wireless tags for on-body radio channel characterisation. *International Journal of Antennas and Propagation* 2012: 10.

3 Khan, M.M., Abbasi, Q.H., Alomainy, A. et al. (2013). Experimental characterisation of ultra-wideband off-body radio channels considering antenna effects. *IET Microwaves, Antennas & Propagation* 7 (5): 370–380.

4 Hall, P.S. and Hao, Y. (2006). Antennas and propagation for body centric communications. *EuCAP 2006. First European Conference on Antennas and Propagation, 2006*, IEEE, pp. 1–7.

5 Foerster, J., Green, E., Somayazulu, S., Leeper, D. et al. (2001). Ultra-wideband technology for short-or medium-range wireless communications. *Intel Technology Journal* 2: 2001.

6 Allen, B., Dohler, M., Okon, E. et al. (2007). *UWB Antenna and Propagation for Communications, Radar and Imaging*. Wiley: Hoboken, NJ.

7 Schootman, M., Nelson, E.J., Werner, K. et al. (2016). Emerging technologies to measure neighborhood conditions in public health: implications for interventions and next steps. *International Journal of Health Geographics* 15 (1): 20.

8 Lum, M.J.H., Rosen, J., King, H. et al. (2007). Telesurgery via unmanned aerial vehicle (UAV) with a field deployable surgical robot. *Studies in Health Technology and Informatics* 125: 313–315.

9 Todd, C., Watfa, M., El Mouden, Y. et al. (2015). A proposed UAV for indoor patient care. *Technology and Health Care* 1–8 https://europepmc.org/article/med/26409533.

10 Fleck, M. (2016). Usability of lightweight defibrillators for UAV delivery. *Proceedings of the 2016 CHI Conference Extended Abstracts on Human Factors in Computing Systems*, ACM, pp. 3056–3061.

11 Tatham, P., Stadler, F., Murray, A., and Shaban, R.Z. (2017). Flying maggots: a smart logistic solution to an enduring medical challenge. *Journal of Humanitarian Logistics and Supply Chain Management* 7 (2): 172–193.

12 Patrick, W.G. (2016). Request apparatus for delivery of medical support implement by UAV. April 5US Patent 9,307,383.

13 Hu, Z.H., Nechayev, Y.I., Hall, P.S. et al. (2007). Measurements and statistical analysis of on-body channel fading at 2.45 GHz. *IEEE Antennas and Wireless Propagation Letters* 6: 612–615.

14 Alomainy, A., Hao, Y., Owadally, A. et al. (2007). Statistical analysis and performance evaluation for on-body radio propagation with microstrip

patch antennas. *IEEE Transactions on Antennas and Propagation* 55 (1): 245–248.

15 Nechayev, Y.I., Hu, Z.H., and Hall, P.S. (2009). Short-term and long-term fading of on-body transmission channels at 2.45 GHz. *Antennas & Propagation Conference, 2009. LAPC 2009. Loughborough*, IEEE, pp. 657–660.

16 Abbasi, Q.H., Sani, A., Alomainy, A., and Hao, Y. (2009). Arm movements effect on ultra wide-band on-body propagation channels and radio systems. *Antennas & Propagation Conference, 2009. LAPC 2009. Loughborough*, IEEE, pp. 261–264.

17 Abbasi, Q.H., Sani, A., Alomainy, A., and Hao, Y. (2010). On-body radio channel characterization and system-level modeling for multiband OFDM ultra-wideband body-centric wireless network. *IEEE Transactions on Microwave Theory and Techniques* 58 (12): 3485–3492.

18 Alomainy, A., Abbasi, Q.H., Sani, A., and Hao, Y. (2009). System-level modelling of optimal ultra wide-band body-centric wireless network. *Microwave Conference, 2009. APMC 2009. Asia Pacific*, IEEE, pp. 2188–2191.

19 3DR drones. https://3dr.com/products/supported-drones/ (accessed 10 March 2021).

20 Goldsmith, A. (2005). *Wireless Communications*. Cambridge University Press.

21 Rappaport, T.S. (1996). *Wireless Communications: Principles and Practice*, vol. 2. Hoboken, NJ: Prentice Hall PTR

22 Fort, A., Desset, C., De Doncker, P. et al. (2006). An ultra-wideband body area propagation channel model-from statistics to implementation. *IEEE Transactions on Microwave Theory and Techniques* 54 (4): 1820–1826.

23 Burnham, K.P. and Anderson, D.R. (2003). *Model Selection and Multimodel Inference: A Practical Information-Theoretic Approach*. Springer Science & Business Media.

第 3 章 | Chapter 3 |

利用强化学习优化无人机部署的多智能体协同方法

3.1 引言

在过去的几年里，由于从嵌入式系统到自主性、控制、安全和通信等各个领域的重大技术进步，无人机领域发生了重大的变革 [1]。小型无人机单元（DSC）是配备有通信装置的空中设备，作为移动基站（BS）为无线网络提供支持 [2]。尽管最近取得了许多进展，相互独立的无人机之间的三维布局仍然是基于无人机无线通信系统中的一个主要设计挑战 [1]。一般来说，优化无人机部署是有挑战性的，因为优化函数要考虑到许多参数，如无人机信道增益、无人机之间的干扰、部署环境和用户移动性 [1]。

尽管无人机在蜂窝网络中的集成有了大规模的增长，但大多数文献仍在研究移动网络中无人机定位分析与解决方案。尽管这些解决方案有其优点，但它们往往需要不切实际的假设，如了解网络中的用户数量、用户位置，或用户保持静止。这些假设是大胆的，或者过于具体 [3]，在大多数情况下可能是不真实的，这使得提出的解决方案在实际情况下不能有效应用。

与解析性解决方案相比，一些研究人员应用人工智能算法来解决无人机的相关问题。在无人机的通信领域，一个特殊的算法获得了较高关注，那就是强化学习（RL）算法 [4]。当环境是动态的，要找到一个固定的或静态的解决方案是很困难的，强化学习是一个很好的选择，因为它的算法能够从经验中在线学习并找到最佳解决方案 [5]。

当传统地面通信设施因大规模自然灾害而无法运行或访问的情况下，参考文献 [4] 提出了一种 Q-learning 方法来寻找小型无人机群（无人机用于恢复通讯）的最佳三维位置。该方法的目标是高效地建设一个覆盖率高、鲁棒性强（针对网络的动态性、用户的可移动性、干扰多）的应急通信网。Ghanavi 等人[6]提出了基于 Q-learning 算法的单一空中基站的最佳部署方案。De Paula Parisotto 等人[7]扩展了参考文献 [4] 的解决方案，并提出了一种基于强化学习的智能方法，以确定紧急场景下多个小型无人机单元的最佳功率分配方案和空间部署方案。该算法的主要目标是：在考虑用户移动性和无线网络接入（RAN）受限的情况下，最大化无人机网络覆盖的用户数量。

Abeywickrama 等人[8]提出了基于强化学习和深度强化学习（DRL）的方法，该方法可以为考虑能源受限情况下的无人机基站提供部署方案。该部署方为地面用户提供高效、合理的网络覆盖，且碰撞（无人机间）与干扰（对地面用户）较少。在大多数情况下，深度强化学习的进展主要集中在单个智能体解决单一静态任务[9]。多智能体强化学习（MARL）的最大挑战之一是信用分配问题：由于所有的智能体都在同时进行探索和学习，任何一个智能体都很难估计他们的行动对整体回报的影响[9]。关于无人机通信问题，参考文献 [10] 中的作者开发了一个多智能体强化学习框架，其中每个智能体根据自己的观察结果寻找最佳策略。Cui 等人[10]提出了一种智能体独立决策但共享网络结构的算法，该网络结构基 Q-learning 算法。Huang 等人[11]精心设计了一个深度 Q 网络（DQN），通过选择最优策略来优化无人机导航。DQN 经过训练，使智能体能够根据收到的信号强度做出决策，并为无人机导航。参考文献 [12] 的作者提出了一个分散的基于深度强化学习的框架，实现分布式控制每架无人机，其中一组无人机被分配到目标区域周围飞行，以便为地面移动用户提供长期通信覆盖。表 3.1 显示了在无人机通信中使用的强化学习算法。

表 3.1　在无人机通信中使用的强化学习算法

使用的强化学习算法	简要说明
Q-learning	为提高无线网络服务质量，提出了找到单个空中基站最佳位置的方法[6]
Q-learning	通过部署多架小型无人机单元，最大限度地扩大网络总的无线电覆盖，促进应急通信网络的建设[4]
Q-learning	提出了一个智能解决方案，以确定紧急状况下多架小型无人机单元的功率分配和三维部署方案[7]
Deep Q-network	部署无人机基站，为地面用户提供高效、合理的覆盖[8]
Multiagent Q-learning	提出了一种基于多架无人机通信网络的动态资源分配方案[10]
Deep Q-network	通过选择最佳策略来优化无人机导航[11]
Multiagent deep deterministic policy gradient	提出了一个框架，用于分布式控制每架无人机，为地面移动用户提供覆盖[12]
Q-learning	提出了一种考虑能源效率的小型无人机单元部署和发射功率分配的优化算法[2]

本章主要的研究内容包括：

（1）在建立一个空中蜂窝网络时，我们研究了如何通过强化学习算法优化无人机的部署。

（2）我们通过多智能体强化学习方案使用 Q-learning 算法。该算法自主解决了多架无人机的最优部署、频率分配问题。该方案的目标是将网络中的离线用户数量降到最低。

3.2 系统模型

在详细讨论上述多智能体强化学习方案之前，我们先介绍一下本章中使用的系统模型。在系统模型中，我们将介绍城市环境模型的参数。此外，在通信模型中，我们将分析如何计算路径损失、吞吐量，以及无人机和用户之间的连接过程。

3.2.1 城市模型

城市环境模型遵循国际电信无线电联盟文件 [13]，该文件推荐了一个标准化的城市环境模型，参数如下：

（1）α，表示已建成的土地面积与总土地面积的比率。

（2）β，表示每平方公里的平均建筑数量。

（3）γ，表示建筑物高度的比例参数。

为了模拟城市场景，我们考虑了国际电信无线电联盟统计参数和使用曼哈顿网格的建筑分布，如参考文献 [14]。我们将使用三种不同的用户设备（UE）分布，详见 3.4.3 节。如图 3.1 所示，建筑物是一个宽度为 W 的正方形结构，并以一定的距离 S 分开。建筑物的高度是使用参数为 γ 的雷利分布产生的。所选的城市场景在一个尺寸为 $L \times L$ 的正方形区域，而 W 和 S 在式（3.1）和式（3.2）中得到，单位为 m，是由 Al-hourani 等人 [14] 提出的。

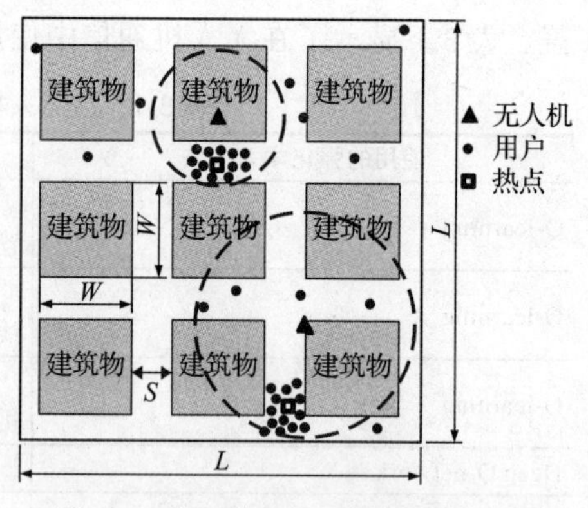

图 3.1 基于曼哈顿网格的城市布局

$$W = 1000\sqrt{\frac{\alpha}{\beta}} \tag{3.1}$$

$$S = \frac{1000}{\sqrt{\beta}} - W \tag{3.2}$$

3.2.2　通信模型

为了提供广泛的覆盖，并尽量减少用户的中断，共部署了 N_d 架无人机。每架无人机都被认为有一个专门的回程链路，使用微波链路，能够连接到网络运营商 [4]。除此之外，每架无人机还配备了一个具有一定指向性的天线。天线有一个 θ 开角，其主要波段集中在这里并可获得最高增益 [4]。因此，无人机的覆盖半径（ρ）可按式（3.3）计算。

$$\rho = h_\mathrm{d} \cdot \tan\left(\frac{\theta}{2}\right) \tag{3.3}$$

式中，h_d 是无人机的高度。我们认为覆盖半径以外的信号会强烈衰减 [4]。

用户 N_u 分布在一个 $L \times L$ 的正方形区域内，其中一部分用户分布在区域周围的热点附近，其余的用户是随机分布的。在 3.4.3 节，我们将详细介绍用户设备的分布情况。考虑一组 $\mathrm{D} = \{1,2,\cdots,N_\mathrm{d}\}$ 的无人机和一组 $\mathrm{U} = \{1,2,\cdots,N_\mathrm{d}\}$ 的用户，无人机 $j \in \mathrm{D}$ 和用户 $i \in \mathrm{U}$ 之间的路径损耗（PL）可以计算为 [15]

$$\mathrm{PL}_{ij} = \frac{\Omega}{\mathrm{I} + a\exp\left(-b\left[\arctan\left(\frac{h_\mathrm{d}}{R}\right) - a\right]\right)} + 10\lg(h_\mathrm{d}^2 + R^2) + \psi \tag{3.4}$$

$$\Omega = \xi_\mathrm{LoS} - \xi_\mathrm{NLoS}$$

$$\psi = 20\lg(f_\mathrm{c}) + 20\lg(4\pi / c) + \xi_\mathrm{NLoS}$$

式中，R 是无人机和用户之间在水平面上的欧几里得距离，如图 3.2 所示。f_c 是传输频率。使用了三组不同的可用频率，分布如下：1GHz，1 GHz、1.2 GHz、1.4GHz，以及 1 GHz、1.2 GHz、1.4 GHz、1.6 GHz、1.8 GHz、2GHz。请注意，所有使用的频率都属于 6 GHz 以下的频段。式（3.4）中的系数 ξ_LoS、ξ_NLoS 是与无人机和用户之间是否存在直接视线传播相关联的，而系数 a 和 b 的值可以计算为 [15]

$$z = \sum_{j=0}^{3}\sum_{i=0}^{3-j} C_{ij}(\alpha\beta)^i \gamma^j \tag{3.5}$$

其中参数 C_{ij} 可以从参考文献 [15] 中的表 I（系数 a）和表 II（系数 b）中得到。

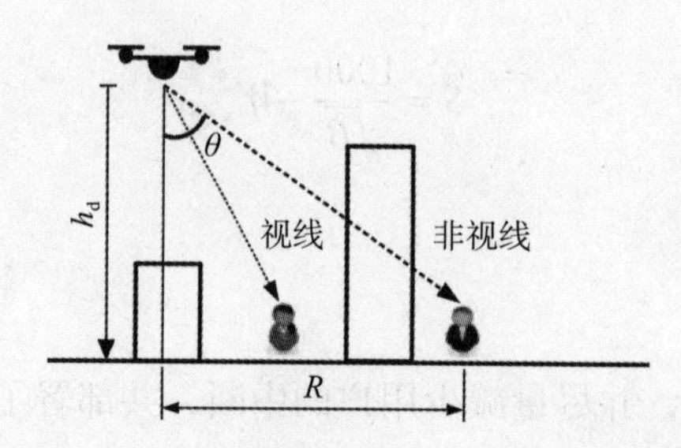

图 3.2 城市环境中的无人机路径损失。资料来源：Al-Hourani 等人[15]

用户 i 与无人机 j 的连接取决于接收信号功率（RSRP），单位为 dB，计算公式为

$$\mathrm{RSRP}_{ij} = \mathrm{EIRP}_j - \mathrm{PL}_{ij} \tag{3.6}$$

式中，EIRP_j 是等效全向辐射功率，代表与无人机天线增益相结合的发射功率，单位为 dB[4]。在此基础上，信号的干扰加噪声率（SINR）可以按式（3.7）计算出（线性比例）：

$$\mathrm{SINR}_{i,j} = \frac{\mathrm{RSRP}_{i,j}}{N + \sum_{k=1,k\neq j}^{N_f} \mathrm{RSRP}_{i,k}} \tag{3.7}$$

式中，N 为加性高斯白噪声，N_f 为与无人机 j 具有相同传输频率的无人机的数量，$\sum_{k=1,k\neq j}^{N_f} \mathrm{RSRP}_{i,k}$ 表示无人机 j 中来自其他无人机的干扰。

连接到无人机 j 的用户 i 的吞吐量表示为 $T_{i,j}$，单位为 bit/s（bps），可以使用 Shannon 信道容量公式[16]：

$$T_{i,j} = B\log_2(1+\mathrm{SINR}_{i,j}) \tag{3.8}$$

式中，B 为带宽，单位为 Hz。

小型无人机单元在无线接入网络和回程链路的资源均有限。根据长期演进（LTE）参数[4]，假设每架无人机共享 10 MHz 带宽，这相当于 50 个资源块（RB）的容量。此外，假设小型无人机单元有一个稳定的微波链路连接到中央实体。

连接用户和无人机的过程分为两个步骤：

（1）用户检查他 / 她是否能与无人机保持连接，验证 SINR 值是否大于或等于连接阈值（见表 3.2）。否则，用户将被断开连接。

（2）如果用户的 SINR 高于某个阈值，并且基站在其无线接入网络中有足够的空间，那么用户在该时隙被分配到该基站。然而，如果该基站没有可用的无线接入网络，或者用户的 SINR 太低（低于连接阈值），则按照 SINR 最高的顺序，尝试下一个基站。在尝试了所有的基站后，如果用户仍然无法与基站相关联，那么就认为当前用户在该时隙不在覆盖范围内（处于中断状态）[4]。

表 3.2　仿真参数

参数	值
建成区与总土地面积之比 α [13]	0.3
平均建筑数量 β [13]	500
建筑物高度的比例参数 γ [13]	15m
ξ_{LoS} [14]	1dB
ξ_{NLoS} [14]	20dB
正方形区域的侧边 L	1km
无人机 x 轴与 y 轴的步长	50m
无人机 z 轴的步长	100m
无人机最小高度	200m
无人机最大高度	1000m
用户数 N_{u} [17-18]	768
热点数	16
小型无人机单元数	20
热点周围的用户比例 [17-18]	2/3
小型无人机单元 EIRP[19]	−3dBW
小型无人机单元天线方向角 θ [20]	60°
小型无人机单元中的资源块 [17-18]	50
资源块的带宽 [17-18]	180kHz
信号的干扰加噪声率阈值需求	−3dB
载波频率 f_{c} ①	[1 : 0.2 : 2] GHz
幕的总数	100
独立运行的总数	100
单幕最大步数 $\mathrm{IT}_{\max}$	1000
单幕奖励相同的最大步数 $\mathrm{ITR}_{\max}$	100
最大奖励 $R_{\max}$	768
学习率 λ [4]	0.9
折扣率 ϕ [4]	0.9

① 所用频率对应 Sub-6GHz 中的 {1,1.2,1.4,1.6,1.8,2}，参考文献 [4,14,19]。

3.3　强化学习解决方案

马尔科夫决策过程（MDP）是一种对连续决策问题进行建模的工具，其中决策者以连续方式与系统进行互动 [21]。MDP 由状态、行动、状态间的转换和奖励函数组成。一个 MDP 是一个元组 $\langle S,A,T,R\rangle$，其中 S 是一个有限的状态集，A 是一个有限的行动集，T 是一个过渡函数，定义为 $T:S\times A\times S\rightarrow[0,1](\sum_{s'\in S}T(s,\ a,\ s')=1)$，$R$ 是一个奖励函数，定义为 $R:S\times A\times S\rightarrow R$ [22]。

为了讨论行动发生的顺序，我们将定义一个离散的全局时钟 t。如果一个行动的结果不取决于以前的行动和历史状态，只取决于当前的状态，那么被控制的系统就是马尔科夫的 [22]：

$$P(s_{t+1}=s'\mid a_t=a,s_t=s)=T(s,a,s') \tag{3.9}$$

3.3.1 完全合作的马尔可夫游戏

马尔可夫博弈或随机博弈是多智能体强化学习中许多研究的基础。马尔科夫博弈是马尔科夫决策过程和矩阵博弈的超集，其中包含多智能体和多状态 [23]：

马尔可夫游戏 [24] 可以定义为一个元组 $\langle j,S,A^1,\cdots,A^j,T,R^1,\cdots,R^j\rangle$，其中有：

（1）j 是智能体的数量。

（2）S 是状态的有限集。

（3）A^j 是智能体 j 的可用动作集（$a=a^1\times\cdots\times a^j$ 是联合动作集，如图 3.3 所示）。

（4）$T:S\times A\times S\rightarrow[0,1]$ 转移函数，其中 $\forall s\in S,\forall a\in A,\sum_{s'\in S}T(s,\ a,\ s')=1$。

（5）$R_i:S\times A\rightarrow R$ 是智能体 i 的奖励函数。

图 3.3 描述了多智能体强化学习框架，其中智能体在本地收集关于环境的信息（包括当前状态和时间步骤 t 的奖励），并根据自己的 Q 表独立地决定自己的行动 (a^n)。这些行动组合成一个联合行动，执行后在环境中进行评估，产生新的状态、奖励，再重复这个循环。

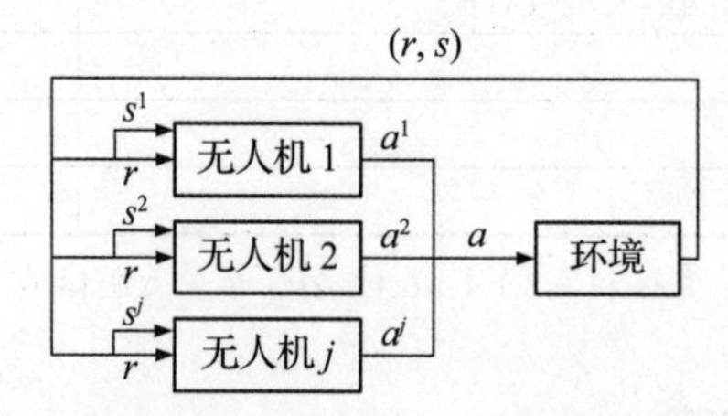

图 3.3　多智能体强化学习框架。来源：参考文献 [10]

过渡和奖励函数取决于联合行动。过渡函数 T 给出了在时间步长 t、处于状态 s 时，执行 a 后在 t+1 时刻产生状态 s' 的概率 [24]：

$$P(s_{t+1}=s'\mid \mathbf{a}_t=\mathbf{a},s_t=s)=T(s,\mathbf{a},s') \tag{3.10}$$

假设过渡函数和奖励函数对智能体来说是未知的，这些是通过与环境的交互过程中发现的[9]。所有智能体有相同的奖励配置[9]。游戏是随机的，其难点在于如何区分导致奖励变化的不同原因。这种变化可能由环境中的噪声或其他智能体的动作造成的[23]。

3.3.2　去中心化的 Q-learning 算法

由于其简单性和稳健性，Q-learning 算法可能是单智能体框架中使用最多的算法[23]，它也是最早应用于多智能体环境的强化学习算法之一[25]。现在，Q-learning 算法的几个变种已经被提出来并用于多智能体环境。在去中心化的 Q-learning 算法中，没有明确地处理协调问题。然而，它已经有一些成功的应用[23]。

在去中心化的 Q-learning 算法中，智能体 j 的 Q^j 表示定义状态 s_t 在时间 t 的 q 值，并通过该 q 值选择行动 a_t^j， r_{t+1} 是此时的奖励[23]。智能体 j 的更新方程为

$$Q^j(s_t,a_t^j) \leftarrow Q^j(s_t,a_t^j) + \lambda(r_{t+1} + \phi \max_a Q^j(s_{t+1},a) - Q(s_t,a_t^j)) \tag{3.11}$$

式中，λ是学习率，决定了智能体的学习速度；ϕ是折扣系数。

以下是分散式 Q-learning 算法的参数：

（1）智能体。每架无人机都是独立的智能体，由单独的 Q 表示。

（2）状态。状态由三个部分组成，即无人机的三维位置、其传输状态（表示无人机是“开”还是“关”的二进制值），以及传输频率（$s=[x, y, z, status_{tx}, f_{tx}]$）。

（3）行动。每架无人机从行动集合中选择一个行动，即行动空间。请注意，由于其重要性和复杂性，对行动选择过程的详细描述将在 3.3.3 节中单独讨论。

（4）奖励。表示覆盖用户的总数，表达式为

$$R = \sum_{j=1}^{N_d} |U_j| \tag{3.12}$$

式中，U_j 是连接到无人机 j 的用户集合，$|U_j|$ 是 U_j 集合中的用户数。这里假设无人机可以通过控制中心获得与其他无人机连接的用户总数。请注意，无人机必须有一个回程链路连接到核心网络，而且控制中心在核心网络上。此外，假设回程链路是理想的[7]。

（5）政策。每架无人机根据 ε 贪婪策略选择行动[5]，该政策可表示为

$$a^j = \begin{cases} \tau, & \text{rand}(0,1) < \varepsilon \\ \arg\max\limits_{a \in \mathbb{A}} Q(s_{t+1},a), & \text{其他} \end{cases} \tag{3.13}$$

式中，τ 是随机选择的行动，rand(0,1) 表示在区间 [0,1] 上服从均匀分布的随机数。

（6）更新。每架无人机使用式（3.11）更新其 Q 表；

（7）开始。随机生成所有无人机的位置，Q 表被初始化为纯 0 表格，并使用 F 表示可用传输频率数量；

（8）幕。智能体与环境的相互作用被划分为若干个幕。在本章中，用户不在多个幕之间移动。单幕可以被描述为网络的一个快照。在每幕中，无人机根据其当前状态进行测量，并评估其奖励。这个过程在迭代中重复进行，直到满足任意停止标准。在单幕结束时，无人机移动到最佳奖励状态；

（9）停止标准。提出了三个停止标准。

- 无人机已经达到了该幕的最大迭代次数 $\mathrm{IT}_{\max}$。
- 迭代若干次后，奖励没有改善 $\mathrm{ITR}_{\max}$。
- 奖励已达到其最大值 $R_{\max}$，无人机已经关联了最大数量的用户。

上述方法详见算法 3.1。

算法 3.1　定位与频率分布

1　初始化无人机位置
2　初始化 Q 表
3　选择可用传输频率的数量
4　**for** 每幕 **do**
5　　**while** 未达到停止标准 **do**
6　　　**for** $j=1:N_\mathrm{d}$ **do**
7　　　　通过 ε 贪婪策略选择动作 A^j
8　　　执行动作后更新无人机状态
9　　　通过式（3.7）执行用户连接过程
10　　　根据式（3.12）获得奖励 R_{t+1}
11　　　**for** $j=1:N_\mathrm{d}$ **do**
12　　　　根据式（3.11）更新 Q^j 表
13　　将无人机移动到奖励最大位置
14　　链接用户
15　　获取指标

3.3.3 行动的选择

将强化学习应用于实际控制任务需要智能且有效的学习算法，为了解决复杂问题往往需要花费很长的时间来训练算法[26]。

在算法 3.1 的第 7 行，每架无人机使用 ε 贪婪策略选择行动。这个策略是选择随机行动或学习行动。

为了优化学习过程，在智能体选择行动时，执行四种不同的策略。与 ε 贪婪策略（随机行动被选择为 τ）不同，这四种不同的策略包括改变 τ 的选择方式。该策略如下：

（1）基础策略。动作空间为上、下、左、右、前、后、开、关和改变频率，如图 3.4a 中所示。所有的动作都是等价的，并且在行动选择过程中没有优化。图 3.5 描述了行动选择过程中的策略。

a）基础策略动作空间

b）全策略动作空间

c）新策略动作空间

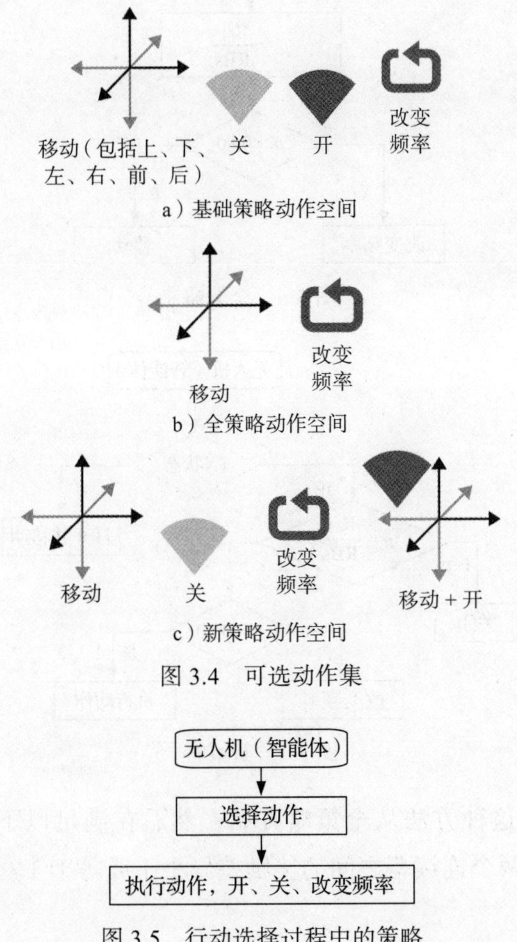

图 3.4　可选动作集

图 3.5　行动选择过程中的策略

（2）全策略。动作空间如图 3.4b 所示，无人机的无线电发射器始终打开。如图 3.6 所示，选择“改变频率”动作或选择“移动”动作取决于无人机的性能。如果其容量大于 80%，则无人机选择移动；如果容量小于 80%，则改变频率。

（3）新策略。动作空间如图 3.4c 所示，使用多个或复合行动。该策略中行动的选择取决于无人机是否处于发射状态，如图 3.7 所示。如果无线电发射器关闭，要选择的行动是打开无线电并移动，加速学习过程并避免无线电发射器在开启和关闭之间摇摆不定。在概率为 1–p 时，无人机关闭；在概率为 p 时，无人机可以选择移动或改变频率。这个概率（p）是由无人机的容量计算出来的，如图 3.7 所示。选择改变频率或移动取决于当前的容量，这是一个类似于全策略的过程。

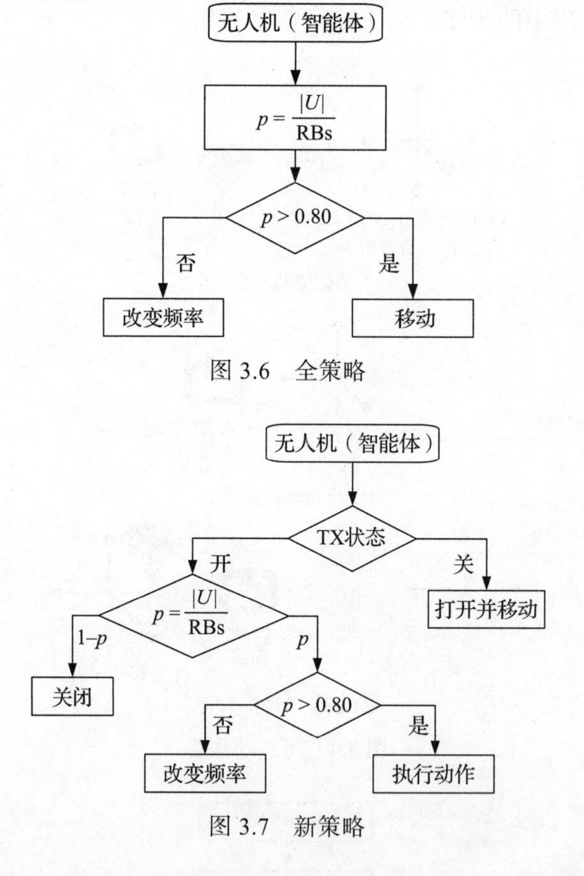

图 3.6　全策略

图 3.7　新策略

（4）混合策略。这种方法从全策略开始，然后在满足以下条件时采用新策略：在五个连续幕中，每两个连续幕之间的奖励差异小于或等于 1。这种策略的改变是一个不可逆的过程。

除了这些策略外，还有一些限制。例如，如果只有一个频率可用，那么在全策略中，改变频率的动作就会从动作组中删除。因此，每个策略选择行动的过程略有不同，这是因为如果不再根据无人机的性能来决定是选择移动还是改变频率；无人机会自动选择移动。此外，需要注意的是，每个策略中的行动数量是不同的。改变传输频率的决定是由智能体（无人机）决定的，所以机制很简单。改变频率时的待选频率是在所有可用频率之间循环。

3.3.4 衡量标准

为了评估这些策略，使用了以下指标。

（1）处于中断状态的用户的百分比，由以下公式给出

$$D_{\mathrm{u}}=100\cdot\frac{N_{\mathrm{o}}}{N_{\mathrm{u}}} \tag{3.14}$$

式中，N_{o}是离线用户的数量，计算如下：

$$N_{\mathrm{o}}=N_{\mathrm{u}}-\sum_{j=1}^{N_{\mathrm{d}}}|U_j| \tag{3.15}$$

（2）单幕平均整体系统回程链路吞吐量B_{global}。B_{global}计算如下：

$$B_{\mathrm{global}}=\frac{\sum_{j=1}^{N_{\mathrm{d}}}\sum_{i=1}^{U_j}T_{i,j}}{F_{\mathrm{all}}} \tag{3.16}$$

式中，F_{all}是使用的传输频率数量，$T_{i,j}$是通过式（3.8）计算的已获得传输频率。

（3）运行无人机的平均数量N_{on}，每幕计算一次：

$$N_{\mathrm{on}}=\sum_{j=1}^{N_{\mathrm{d}}}\chi_j \tag{3.17}$$

$$\chi=\begin{cases}1, & \text{开启无线电发射器}\\0, & \text{其他}\end{cases} \tag{3.18}$$

3.4 典型的仿真结果

3.4.1 仿真场景

为了证明所提出解决方案的有效性，在 Python 中实现了几个仿真场景。主要的

仿真参数如表 4.2 所示。

3.4.2 环境

仿真场景包括一个 1km^2 的城市区域，符合参考文献 [14] 中建立的模型和参数。在这个区域内分布着 768 个用户，每个用户都可以用式（3.8）计算他们的吞吐量，其中 SINR 值由式（3.7）得到。

3.4.3 用户分布

在当前环境中，研究了三种不同类型的用户分布。生成了低、中、高密度的场景，其中，用户分布方式相同，用户密度不同。在这三种分布中，三分之一的用户被随机放置在整个区域；三分之二的用户被随机分配到人工生成的点附近，每个点包含相同数量的用户。每个用户的分布密度实现如下：

（1）低密集度。根据图 3.8a 可知，用户可以被放置在该区域的任何地方。

（2）中密集度。用户集中分布，占据 1 km^2 区域的一半，如图 3.8b 所示。

（3）高密集度。用户集中分布，占据 1 km^2 区域的四分之一，如图 3.8c 所示。

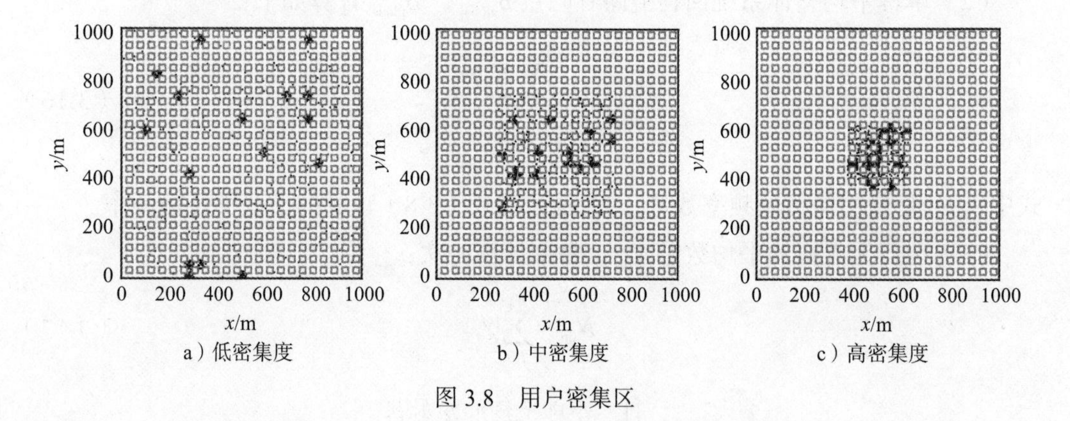

图 3.8 用户密集区

3.4.4 仿真

为了使用所提出算法解决问题，假设无人机的运动在水平面（x-y 轴）上单步仿真移动 50m，在垂直面（z 轴）上单步仿真移动 100m。

仿真时，为每个用户的分布生成了 10 个场景。对于每个场景，都进行了 100 次独立的运行，单次运行执行 100 幕。在无人机开始运动并确定其最佳位置之前，必须生成一定数量的热点，每个热点的用户数量相等。此外，必须指定无人机的初始位置并初始化 Q 表。在仿真中测试了三种不同的情况（低、中、高用户密度），在每种情况下，用三组不同的待选频率对性能进行了评估：1）只有一个频率；2）三个正交频率；3）六个正交频率。

在初始化过程结束后，无人机将试图减少每幕的离线用户数。为了做到这一点，每幕都被划分为一次迭代。在每次迭代中，无人机同时移动，寻找最佳位置。当达到某些停止标准时，就会停止这一幕，返回到已找到的最佳位置，并获得指标。

3.4.5 数值结果

1. 单频率

从图 3.9 可以看出，全策略取得了最好的结果，新策略和混合策略的结果保持了相似的数值，但不如全策略，基本策略在所有分布中效率最低。如图 3.10 所示，用户分布密度与离线用户的增加，导致了整体系统回程链路的减少，这表明在使用单一频率且用户密度增加时，全策略的效率更高。此外，似乎全策略知道一些无人机几乎位于区域外的拓扑结构，为孤立的用户服务。正如预期的那样，随着用户密度的增加，减少活跃无人机的数量会有更大的好处，如图 3.11 所示。此外，混合方法给出的结果几乎与所有方法一样好，但无人机的数量减少了 40%。

当使用单一频率且用户密度增加时，全策略的效率更高。此外，似乎全策略知道一些几乎位于区域外的、为孤立用户服务的无人机的拓扑结构。正如预期的那样，随着用户密度的增加，减少活动无人机的数量会有更好的效果，如图 3.11 所示。此外，混合策略的结果几乎与全策略一样好，但无人机的数量减少了 40%。

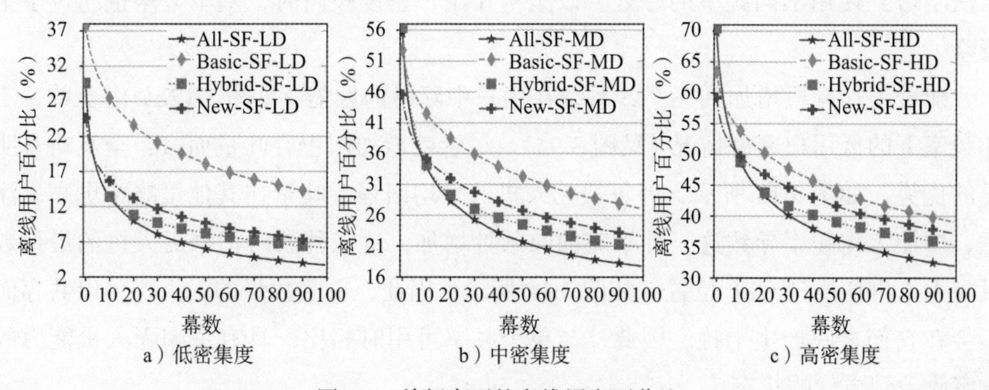

图 3.9 单频率下的离线用户百分比

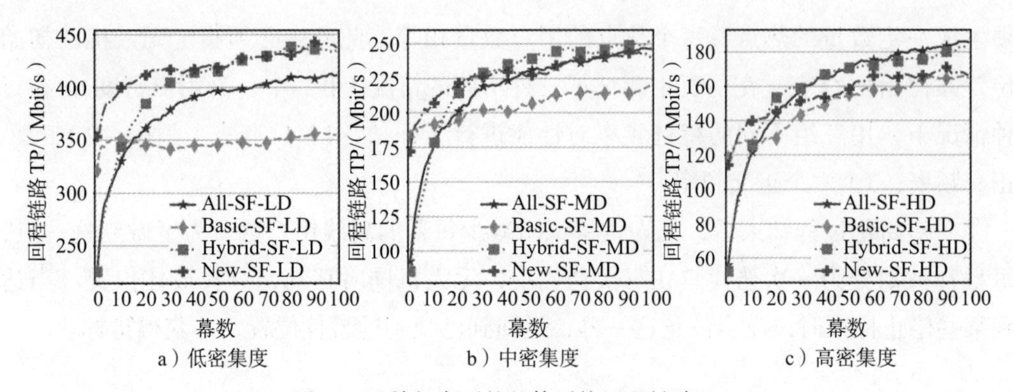

a）低密集度　　b）中密集度　　c）高密集度

图 3.10　单频率下的整体系统回程链路 TP

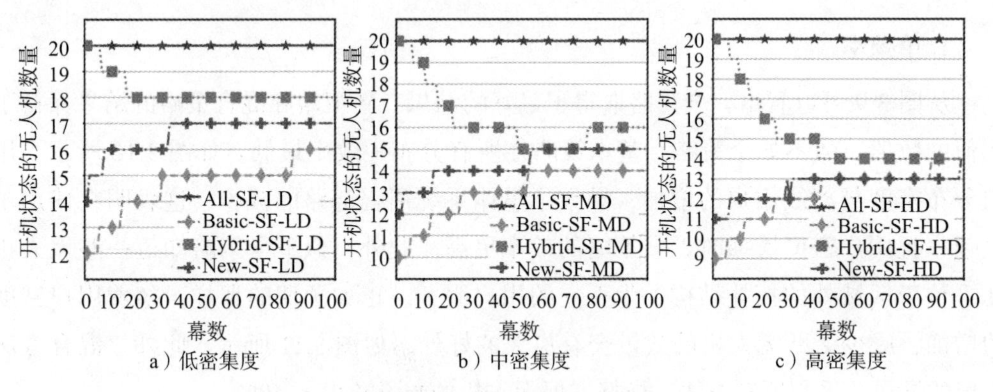

a）低密集度　　b）中密集度　　c）高密集度

图 3.11　单频率下的开机状态的无人机数量

2. 三个频率

正如预期的那样，随着运行频率的增加，离线的用户数量明显减少，如图 3.12 所示。从图 3.12a 可以看出，当用户密度较低时，新策略超过了全策略。似乎全策略无法学习到使用不同频率的好处。以至于在用户密度较高时，基本策略也超过了全策略。

随着工作频段增加到三个，系统在用户中断时的性能（见图 3.12b）优于单一工作频率下的低用户密度情况（见图 3.9a）。尽管就增加回程吞吐量而言，全策略有明显的优势，如图 3.13 所示，但每架无人机的平均回程吞吐量在其他策略中更高。注意，增加工作频率导致这三种策略的收敛性增加，这三种策略根据无人机的最佳数量将无人机切换到 OFF 位置，如图 3.14 所示。因此，更多数量的无人机可以共存而不会在它们之间产生干扰。因此，与单个频率可用时相比，具有关闭无人机能力的方案收敛到更优的状态。

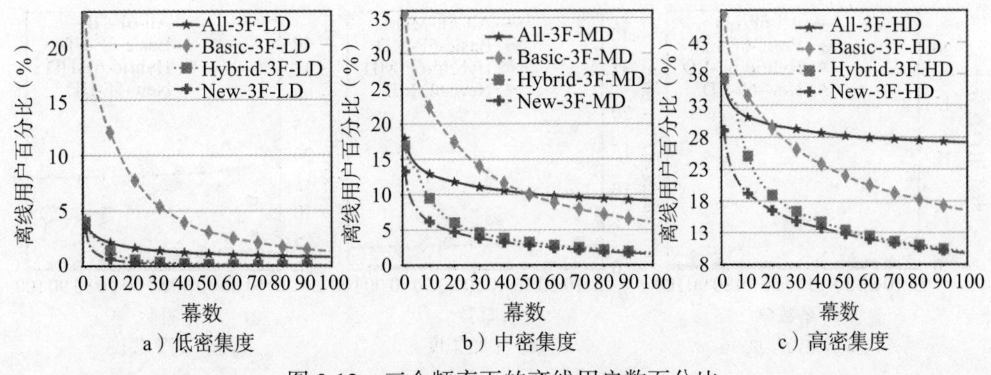

a）低密集度　b）中密集度　c）高密集度

图 3.12　三个频率下的离线用户数百分比

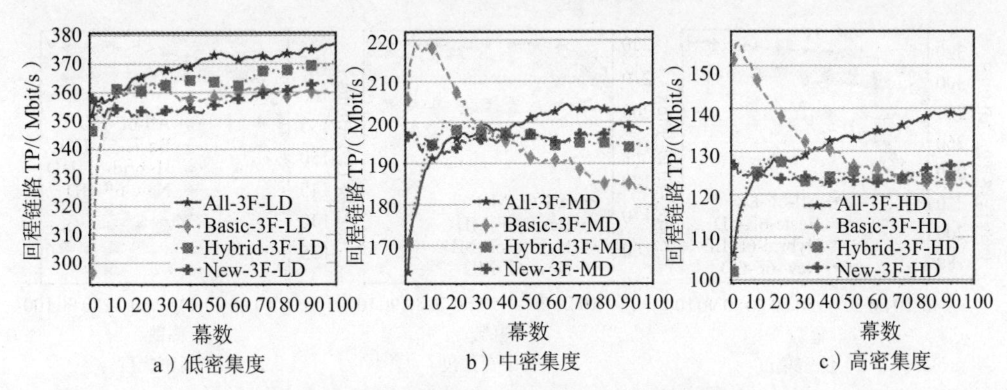

a）低密集度　b）中密集度　c）高密集度

图 3.13　三个频率下的整体系统回程链路

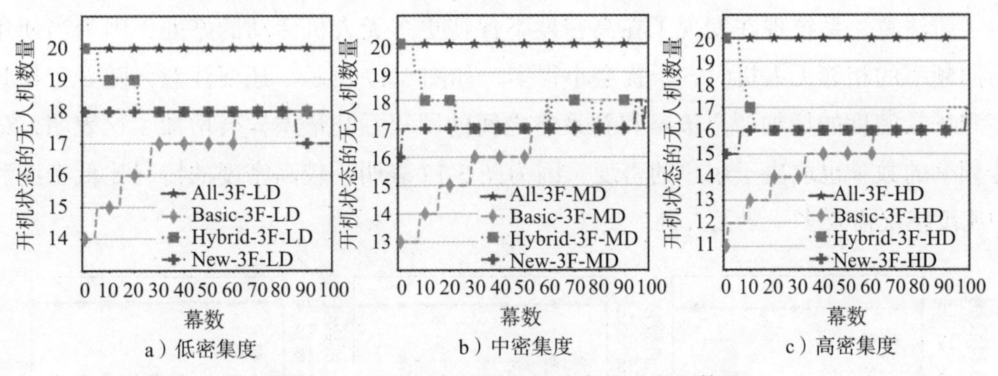

a）低密集度　b）中密集度　c）高密集度

图 3.14　三个频率下的开机状态的无人机数量

3. 六个频率

随着工作频段增加到六个，高密度场景（见图 3.15a）中的系统性能在具有断开功能时优于只有单一工作频率的低密度场景（见图 3.9a），也优于具有三个工作频率的中密度场景（见图 3.12b），如图 3.15 所示。正如预期的那样，由于可用带宽的标准化，系统的整体回程链路吞吐量有所下降，如图 3.16 所示。

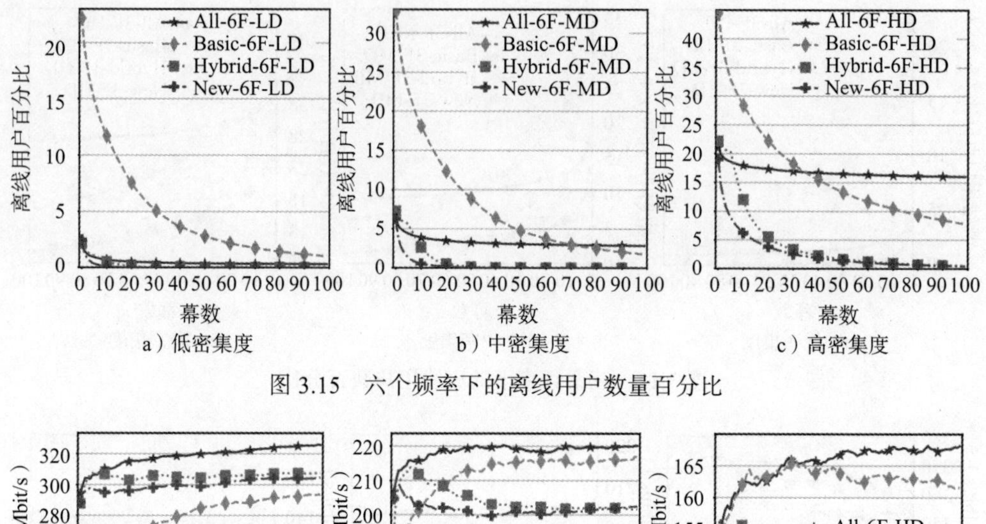

图 3.15　六个频率下的离线用户数量百分比

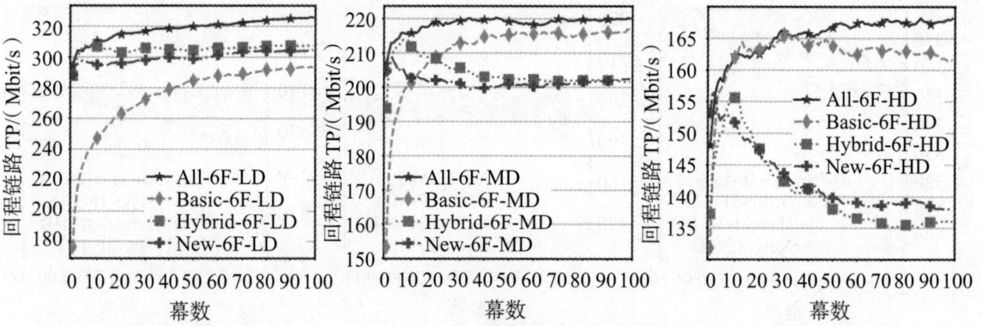

a）低密集度　b）中密集度　c）高密集度

图 3.16　六个频率下的整体系统回程链路 TP

请注意，系统现在发现了在高密度下保持更多无人机活动的好处，因为当使用不同频率的相邻无人机时，干扰会小得多，如图 3.17 所示。还要注意，随着工作频率和场景密度的增加，全策略和新策略之间的回程吞吐量差异会增加。这表明，最佳频率的数量也取决于用户的密度，因为图 3.17 表明，较高密度的情况比低密度和中密度情况需要多一架无人机。

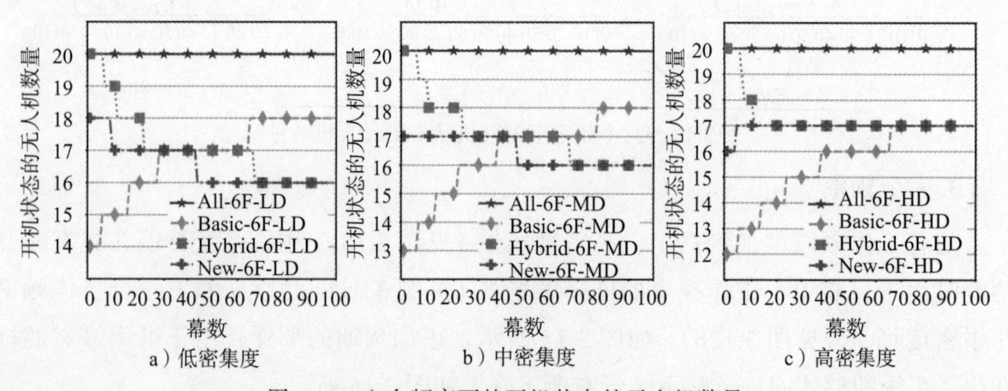

a）低密集度　b）中密集度　c）高密集度

图 3.17　六个频率下的开机状态的无人机数量

3.5 结论和未来工作

3.5.1 结论

从本工作中得到的结果，我们可以得出以下结论：

（1）对于单传输频率，当用户密度增加时，所提出的算法使用全策略可以获得更好的性能。这是因为该策略倾向于定位，以实现孤立用户的覆盖，但这会导致低能源效率，有时会覆盖到感兴趣的区域之外。

（2）运行中使用三个频段，新策略在用户中断、收敛时间和资源的有效利用（以无人机总数计）方面优于其他策略。

（3）通过增加到六个工作频段，新策略显示出比其他策略更高的有效性，在使用多个频率以避免干扰方面发挥更大优势。然而，这意味着能源效率的下降。因此，整个系统的回程吞吐量明显下降。随着相关区域内用户密度的增加，所需的工作频率数量也随之增加。

（4）新策略提出的在行动集合中采用多种行动，可以加快 MA Q-learning 算法的收敛速度。

3.5.2 未来工作

基于本研究的发展，未来的工作应该集中在以下方面：

（1）强化学习算法的设计，侧重于无人机的合作与协调。

（2）设计频率分配的智能策略，即根据有关情况对频率的数量进行优化。

（3）传输功率的控制机制，考虑使用波束成形技术来控制覆盖锥体的开口角度。

参考文献

1 Saad, W., Bennis, M., Mozaffari, M., and Lin, X. (2020). *Wireless Communications and Networking for Unmanned Aerial Vehicles*. Cambridge University Press. ISBN: 9781108691017. https://doi.org/10.1017/9781108691017. https://www.cambridge.org/core/product/identifier/9781108691017/type/book.

2 Reis, A.F., Brante, G., Parisotto, R. et al. (2020). Energy efficiency analysis of drone small cells positioning based on reinforcement learning. *Internet Technology Letters* 5 (5) 4–9. https://doi.org/10.1002/itl2.166.

3 Imran, M.A., Abdulrahman Sambo, Y., Abbasi, Q.H. et al. (2019). Intelligent positioning of UAVs for future cellular networks. *Enabling 5G*

Communication Systems to Support Vertical Industries, pp. 217–232. https://doi.org/10.1002/9781119515579.ch10.

4 Klaine, P.V., Nadas, J.P.B., Souza, R.D., and Imran, M.A. (2018). Distributed drone base station positioning for emergency cellular networks using reinforcement learning. *Cognitive Computation* 10 (5): 790–804. https://doi.org/10.1007/s12559-018-9559-8.

5 Sutton, R.S. and Barto, A.G. (2018). *Reinforcement Learning: An Introduction*. MIT press.

6 Ghanavi, R., Kalantari, E., Sabbaghian, M. et al. (2018). Efficient 3D aerial base station placement considering users mobility by reinforcement learning. *IEEE Wireless Communications and Networking Conference, WCNC*, Volume 2018-April, pp. 1–6. ISBN: 9781538617342. https://doi.org/10.1109/WCNC.2018.8377340.

7 De Paula Parisotto, R., Klaine, P.V., Nadas, J.P.B. et al. (2019). Drone base station positioning and power allocation using reinforcement learning. *Proceedings of the International Symposium on Wireless Communication Systems*, Volume 2019-Augus, pp. 213–217. ISBN: 9781728125275. https://doi.org/10.1109/ISWCS.2019.8877247.

8 Abeywickrama, H.V., He, Y., Dutkiewicz, E. et al. (2020). A reinforcement learning approach for fair user coverage using UAV mounted base stations under energy constraints. *IEEE Open Journal of Vehicular Technology* 1: 67–81. https://doi.org/10.1109/ojvt.2020.2971594.

9 Foerster, J.N. (2018). Deep multi-agent reinforcement learning. PhD thesis. University of Oxford. https://ora.ox.ac.uk/objects/uuid:a55621b3-53c0-4e1b-ad1c-92438b57ffa4 (accessed 15 March 2021).

10 Cui, J., Liu, Y., and Nallanathan, A. (2020). Multi-agent reinforcement learning-based resource allocation for UAV networks. *IEEE Transactions on Wireless Communications* 19 (2): 729–743. https://doi.org/10.1109/TWC.2019.2935201.

11 Huang, H., Yang, Y., Wang, H. et al. (2020). Deep reinforcement learning for UAV navigation through massive MIMO technique. *IEEE Transactions on Vehicular Technology* 69 (1): 1117–1121. https://doi.org/10.1109/TVT.2019.2952549.

12 Liu, C.H., Ma, X., Gao, X., and Tang, J. (2020). Distributed energy-efficient multi-UAV navigation for long-term communication coverage by deep reinforcement learning. *IEEE Transactions on Mobile Computing* 19 (6): 1274–1285. https://doi.org/10.1109/TMC.2019.2908171.

13 ITU-R (2012). Propagation data and prediction methods required for the design of terrestrial broadband radio access systems in a frequency range from 3 to 60 GHz. *Rec. ITU-R P.1410-5*, pp. 1–18.

14 Al-hourani, A., Kandeepan, S., and Jamalipour, A. (2016). Modeling air-to-ground path loss for low altitude platforms in urban environments. *IEEE Transactions on Vehicular Technology* 66 (1): 632–636. https://doi.org/10.1109/GLOCOM.2014.7037248.

15 Al-Hourani, A., Kandeepan, S., and Lardner, S. (2014). Optimal LAP altitude for maximum coverage. *IEEE Wireless Communications Letters* 3 (6): 569–572. https://doi.org/10.1109/LWC.2014.2342736.

16 Goldsmith, A. (2005). *Wireless Communications.* Cambridge University Press. volume 9780521837. ISBN: 9780511841224. https://doi.org/10.1017/CBO9780511841224.

17 Jaber, M., Imran, M., Tafazolli, R., and Tukmanov, A. (2015). An adaptive backhaul-aware cell range extension approach. *2015 IEEE International Conference on Communication Workshop, ICCW 2015*, number BackNets, pp. 74–79. ISBN: 9781467363051. https://doi.org/10.1109/ICCW.2015.7247158.

18 Jaber, M., Imran, M.A., Tafazolli, R., and Tukmanov, A. (2016). A distributed SON-based user-centric backhaul provisioning scheme. *IEEE Access* 4: 2314–2330. https://doi.org/10.1109/ACCESS.2016.2566958.

19 Azari, M.M., Rosas, F., and Pollin, S. (2018). Reshaping cellular networks for the sky: major factors and feasibility. *IEEE International Conference on Communications*, volume 2018-May. ISBN: 9781538631805. https://doi.org/10.1109/ICC.2018.8422685.

20 Full Band 4G Antennas (2017). Outdoor 4G Antenna - Cross Polarised 3G/4G Antenna. https://www.fullband.co.uk/product/fbxpmimo/ (accessed 15 March 2021).

21 Szepesvári, C. (2010). Algorithms for reinforcement learning. *Synthesis Lectures on Artificial Intelligence and Machine Learning* 4 (1): 1–103. ISSN: 1939-4608.

22 Wiering, M. and Van Otterlo, M. (2012). *Reinforcement Learning*, vol. 12. Springer. ISBN: 364227644X.

23 Matignon, L., Laurent, G.J., and Le Fort-Piat, N. (2012). Independent reinforcement learners in cooperative Markov games: a survey regarding coordination problems. *The Knowledge Engineering Review* 27 (1): 1–31. https://doi.org/10.1017/S0269888912000057.

24 Shapley, L.S. (1953). Stochastic games. *Proceedings of the National Academy of Sciences of the United States of America* 39 (10): 1095–11100. https://doi.org/10.1073/pnas.39.10.1095.

25 Tan, M. (1993). Multi-agent reinforcement learning: independent vs. cooperative agents. In: *Machine Learning Proceedings 1993*, 330–337. Elsevier. https://doi.org/10.1016/b978-1-55860-307-3.50049-6.

26 Nishiyama, R. and Yamada, S. (2016). *Reinforcement Learning with Multiple Actions*. In: *Proceedings of the 3rd International Conference on Intelligent Technologies and Engineering Systems (ICITES2014)*. Springer: Cham.

第 4 章 | Chapter 4 |

基于强化学习的多无人机协同优化部署方法

4.1 引言

过去的几年里，在无线通信网络的协助下，无人机的应用实现了显著的增长。无人机的快速移动和灵活部署的特性，使得其在应用自适应通信设备方面有很大潜力，并且在搭建民用或军用合作通信网络时有较强优势，如灾害管理、智能交通系统、监视等。因此，学术界和工业界对无人机通信的研究兴趣越来越大，产生了一些富有成效的技术和方法，可以将无人机与现有的通信基础设施相结合。特别地，无人机辅助的无线电接入已被确定为第五代（5G）蜂窝网络的关键组成部分，其中无人机作为空中基站（ABS）可构建灵活的网络架构。此外，在更多样化的 5G 服务中，即物联网（IoT）和万物互联（IoE），已经考虑了无人机合作通信，这样可以更好地满足用户的体验质量。

近期，公开文献的研究主要集中在三个方向上：1）通过无人机的轨迹优化来提高系统性能 [1-3]；2）无人机用于空中中继 [4-6]；3）无人机作为空中基站 [7-9]。在参考文献 [1] 中，作者提出了一种优化无人机轨迹的方法，可以同时使燃料消耗和平均重访时间最小，并使得在海上雷达的应用中平均探测概率最大。此外作者使用 Quintic 多项式来生成具有完整和复杂解决方案的无人机轨迹，同时提供最小的输入。在参考文献 [2] 中，无人机的轨迹与它的发射功率一起被优化，同时使无人机辅助通信网络的中断概率最小。该方案优于固定功率和圆形轨迹方案，接近穷举搜索的最小中断概率，差距小于 5%。在参考文献 [3] 中，作者对无人机的轨迹进行了优化，以提高通信系统的整体能源效率。此外，作者建立了一个关于固定翼无人机的推进能耗理论模型，并将其应用于飞行速度、方向和加速度的函数中。在参考文献 [4] 中，作者提出了一个自带能量的无人机辅助中继方案，以最大化目的地的可实现吞吐量。所提出的中继方案优于现有的名为“先收获后合作”、“自我能量回收”和“传统时间切换”的类似方案。在参考文献 [5] 中，作者提出了两种无人机辅助中继方案，为了充分利用无人机部署的灵活流动性，无人机作为高速移动的信号源。在参考文献 [6] 中，作者提出了一种用于无人机辅助物联网的节能合作多跳式中继方案。在参考文献 [7] 中，作者提出了一种多天线收发器和多跳式设备间（D2D）链路的设计，用于无人机辅助物联网通信网络。此外，作者还设计了最短路径路由算法，以最小的通信链路数构建设备间链路，以提高无人机的覆盖率。一般来说，与传统的 3G/4G 通信系统相比，无人机空中基站多层网络中的典型单元区域覆盖分析更为复杂。在参考文献 [8] 中，作者得出了无人机空中基站多层网络的一般收敛概率。此时，作者假设最近的干扰无人机空中基站到用户设备的距离为融合的低限。为了填补无人机空中基站部署规划中实际无线电和流量模型的研究空白，在参考文献 [9] 中，作者给出了一个用于实际描述无人机空中基站性能的流量级模型。此外，作者还提出了深度强化学习的方法，根据数据流量来学习无人机的最佳轨迹。

随着无线设备使用的指数型增长，能源消耗和二氧化碳排放以惊人的速度增加。特别地，截至 2021 年初，无线设备的使用量将超过 500 亿，能源问题变得更加严重。最近，物联网应用的发展实现了无论是否有人员干预的情况下设备、服务和用户之间都可实现可靠互联。物联网应用中几乎每一种通信方式都需要无线传感器，而这些传感器是电池有限的设备，能量是维持通信网络预期功能的关键资源。有时，一些特殊位置的传感器会遇到没有持续能源供应的情况。因此，通信网络不仅需要包括高效的能源管理策略，而且还应包括从各种能源中获取能量（EH）的替代方案。

基于无线携能通信（SWIPT）的能量获取技术是解决物联网中无线设备能源限制问题的潜在解决方案，受到了相关研究人员的极大关注。无线携能通信能够实现在接收电磁信号的同时传输数据和能量，为无线设备电池的快速耗尽提供了一个重要的解决方案。然而，通过替代接收器的结构来实现基于单一电磁信号的数据接收和能量获取，在传统的接收器结构中是不可能的。因此，人们提出了两种新颖的接收器结构，即时间切换（TS）和功率分流（PS）。在时间切换结构中，在给定的时间内，信号的全部接收功率被用于能量获取或信息处理，这是在考虑通信节点体验质量的要求后决定的。在功率分流结构中，使用功率分配器将接收到的信号分成两部分，其中一部分信号用于能量获取，其余部分信号用于信息处理。功率分流比率由通信节点所需的服务质量决定。由于无线携能通信可以在保持通信网络频谱效率的同时提高能源效率，最近对无线携能通信的研究量已经增加。关于无线携能通信研究的详细调查，见参考文献 [10-11] 及其中的参考文献。

在给未来的通信应用设计通信网络时，网络拥堵是需要考虑的主要问题之一。特别是在数据流量高峰期，由于网络资源相对于活跃用户数量的有限性，通信网络的数据流量会增加。网络拥堵的另一个主要原因是活跃用户对类似内容的重复性请求。解决该问题的潜在方法是使用缓存机制来避免对类似内容的重复请求。缓存包含两个阶段：放置和交付。在放置阶段，受欢迎的内容在非高峰时间段被存储在用户附近的分布式缓存中。在这个阶段，网络资源被最小化使用。在交付阶段，如果用户要求的内容位于附近的缓存中，用户可以在没有核心网络干预的情况下得到服务，最大限度地减少网络拥堵。将缓存纳入通信设置可以减少回程的负载，并提高能源效率。

参考文献 [12] 提出了一种“GreenDelivery”结构，该结构同时实现了能量获取和数据缓存任务，特别是促进了在蜂窝网络中同时实现能量获取与有效的数据传输。在参考文献 [13] 中，作者为配备无线回程和本地存储的能量获取蜂窝基站提出了一种功率控制节能方案。此外，假设能量到达服从泊松分布，缓存机制采用 Zipf 法则建模。在参考文献 [14] 中，作者提出了一种为物联网服务的基于能量获取的缓存机制，并通过建立分析模型研究了这种系统的能量消耗和缓存之间的平衡。在参考文献 [15] 中，作者研究了异构车辆网络的成本效益规划，该异构车辆网络由支持缓存的路侧单元组成。在参考文献 [16] 中，作者研究了一种基于缓存辅助的 SWIPT-TS（基于时间切换的无线携能通信）合作系统，并研究了缓存对目的地可实现吞吐量的影响。可以清楚地注意到，除了参考文献 [16] 中的工作外，其他所有的工作都考虑使用外部能源来提供能量或传输数据的同时获取能量。

以下是在通信网络中使用无人机所面临的技术挑战。首先，由于缺乏固定线路回程，从基础设施到无人机的回程可能成为系统性能的瓶颈，限制了无人机为边缘用户以要求的数据速率提供高质量内容。其次，需要一个自适应的轨迹设计来迎合边缘用户的需求。最后，无人机也是能量受限的设备，电池容量有限。为了克服上述缺点，可采用 SWIPT-PS（基于功率分流的无线携能通信）并启用缓存辅助解码和转发（DF）的无人机辅助中继系统，即在给定的操作时间内由缓存辅助的无人机为多个用户服务。虽然参考文献 [17-20] 研究了缓存辅助的无人机，但没有考虑无人机或用户的能量获取能力。在拟议的通信设置中，无人机的通信能力完全由通过

SWIPT-PS 收获的能量提供。我们提出了一个优化问题（P1），即在考虑系统的缓存容量、能量收集量和 QoS 约束时，使每个用户接收的信息率最大化。进一步，我们又提出一个优化问题（P2），一旦从 P1 中得到了最佳参数，就确定了无人机的轨迹。第一个优化问题 P1 通过使用 Karush-Kuhn-Tucker（KKT）条件来解决，并得到无人机功率分流因子和时间块结构中时间比率的最佳闭式解。第二个优化问题（P2）是通过本章提出的迭代算法解决的。

4.2　系统模型

如图 4.1 所示，考虑了一个无人机自供能解码与转发的中继方案，该方案由一个信号源、一架无人机和多个用户组成。在给定的通信网络中，每个通信设备都配备了一根天线，以半双工模式工作。由于覆盖范围的限制，如阻塞、有限的传输功率等，信号源和用户之间没有直接联系。无人机被用作中继器，协助信息源和用户之间的信息传输。无人机的传输能力完全由无线携能通信中功率分流接收器收集的能量提供，无人机配备了一般的缓存模型来存储从信息源收到的信息。图 4.2 给出了自供能无人机的解码转发中继框图，并说明了拟议系统的关键参数。本章中使用的数学符号和变量的含义在表 4.1 中给出。

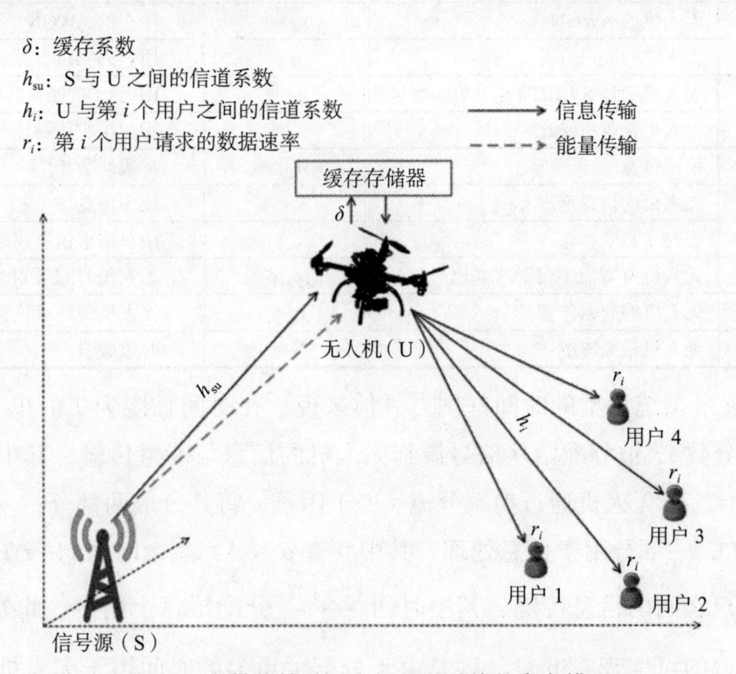

图 4.1　自供能辅助无人机通讯系统的参考模型

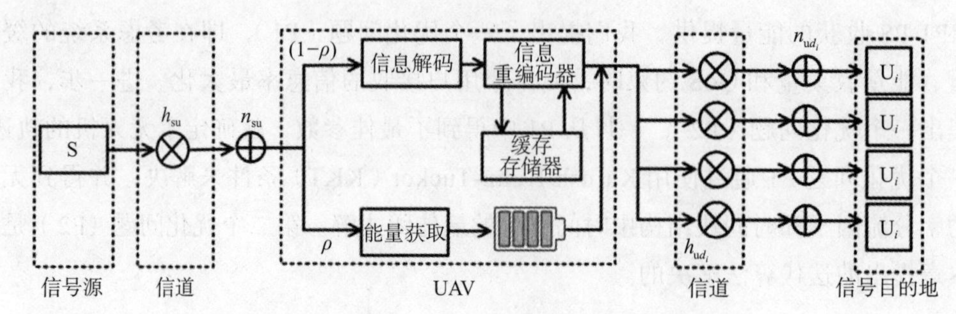

图 4.2 自供能无人机的解码转发（DF）中继框图

表 4.1 本章使用的数学符号和变量的含义

数学符号和变量	含义	数学符号和变量	含义
ρ	功率分配系数	τ	EH 的时间分配
T	传输块的持续时间	I	用户数量
h_{su}	源和无人机之间的信道系数	h_i	无人机与用户之间的信道系数
L	大范围平均信道功率增益	l	小范围衰落系数
d_{xy}	节点间距离	α	路径损耗指数
$\boldsymbol{q}[\boldsymbol{n}]$	无人机在给定时隙 n 的位置	$\boldsymbol{w}[\boldsymbol{n}]$	来源和用户的位置
K	Rician 因数	θ	倾斜角
g_0	确定的视线传播成分	$\hat{g}_0$	随机散射成分
y_{su}	无人机接收到的信号	y_i	用户接收到的信号
P_s	源的发射功率	P_u	无人机发射功率
n_{su}	无人机的 AWGN	n_i	用户的 AWGN
σ_{su}^2	无人机的噪声方差	σ_i^2	用户的噪声方差
E_u	无人机通过 SWIPT-PS 采集的能量	η	RF 到 DC 能量转换效率
γ_{su}	无人机接收信噪比	γ_i	用户接收信噪比
B	信道带宽	A_1，A_2	常数系数 [21]
R_u	无人机的信息速率	R_i	用户信息率
δ	缓存系数	r_0	用户请求信息速率
ψ	无人机所需最小发射功率比	ϕ_u, ϕ_i	无人机时间规划的二元变量
x_0，y_0	无人机的起始位置	x_d, y_d	无人机的终点位置
V_m	无人机最大速度	N	时隙数量

图 4.3 展示系统模型的时间框图。具体来说，在时间长度为 T 的单个传输块中，第一个时间分数 τT 被分配给从信号源到无人机的信息与能量传输，其中 $0 < \tau < 1$。在接收到信号后，无人机通过功率分流（PS）因子 ρ 将其分成两部分：一部分用于能量获取（EH），一部分用于信息处理，其中 $0 < \rho < 1$。剩余时间 $(1-\tau)T$ 平均分配给无人机与用户之间的信息传输，其中时间 $\dfrac{(1-\tau)T}{I}$ 分配给每个用户。此外，较大的 T 值将增加用户的可实现吞吐量，这是由于分配了更多的时间用于无人机与用户之间

信息传输。然而，选择较大的 T 值也会增加每个用户在当前周期和下一个周期的能量消耗和等待时间。当有多个周期时，$T_{\text{tot}} = \sum_{Z=1}^{Z} T$，其中 Z 表示周期的数量。因此，选择适当的 T 以保持信息速率、服务延迟和能量消耗之间的平衡是至关重要的。T 的周期被分为 N 个大小相等的时隙，即 $T = N\zeta$，其中 ζ 应足够小，以便无人机的位置在每个时隙内变化不大。

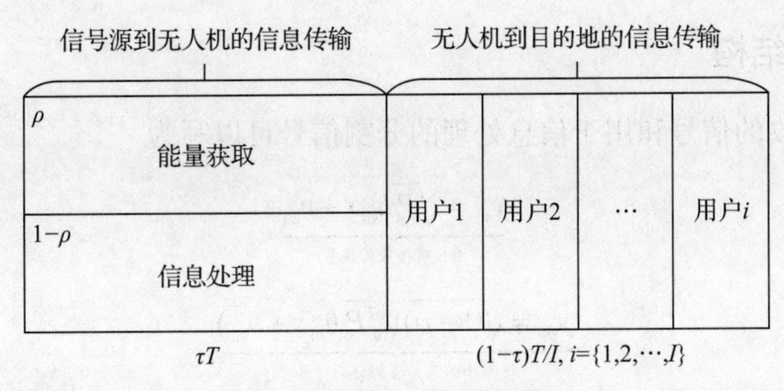

图 4.3　系统模型的时间框图

4.2.1　空对地信道模型

所有的信道都是准静态的，并受到独立且非同分布的 Rician 衰落。基站和无人机之间的信道衰减系数用 h_{su} 表示，无人机和用户之间的信道衰减系数用 h_i 表示，$i \in \{1,2,\cdots,I\}$。因此，通信节点之间的信道可以被建模为

$$(h_{\text{su}}, h_i)[n] = \sqrt{L[n]}l[n] \tag{4.1}$$

式中，$L[n]$ 表示考虑到路径损耗和阴影的大规模平均信道功率增益，$l[n]$ 表示小尺度衰减系数。那么，$L[n]$ 可以写为

$$L[n] = L_0 d_{xy}^{-\alpha}[n] \tag{4.2}$$

式中，L_0 表示参考距离下的平均信道功率增益，α 表示路径损耗指数，d_{xy} 是通信节点间的视线（LoS）距离，且 $x, y \in \{s,u,i\}$。无人机的视线距离（LoS）d_{xy} 可以写为 $d_{xy} = \sqrt{\| q[n] - w[n] \|^2 + H^2[n]}$，其中 $w[n]=(x[n], y[n])$ 表示源或用户的位置；$q[n]=(x[n], y[n])$ 表示无人机在指定时间块 $[n]$ 的位置；H 表示无人机的飞行高度。接下来，在考虑视线（LoS）时，$l[n]$ 可以被建模为

$$l[n] = \sqrt{\frac{K[n]}{K[n]+1}}g_0 + \sqrt{\frac{1}{K[n]+1}}\hat{g}_0 \tag{4.3}$$

式中，g_0 表示固定的视线（LoS）分量，$\hat{g}_0$ 表示零均值单位方差的圆形对称高斯（CSCG）的随机分量[22]，$K[n]$ 表示无人机与时间块 $[n]$ 通信节点之间信道的 Rician 因子。考虑到仰角，Rician 因子可以建模为[21,22]

$$K[n] = A_1 \exp A_2 \theta[n] \tag{4.4}$$

式中，$\theta[n] = \arcsin(H[n]/d_{xy}[n])$，$A_1$ 和 A_2 是由具体环境决定的常数系数[21]。

4.2.2 信号结构

无人机接收的信号和用于信息处理的分割信号可以写为

$$\underbrace{y_{\mathrm{su}} = \sqrt{P_{\mathrm{s}}} h_{\mathrm{su}} x + n_{\mathrm{su}}}_{\text{无人机接收的信号}} \tag{4.5}$$

$$\underbrace{y_{\mathrm{su}} = \sqrt{(1-\rho)}(\sqrt{P_{\mathrm{s}}} h_{\mathrm{su}} x + n_{\mathrm{su}})}_{\text{用于信息处理的分割信号}} \tag{4.6}$$

式中，n_{su} 表示无人机的加性高斯白噪声（AWGN），它被建模为一个均值为零、方差为 σ_{su}^2 的复值高斯随机变量；x 是信号源发射的符号，$E\{|x|2\}=1$，其中 $E\{\cdot\}$ 和 $|\cdot|$ 分别代表统计期望和准则。同样地，在第 i 个用户处收到的信号可由以下公式给出：

$$y_i = \sqrt{P_{\mathrm{u}}} h_i \hat{x} + n_i \tag{4.7}$$

式中，$\hat{x}$ 表示无人机重新发送信号的标志，可以是从源头接收的重编码符号或从缓存中获得的符号。用 P_{s} 表示源节点在第一阶段的传输功率。因此，无人机所收获的能量可以表示为

$$E_{\mathrm{u}} = \eta \rho T \tau (P_{\mathrm{s}} | h_{\mathrm{su}} |^2 + \sigma_{\mathrm{su}}^2) \tag{4.8}$$

式中，η 表示能量获取（EH）链路的能量转换效率。因此，无人机在第二阶段的发射功率可由以下公式给出：

$$P_{\mathrm{u}} = \frac{E_{\mathrm{u}}}{\dfrac{T(1-\tau)}{I}} = \frac{\tau I}{(1-\tau)} \eta \rho (P_{\mathrm{s}} | h_{\mathrm{su}} |^2 + \sigma_{\mathrm{su}}^2) \tag{4.9}$$

式中，I 表示网络内需要服务的用户总数。无人机和第 i 个用户的接收信噪比（SNR）可写为

$$\gamma_{\mathrm{su}} = \frac{P_{\mathrm{s}} | h_{\mathrm{su}} |^2}{\sigma_{\mathrm{su}}^2} \tag{4.10}$$

$$\gamma_i = \frac{P_{\mathrm{u}} |h_i|^2}{\sigma_i^2} \tag{4.11}$$

为简单起见，假设 $\sigma^2 = \sigma_{\mathrm{su}}^2 = \sigma_i^2$，再结合式（4.10）、式（4.11），无人机和第 i 个用户的可实现信息速率写为

$$R_{\mathrm{u}} = B\log_2(1+\gamma_{\mathrm{su}}) \tag{4.12}$$

$$R_i = B\log_2(1+\gamma_i),\ \forall i \tag{4.13}$$

式中，B 是通信链路的信道带宽。

4.2.3　无人机的缓存机制

与参考文献 [16,20,25] 中提出的工作类似，我们针对无人机考虑了一种随机缓存算法。在不失一般性的情况下，我们假设无人机不拥有任何与内容流行度有关的信息。因此，无人机从信息源处收到的 δ 部分信息（$0 \leqslant \delta \leqslant 1$），将被存储在其缓存存储器中。例如，当用户向主服务器请求信息时，如果该信息的 δ 部分在缓存中可用，则只需从服务器发送剩余部分，减少网络拥堵。

4.3　优化问题建模

本节提出了两个优化问题以确定最佳 ρ 和 τ 值，并生成无人机到其终点位置的最优轨迹，该轨迹在保证预定服务质量约束的同时最大化用户服务信息速率。

4.3.1　最大化用户可获得的信息速率

本节的主要目标是考虑到无人机的缓存能力，在预定服务质量（QoS）的约束下，最大限度地提高用户的可实现信息速率。相应的优化问题（P1）可写为

$$\begin{aligned}
&(\mathrm{P1}): \max_{\rho,\tau} \left(\frac{T(1-\tau)}{I}\right) B\log_2(1+\gamma_i) \\
&(\mathrm{C1}): \tau T(R_{\mathrm{u}} + (\delta r_0)) \geqslant \left(\frac{T(1-\tau)}{I}\right) B\log_2(1+\gamma_i) \\
&(\mathrm{C2}): P_{\mathrm{u}}^* T \leqslant E^* \\
&(\mathrm{C3}): 0 \leqslant \tau \leqslant 1 \\
&(\mathrm{C4}): 0 \leqslant \rho \leqslant 1
\end{aligned} \tag{4.14}$$

式中，$P_{\rm u} \geqslant (P_{\rm u}^* = \psi P)_{\rm s}$，$0 < \psi \leqslant 1$ 表示服务质量中无人机对单个用户的最小传输功率阈值，E^* 表示无人机的可用通信能量，r_0 表示用户要求的信息率。约束条件（C1）为无人机的缓冲区在运行期间不能为空。约束条件（C2）是为了保证无人机的能量使用不能超过给定的输入。同样值得注意的是，根据通信网络的特点，变量 E^* 可以用三种方式建模。首先，如果无人机的通信能力完全由获得的能量提供，则 $E^*=E_{\rm u}$，这是本章所使用的方式；其次，如果无人机的传输功率完全取决于无人机的内置电池，则 $E^*=E_{\rm tot}-E_{\rm p}$，其中 $E_{\rm tot}$ 是无人机的可用能量，$E_{\rm p}$ 是无人机航行所需的能量。最后，如果无人机的传输功率利用了获取能量和内置电池的能量，则 $E^*=E_{\rm u}+(E_{\rm tot}-E_{\rm p})$。由于该问题非线性的性质，需要通过 KKT 条件来解决。

引理 如果$\lambda_1 \neq 0 \Rightarrow \left(\dfrac{T(1-\tau)}{I}\right) B\log_2(1+\gamma_i) - \tau T(R_{\rm u} + (\delta r_0)) = 0$；$\lambda_2 \neq 0 \Rightarrow (P_{\rm u}^* - E_{\rm u}) = 0$。

我们可以得到以下最优值：

$$\rho = \frac{(1-\tau)P_{\rm s}\psi}{I\eta(P_{\rm s} * h_{\rm su}^2 + \sigma^2)} \tag{4.15}$$

$$\tau = \frac{{\rm IT}B\log_2(1+\gamma_i)a_2}{{\rm IT}B\log_2(1+\gamma_i)a_2 + a_3} \tag{4.16}$$

式中，$a_2 = \eta(P_{\rm s}h_{\rm su}^2 + \sigma^2)$，$a_3 = B\log_2(1+\gamma_{\rm u} + \delta\ln(2)r_0)$。值得注意的是，只有当给定的 KKT 条件得到满足时，所得到的闭式表达式才有效。否则，对于提出的系统模型而言，解决方案则不可行。同样值得注意的是，由于问题的非线性，式（4.15）和式（4.16）中提供的 P1 的解决方案不能保证为全局最优。最优解的详细证明见拓展。

4.3.2 固定时间和能量调度下的轨迹优化

本节的主要目标是优化无人机的轨迹，同时使用户的平均传输率最大。无人机和用户可实现的平均传输率可以表示为

$$\bar{R}_{\rm u} = \frac{1}{N}\sum_{n=1}^{N}\phi_{\rm u}[n]R_u \tag{4.17}$$

$$\bar{R}_i = \frac{1}{N}\sum_{n=1}^{N}\phi_i[n]R_i \tag{4.18}$$

式中，$\phi_{\rm u}$ 和 ϕ_i 表示二元变量，反映无人机运行期间的时间调度。如果无人机从信息源已获取信息，则 $\phi_{\rm u}=1$；否则，$\phi_{\rm u}=0$。同样，如果无人机完成了对第 i 个用户的

服务，则 $\phi_i = 1$ ；否则， $\phi_i = 0$ 。考虑到通过（P1）得到的时间和功率调度，无人机的轨迹优化问题可以写成

$$
\begin{aligned}
&(\text{P2}):\max_{\mathbf{q}} \sum_{i=1}^{I} \bar{R}_i \\
&(\text{C2.1}):\frac{1}{N}\sum_{n=1}^{N}\phi_{\mathrm{u}}[n](\bar{R}_{\mathrm{u}}[n]+\delta[n]r_0[n]) \geqslant \bar{R}_i \\
&(\text{C2.2}):\frac{1}{N}\sum_{n=1}^{N}\phi_i[n]\bar{R}_i[n] \geqslant r_0[n] \\
&(\text{C2.3}):(x[n]-x_0)^2+(y[n]-y_0)^2 \leqslant \frac{V_{\mathrm{m}}T}{N} \\
&(\text{C2.4}):(x[n+1]-x[n])^2+(y[n+1]-y[n])^2 \leqslant \frac{V_{\mathrm{m}}T}{N} \\
&(\text{C2.5}):(x_{\mathrm{d}}-x[n])^2+(y_{\mathrm{d}}-y[n])^2 \leqslant \frac{V_{\mathrm{m}}T}{N}
\end{aligned}
\tag{4.19}
$$

式中，V_{m} 表示无人机的最大速度，x_0、y_0 和 x_{d}、y_{d} 分别表示无人机的起点和终点位置。约束条件（C2.1）保证了无人机的可实现速率与缓存方案的组合足以满足用户要求的信息速率。约束条件（C2.2）保证在所提出的缓存方案中，用户的可实现速率始终满足。约束条件（C2.3）～（C2.5）代表无人机的移动性约束。由于无人机协调方面的非凸约束（C2.1）和（C2.2），优化问题（P2）很难解决。因此，使用连续凸优化技术，将问题近似地转换为凸优化问题。首先，式（4.13）中的 R_i 可以被重新表述为

$$
\hat{R}_i = B\log_2\left(1+\frac{P_{\mathrm{u}}L_0}{\sigma^2(H+S_x[n]+S_y[n])}\right) \tag{4.20}
$$

式中，$S_{xi}=(x[n]-x_i)^2$，$S_{yi}=(y[n]-y_i)^2$，H 是无人机的飞行高度。为了证明式（4.20）相对于无人机轨迹的凹凸性，采用以下双变量函数 [26]：

$$
f(\bar{x},\bar{y}) = \log_2\left(1+\frac{J}{D+\bar{x}+\bar{y}}\right) \tag{4.21}
$$

式中，J 和 D 是正整数，$x \geqslant 0$，$y \geqslant 0$。可以证明，如果 $\bar{x} \geqslant 0$ 且 $\bar{y} \geqslant 0$，式（4.21）的 Hessian 矩阵是正的。因此，式（5.21）中的函数关于 $\bar{x}$ 和 $\bar{y}$ 是凸的。考虑到式（4.21）和式（4.20）中的 $\hat{R}_i$ 也可以被证明相对于 $S_x[n]$ 和 $S_y[n]$ 是凸的。因此，优化问题（P2）可以近似地表示为一个凸优化问题：

$$
\begin{aligned}
&(\text{P2.2}): \max_{\mathbf{q},\mathbf{S}} \ \sum_{i=1}^{I} \bar{R}_i \\
&\text{约束条件} \\
&(\text{C2.2.1}): \frac{1}{N}\sum_{n=1}^{N}\phi_{\text{u}}[n](\hat{R}_{\text{u}}[n]+\delta[n]r_0[n]) \geqslant \bar{R}_i \\
&(\text{C2.2.2}): \frac{1}{N}\sum_{n=1}^{N}\phi_i[n]\hat{R}_i[n] \geqslant r_0[n] \\
&(\text{C2.2.3}): (x[n]-x_0)^2+(y[n]-y_0)^2 \leqslant \frac{V_{\max}T}{N} \\
&(\text{C2.2.4}): (x[n+1]-x[n])^2+(y[n+1]-y[n])^2 \leqslant \frac{V_{\max}T}{N} \\
&(\text{C2.2.5}): S_{xi} \leqslant (x_l[n]-x_i)^2+2(x_l[n]-x_i)(x[n]-x_l[n]), \forall n,i \\
&(\text{C2.2.6}): S_{yi} \leqslant (y_l[n]-y_i)^2+2(y_l[n]-y_i)(y[n]-y_l[n]), \forall n,i \\
&(\text{C2.2.7}): S_{x\text{d}} \leqslant (x_l[n]-x_{\text{d}})^2+2(x_l[n]-x_{\text{d}})(x[n]-x_l[n]), \forall n,i \\
&(\text{C2.2.8}): S_{y\text{d}} \leqslant (y_l[n]-y_{\text{d}})^2+2(y_l[n]-y_{\text{d}})(y[n]-y_l[n]), \forall n,i
\end{aligned}
\tag{4.22}
$$

为了推导约束条件（C2.2.5）～（C2.2.8），要进行以下步骤。考虑到式（4.20），可以写出以下不等式：

$$
\begin{aligned}
S_{xi}[n] &\leqslant (x[n]-x_i)^2 \\
S_{yi}[n] &\leqslant (y[n]-y_i)^2
\end{aligned}
\tag{4.23}
$$

为了将式（4.23）中的约束转化为凸的，我们定义了一个二次函数为 $f(x)=(x-c)^2$，其中 c 是一个常数。然后，通过使用一阶泰勒展开，对于任何给定的 x 在迭代数 l 中，我们可以得到以下不等式。

$$
(x-c)^2 \geqslant (x_l-c)^2+2(x_l-c)(x-x_l) \tag{4.24}
$$

由于二次函数 $f(x)=(x-c)^2$ 对于 x 来说是凸的，约束条件（C2.2.5）～（C2.2.8）可以很容易地证明是凸的。同样值得注意的是，（P2.2）的最优目标值是（P2）的下限。由于（P2.2）变为凸，式（4.22）可以通过使用标准的凸优化工具和技术（如 CVX[26]）来求解。因此，算法 4.1 中给出了在固定时间和功率曲线下无人机的轨迹优化算法。

算法 4.1　无人机的轨迹优化

输入：$[x_0,y_0],[x_{\text{d}},y_{\text{d}}],[x_i,y_i],\forall i,\delta,T,V_{\max}$

输出：无人机的最优轨迹 $[x,y]$

1. 初始化无人机的轨迹 $[x_n, y_n]$，其中 $n=1,\cdots,N$，设定 $l=0$
2. **重复**
3. 在给定 x_l 和 y_l、获得 ρ^* 和 τ^* 下，求解式（4.14）中的（P1）
4. 在已知 ρ^* 和 τ^* 时求解式（4.22）中的（P2.2），并更新轨迹为 $[x_{n,l+1}, y_{n,l+1}]$
5. 令 $l=l+1$
6. **直到**在设定的阈值下限收敛
7. 返回 $[x_{n,l}, y_{n,l}]$

4.4 数值仿真结果

在本节中，通过数值仿真结果对所提系统的性能进行了评估。图 4.4 显示了通信网络的系统布局，考虑一个 1000m × 700m 的区域，源和目的地分别位于 [0, 300] 和 [1000, 600]。在该系统的设置中考虑了四个用户，他们分别位于 [500, 300]、[750, 100]、[1000, 300] 和 [750, 500]。无人机的飞行高度为 100m，最大速度为 25m/s[27]。除非另有说明，否则考虑以下仿真参数：总带宽 B=1kHz[28]，σ^2=−119dBm，α=2，L_0=−60dB，T=200s，I=4，N=200。

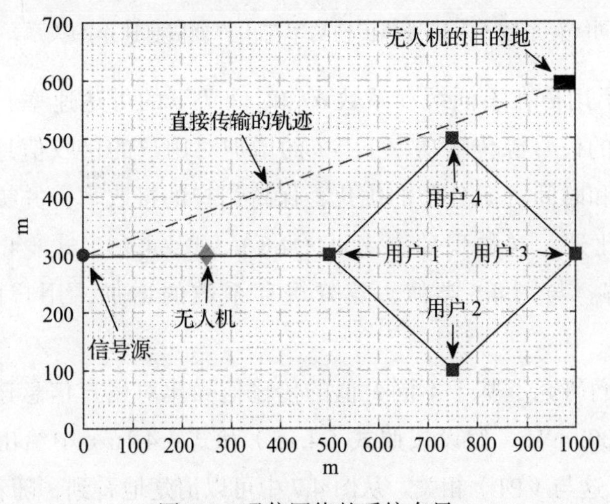

图 4.4　通信网络的系统布局

图 4.5 提供了在不同的缓存系数 δ 下信号源传输功率与用户处信息速率的关系。从图中可以看出，信号源传输功率和缓存系数对用户的信息率有很大影响。特别是，当信号源传输功率增加 500mW 时，用户处的信息率增加约 10%。我们还发现，缓

存系数的增加导致了更高的信息率。这一观察结果可以很容易地解释为，由于无人机在其缓存中包含了部分信息，所以信号源不需要发送全部的信息内容。同样值得注意的是，即使信号源的传输功率较小，通过增加缓存系数也能达到类似的信息率。此外，从图中可以看出，当无人机没有缓存时，在给定的信号源传输功率范围内，用户要求的信息率无法实现。

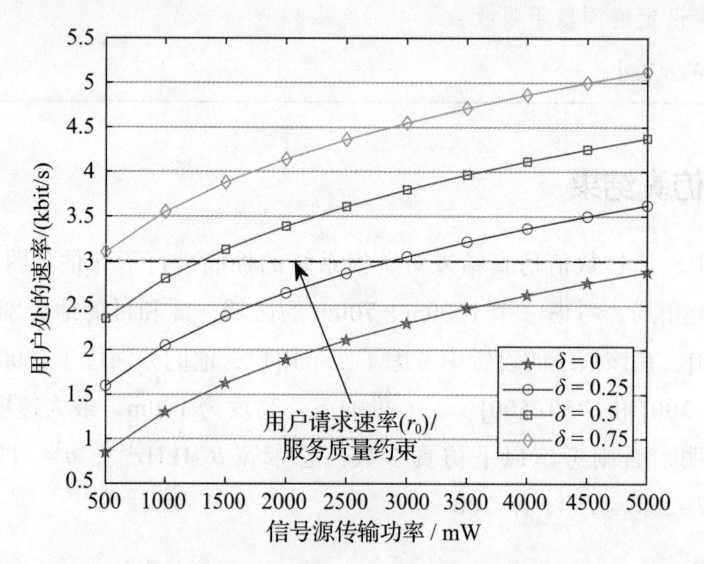

图 4.5 在不同缓存系数 δ 下信号源传输功率与用户处信息速率的关系，其中 r_0=3kbps

图 4.6 描述了用户在不同缓存系数 δ 和时间 T 下的可达速率。从描述的结果可以看出，在给定的信号源传输功率下，T 的增加对用户的接收信息率没有影响。这主要是通过能量和时间资源分配的优化，保持用户的接收率，并提高可实现的吞吐量，如（P1）。此外，这种现象参考式（4.8）、式（4.9）、式（4.15）和式（4.16）可以很容易理解。与图 4.5 类似，随着缓存系数的增加，用户的接收率也相应增加。

接下来，我们研究了基于不同 P_s 值的传输信噪比对用户信息速率的影响，其中 $P_s \in \{1500,1250,1000\}$ mW。假设按照式（4.15）和式（4.16）中给出的解决方案，选择最佳的 ρ^*、τ^*，这与（P1）相关。从图 4.7 中可以清楚地看到，随着传输信噪比的增加，用户的信息速率呈指数级增长。这一观察是有道理的，因为传输信噪比的增加会带来更多的采集能量，从而使得无人机传输功率的增加。然而，从图中也可以看出，当传输功率相对于传输信噪比增加时，由于噪声功率的降低，性能差距会缩小。

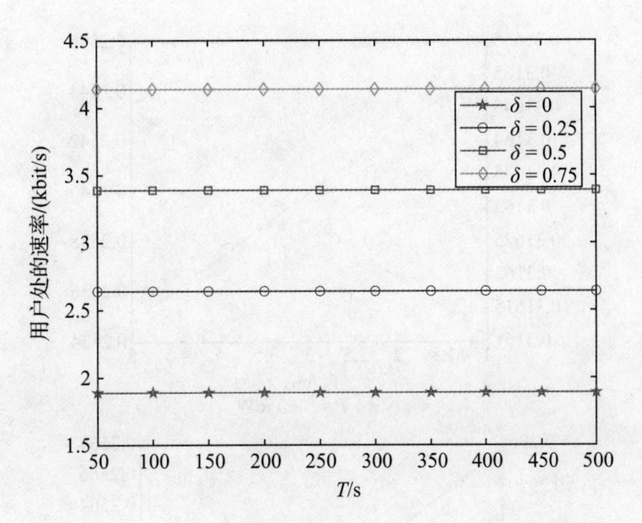

图 4.6　用户在不同缓存系数 δ 和时间 T 下的可达速率

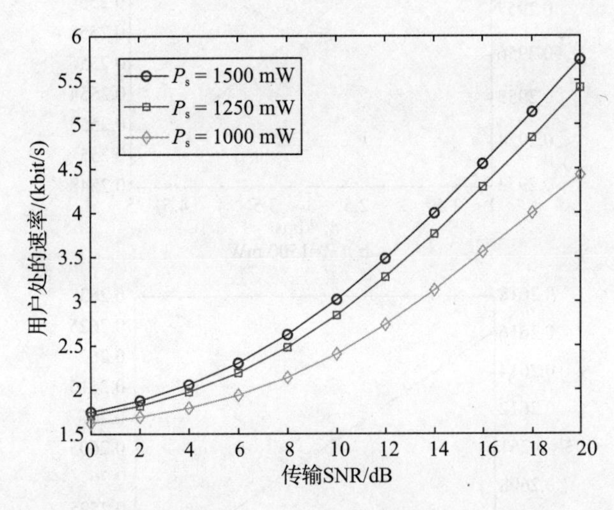

图 4.7　在位于不同 P_s 用户的传输信噪比（SNR）与用户处的速率对比，其中 δ=0.5

图 4.8 显示了在 $P_s \in \{1000, 1500, 2000\}$ mW 的不同值下，用户要求的速率 r_0 与 ρ、τ 最优值的关系。为了提高清晰度，图 4.8a ～ c 中给出了每个相似 P_s 的结果。从图 4.8 中可以清楚地看到，当要求的用户信息率增加时，τ 会增加，ρ 会减少。这个现象可以用图 4.3 和式（4.12）来解释。当需求率增加，用户处的信噪比也需要相应地增加。因此，在无人机上需要采集更多的能量，并使用更优的信号部分用于信息处理。那么，需要共同选择 ρ、τ 来满足上述的要求。从图 4.8 中也可以看出，当传输功率降低时，ρ 的数据点与子图相比变得更高。

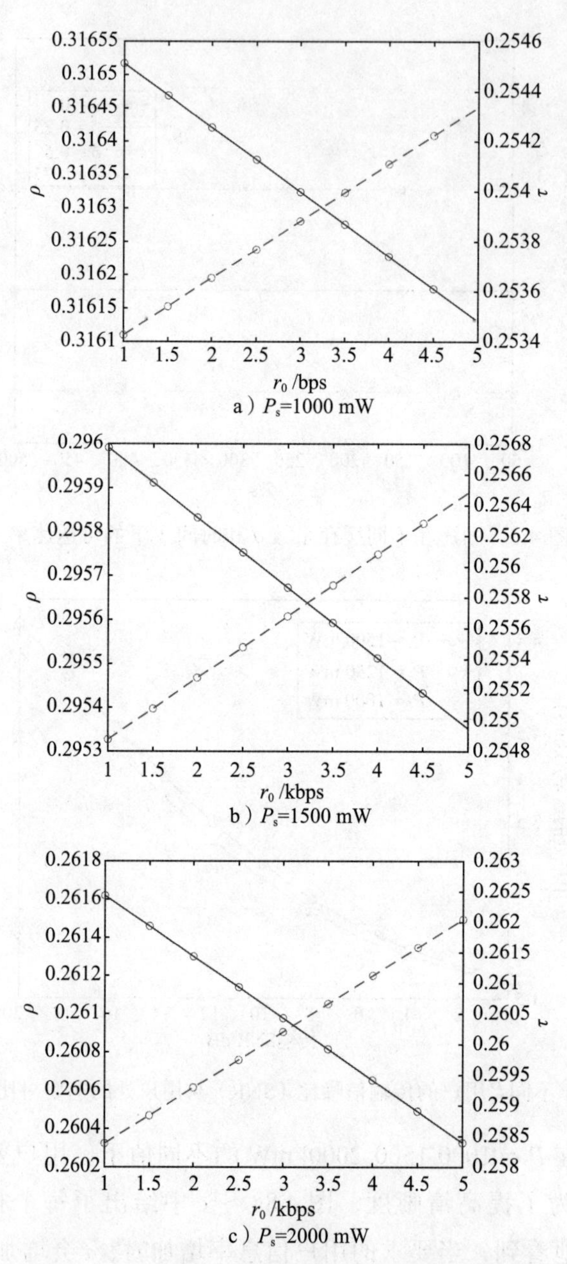

a）P_s=1000 mW

b）P_s=1500 mW

c）P_s=2000 mW

图 4.8　用户要求的速率 r_0 与 ρ、τ 最优值的关系

图 4.9 显示了通过算法 4.1 得到的无人机最优轨迹的鸟瞰图，其中有直接轨迹和次优轨迹。次优轨迹被设计为遵循通信节点之间的直接轨迹。在给定的情况下，用户的服务顺序是用户 1→用户 2→用户 3→用户 4。从图 4.9 中可以看出，无人机更倾向于按照更接近次优轨迹的轨迹飞行，以实现用户的最大速率。同时也可以看出，

无人机的飞行距离低于次优轨迹，这可以使能源效率比次优方案更高。尽管直接轨迹更节能，但只有用户 4 可以获得更高的速率，而其他用户的信息速率较低。表 4.2 列出了每条轨迹的用户信息率，以便更好地理解不同轨迹的关系。表 4.2 中的数值证明了与直接轨迹和次优轨迹相比，通过算法 4.1 获得的最佳轨迹显示出更高的性能。

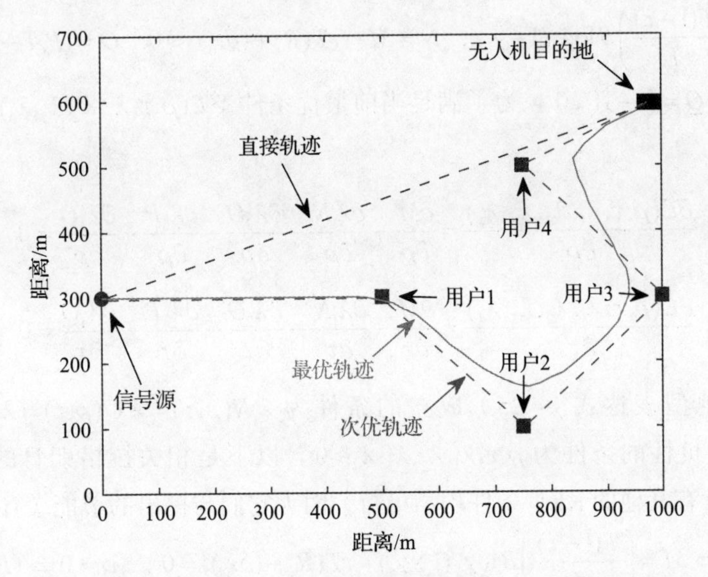

图 4.9　给定的通信设置中四个用户无人机的优化轨迹，其中P_s=2000mW, δ=0.5

表 4.2　每条轨迹的用户信息率

速率 / (kbit/s)	用户 1	用户 2	用户 3	用户 4
直接路径	3.1466	0.7664	1.8251	4.4251
次优路径	4.2791	4.2851	4.2938	4.2878
最优路径	4.4251	4.4765	4.4251	4.2959

4.5　总结

本章研究了一种自供能无人机辅助缓存中继方案。该无人机的通信能力完全由 SWIPT-PS 能量获取技术提供，它采用解码与转发中继协议协助信息从源节点向用户传输。一个新的传输结构已被开发出来用于适应系统内的通信过程，在满足通信网络服务质量要求的同时，本章确定了通信系统的最佳时间、能源资源以及最佳无人机轨迹。理论分析的相应结果通过数值仿真确定了系统参数对用户信息率的影响。这项工作可以进一步扩展到许多吸引人的研究方向，包括使用多架无人机（即无人机群）时，通信节点上无信道状态信息、非线性能量获取模型，以及整合全双工功能时无人机的修正。

4.6 拓展从 P1 中获得最优解的证明

与 P1 相对应的拉格朗日公式可写为

$$\mathcal{L}(\rho,\tau;\lambda_1,\lambda_2,\lambda_3,\lambda_4)=M(\rho,\tau)-\lambda_1 N(\rho,\tau)-\lambda_2 O(\rho,\tau)-\lambda_3 P(\rho,\tau)-\lambda_4 Q(\rho,\tau) \quad (4.25)$$

式中，$M=\left(\frac{T(1-\tau)}{I}\right)B\log_2(1+\gamma_i)$，$N=M-\tau T(R_{\mathrm{u}}+(\delta r_0))\leqslant 0$，$O=(P_{\mathrm{u}}^{*}T-E_{\mathrm{u}})\leqslant 0$，$P=(\rho-1)\leqslant 0$ 且 $Q=(\tau-1)\leqslant 0$。为了满足当前最优条件 $\nabla\mathcal{L}(\rho,\tau,\lambda_1,\lambda_2,\lambda_3,\lambda_4)=0$，公式可写为

$$\frac{\partial\mathcal{L}(\rho,\tau;\lambda_1,\lambda_2,\lambda_3,\lambda_4)}{\partial\rho}=\frac{\partial M}{\partial\rho}-\frac{\partial\lambda_1 N}{\partial\rho}-\frac{\partial\lambda_2 O}{\partial\rho}-\frac{\partial\lambda_3 P}{\partial\rho}-\frac{\partial\lambda_4 Q}{\partial\rho}=0 \quad (4.26)$$

$$\frac{\partial\mathcal{L}(\rho,\tau;\lambda_1,\lambda_2,\lambda_3,\lambda_4)}{\partial\tau}=\frac{\partial M}{\partial\tau}-\frac{\partial\lambda_1 N}{\partial\tau}-\frac{\partial\lambda_2 O}{\partial\tau}-\frac{\partial\lambda_3 P}{\partial\tau}-\frac{\partial\lambda_4 Q}{\partial\tau}=0 \quad (4.27)$$

互补松弛型表达式（4.25）成立的条件为 $\lambda_1 N(\rho,\tau)=\lambda_2 O(\rho,\tau)=\lambda_3 P(\rho,\tau)=\lambda_4 Q(\rho,\tau)=0$。非负性的条件为 $\rho,\tau,\lambda_1,\lambda_2,\lambda_3,\lambda_4\geqslant 0$。以下是相关拉格朗日的确定可行性 KKT 条件。所有其他的 KKT 条件均不可行，因为它们与提出的节能缓存方案不符合。条件：$\lambda_1\neq 0\Rightarrow M=\left(\frac{T(1-\tau)}{I}\right)B\log_2(1+\gamma_i)-\tau T(R_{\mathrm{u}}+(\delta r_0))=0$，$\lambda_2\neq 0\Rightarrow(P_{\mathrm{u}}^{*}T-E_{\mathrm{u}})=0$。因此，可以通过式（4.26）获得下式：

$$-\frac{P_{\mathrm{s}}\eta\tau Th_{\mathrm{su}}^2h_i^2}{\sigma^2\log_2(1+\gamma_i)}-\lambda_1\frac{P_{\mathrm{s}}\eta\tau Th_{\mathrm{su}}^2h_i^2}{\sigma^2\log_2(1+\gamma_i)}-\lambda_2\frac{IP_{\mathrm{s}}\eta\tau h_{\mathrm{su}}^2}{(1-\tau)}=0 \quad (4.28)$$

$$-\left(\frac{ITB\log_2(1+\gamma_i)}{\ln(2)}-\frac{I^2BTP_{\mathrm{s}}\eta\rho h_{\mathrm{su}}^2h_i^2\left(1+\frac{\tau}{(1-\tau)}\right)}{\sigma^2\log_2(1+\gamma_i)}\right)-\lambda_1\left(\frac{ITB\log_2(1+\gamma_i)}{\ln(2)}-\right.$$

$$\left.\frac{I^2P_{\mathrm{s}}BT\eta\rho h_{\mathrm{su}}^2h_i^2\left(1+\frac{\tau}{(1-\tau)}\right)}{\sigma^2\log_2(1+\gamma_i)}-\frac{TB\log_2(1+\gamma_{\mathrm{u}})}{\ln(2)}+T\delta r_0\right)$$

$$-\lambda_2\left(\frac{IP_{\mathrm{s}}\eta\rho h_{\mathrm{su}}^2}{(1-\tau)}\left(1+\frac{\tau}{1-\tau}\right)\right)=0 \quad (4.29)$$

$$P_{\mathrm{s}}\eta\tau\rho h_{\mathrm{su}}^2\left(\frac{I}{(1-\tau)-1}\right)=0 \quad (4.30)$$

$$\frac{T(1-\tau)}{I}B\log_2(1+\gamma_i)-T\tau(B\log_2(1+\gamma_{\text{su}})+\delta r_0)=0 \tag{4.31}$$

考虑式（4.28）和式（4.29），λ_1 和 λ_2 可以写为

$$\lambda_1=\frac{(\tau-1)\ln(2)^2 h_i^2(-x_1-x_2)}{\sigma^2 B\log_2(1+\gamma_i)(x_2(1+\ln(2))+x_1+x_3)} \tag{4.32}$$

$$\lambda_2=\frac{x_1+x_2}{x_2(1+\ln(2))+x_1x_3} \tag{4.33}$$

式中，$x_1=\sigma^2(\tau-1)B\log_2(1+\gamma_i)^2$，$x_2=I\rho\eta P_{\text{s}}\ln(2)^3h_{\text{su}}^2h_i^2$，$x_3=(1+I)B\log_2(1+\gamma_i)+I\ln(2)^2\delta r_0$。结合式（4.20）和式（4.21），以及式（4.16）和式（4.17），并考虑式（4.30）和式（4.19），ρ 和 τ 的最优解为

$$\rho^*=\frac{(1-\tau)P_{\text{s}}\psi}{I\eta(P_{\text{s}}*h_{\text{su}}^2+\sigma^2)}, \tau^*=\frac{ITB\log_2(1+\gamma_i)a_2}{ITB\log_2(1+\gamma_i)a_2+a_3} \tag{4.34}$$

式中，$a_2=\eta(P_{\text{s}}h_{\text{su}}^2+\sigma^2)$ 且 $a_3=B\log_2(1+\gamma_{\text{u}}+\delta\ln(2)r_0)$。

参考文献

1 Brown, A. and Anderson, D. (2020). Trajectory optimization for high-altitude long-endurance UAV maritime radar surveillance. *IEEE Transactions on Aerospace and Electronic Systems* 56 (3): 2406–2421.

2 Zhang, S., Zhang, H., He, Q. et al. (2018). Joint trajectory and power optimization for UAV relay networks. *IEEE Communications Letters* 22 (1): 161–164.

3 Zeng, Y. and Zhang, R. (2017). Energy-efficient UAV communication with trajectory optimization. *IEEE Transactions on Wireless Communications* 16 (6): 3747–3760.

4 Jayakody, D.N.K., Perera, T.D.P., Ghrayeb, A., and Hasna, M.O. (2020). Self-energized uav-assisted scheme for cooperative wireless relay networks. *IEEE Transactions on Vehicular Technology* 69 (1): 578–592.

5 Wu, J., Li, L., and Du, L. (2020). UAV-assisted relaying transmission design and optimization for high-speed moving sources. *IEEE Access* 8: 195857–195869.

6 Kim, T. and Qiao, D. (2020). Energy-efficient data collection for IoT networks via cooperative multi-hop UAV networks. *IEEE Transactions on Vehicular Technology* 69 (11): 13796–13811.

7 Liu, X., Li, Z., Zhao, N. et al. (2019). Transceiver design and multihop D2D for UAV IoT coverage in disasters. *IEEE Internet of Things Journal* 6 (2): 1803–1815.

8 Zhang, H., Sung, D.K., and Wang, J. (2020). Modelling and analysis of coverage for unmanned aerial vehicle base stations. *IET Communications* 14 (17): 2878–2888.

9 Saxena, V., Jaldén, J., and Klessig, H. (2019). Optimal UAV base station trajectories using flow-level models for reinforcement learning. *IEEE Transactions on Cognitive Communications and Networking* 5 (4): 1101–1112.

10 Perera, T.D.P., Jayakody, D.N.K., Sharma, S.K. et al. (2018). Simultaneous wireless information and power transfer (SWIPT): recent advances and future challenges. *IEEE Communications Surveys Tutorials* 20 (1): 264–302.

11 Jayakody, D.N.K., Thompson, J., Chatzinotas, S., and Durrani, S. (2017). *Wireless Information and Power Transfer: A New Paradigm for Green Communications*. Springer.

12 Zhou, S., Gong, J., Zhou, Z. et al. (2015). GreenDelivery: proactive content caching and push with energy-harvesting-based small cells. *IEEE Communications Magazine* 53 (4): 142–149.

13 Kumar, A. and Saad, W. (2015). On the tradeoff between energy harvesting and caching in wireless networks. *2015 IEEE International Conference on Communication Workshop (ICCW)*, pp. 1976–1981.

14 Niyato, D., Kim, D.I., Wang, P., and Song, L. (2016). A novel caching mechanism for internet of things (IoT) sensing service with energy harvesting. *2016 IEEE International Conference on Communications (ICC)*, pp. 1–6.

15 Zhang, S., Zhang, N., Fang, X. et al. (2017). Cost-effective vehicular network planning with cache-enabled green roadside units. *2017 IEEE International Conference on Communications (ICC)*, pp. 1–6.

16 Gautam, S., Vu, T.X., Chatzinotas, S., and Ottersten, B. (2019). Cache-aided simultaneous wireless information and power transfer (SWIPT) with relay selection. *IEEE Journal on Selected Areas in Communications* 37 (1): 187–201.

17 Chen, M., Saad, W., and Yin, C. (2019). Echo-liquid state deep learning for 360° content transmission and caching in wireless VR networks with cellular-connected UAVs. *IEEE Transactions on Communications* 67 (9): 6386–6400.

18 Zhao, N., Cheng, F., Yu, F.R. et al. (2018). Caching UAV assisted secure transmission in hyper-dense networks based on interference alignment. *IEEE Transactions on Communications* 66 (5): 2281–2294.

19 Chai, S. and Lau, V.K.N. (2020). Online trajectory and radio resource optimization of cache-enabled UAV wireless networks with content and energy recharging. *IEEE Transactions on Signal Processing* 68: 1286–1299.

20 Zhou, F., Wang, N., Luo, G. et al. (2020). Edge caching in multi-UAV-enabled radio access networks: 3D modeling and spectral efficiency optimization. *IEEE Transactions on Signal and Information*

Processing over Networks 6: 329–341.

21 Iskandar, S.S. and Shimamoto, S. (2005). The channel characterization and performance evaluation of mobile communication employing stratospheric platform. *IEEE/ACES International Conference on Wireless Communications and Applied Computational Electromagnetics, 2005*, pp. 828–831.

22 You, C. and Zhang, R. (2019). 3D trajectory optimization in Rician fading for UAV-enabled data harvesting. *IEEE Transactions on Wireless Communications* 18 (6): 3192–3207.

23 Ma, G., Xu, J., Zeng, Y., and Moghadam, M.R.V. (2019). A generic receiver architecture for MIMO wireless power transfer with nonlinear energy harvesting. *IEEE Signal Processing Letters* 26 (2): 312–316.

24 Hu, Z., Zheng, C., He, M., and Wang, H. (2020). Joint Tx power allocation and Rx power splitting for SWIPT systems with battery status information. *IEEE Wireless Communications Letters* 9 (9): 1442–1446.

25 Vu, T.X., Chatzinotas, S., and Ottersten, B. (2018). Edge-caching wireless networks: performance analysis and optimization. *IEEE Transactions on Wireless Communications* 17 (4): 2827–2839.

26 Boyd, S., Boyd, S.P., and Vandenberghe, L. (2004). *Convex Optimization*. Cambridge University Press.

27 Meredith, J. (2017). Study on Enhanced LTE Support for Aerial Vehicles. *Tech. Rep. No. 36.777* 3GPP.

28 Yang, G., Lin, X., Li, Y. et al. (2018). A telecom perspective on the internet of drones: from LTE-advanced to 5G. *arXiv preprint arXiv:1803.11048*.

第 5 章 | Chapter 5 |

基于毫米波无人机辅助的 5G 混合异构网络的性能

5.1 无人机部署的意义

因为无人机具有高机动性、自主部署和高性价比的特点，所以它们可以作为空中基站。将无人机与现有的蜂窝网络相结合，可以提供更好的网络覆盖范围[1-4]。特别是无人机在毫米波（mmWave）频段的应用，可以在未来实现无线网络的低延迟、高数据率以及无缝网络覆盖[5]。但是，众所周知，毫米波信号由于其低衍射性，容易受到阻挡。

作为一种通过操作无人机为地面和低空用户实现紧急通信的潜在技术，基于无人机辅助的通信网络已经获得了相当多的关注[6-8]。在各种应用中，无人机可以作为基站（BS）使用，可以提高信噪比、获得更广泛的覆盖范围、更优的能源消耗和更好的保护。因此，与传统的地面基站相比，无人机基站有更好的成本效益以及更高的灵活性。

特别地，使用无人机群提供网络可以使用户通过获得视线路径来提高信噪比，而陆基基站经常面临物理障碍，包括建筑物、树木和山丘[9]。这种方式有可能在下一代通信网络中快速普及，以满足用户对高速数据的需求，这使得无人机具有重要的意义。目前无人机的研究集中在几个方向上，如货物运输方面的应用，为灾难中的基础设施、供应链、交通监控和管理快速建立一个特定的网络。这得益于无人机实时调整高度及水平位置的能力。

无人机有望支持第五代（5G）无线网络的实现。它们可以作为人口稠密地区的本地热点，通过充当内容缓存为无线用户提供更可靠的服务，并在紧急情况下实现的连接要求（任何时间 / 地点）[10-11]。由于无人机在三维（3D）空间的可移动性，它们可以轻松地从一个地方切换到另一个地方，以根据需求提供的通信协助；它们还可以改变自己的位置，以避免阻挡 / 遮挡，并可以辅助数据中继 / 传输设备。

5.2 概述

本节主要说明毫米波和太赫兹（THz）技术在无人机通信领域的应用。此外，我们阐明了与无人机通信有关的一些关键问题以及潜在应用。特别地，我们详细研究了无人机作为空中枢纽，在小型基站（SCB）和核心网络之间提供前向连接的功能。具体来说，在考虑多种通信相关的约束条件下，如信噪比、带宽、数据速率和回程限制，我们揭示了网络性能与小型基站的关系。此外，我们还提供了一种启发式的关联算法。为了应对回程数据速率的限制，我们提出了一种算法，它还能使得整个网络的布局更加合理。

5.3 毫米波和太赫兹通信的潜力

使用毫米波频段能让无人机支持一些移动应用的高数据速率需求。特别是，无人机可以通过悬停在一个有利的位置，保持与用户的视线或至少是合理的非视线（NLoS）连接。由于毫米波的高路径损耗，这对于确保链接的可靠至关重要[12-13]。28GHz许可频段和60GHz非许可频段被推荐用于未来毫米波的高速无人机通信[14]。

如图5.1所示，充当飞行基站或远程中继回程节点的无人机可与蜂窝网络配合，以增加异构无线网络的覆盖范围。无人机也可主要用于协助毫米波通信。自由空间光通信（FSO）可被用作无人机和网关交换之间的链接。由于其波长较小，因此在具有最小有效载荷的紧凑型无人机上安装波束稳定天线阵列，是保持大容量连接的有效方式。最新的接入技术，如非正交多址接入技术（NOMA），由于其能够实现高信噪比，也可以应用于无人机辅助通信系统中。事实上，接收器应该被安置在发射器的视线内，以完全发挥毫米波频率的优势[14]。

由于无法维持较长的视线链接（特别是在人口稠密的地区），配备毫米波设施的无人机可以提供即时通信，并在彼此和地面基站之间建立稳定的视线连接。使用太赫兹频段来实现连接被视为一种新的模式，具有巨大的潜力，且可选带宽较多。太赫兹频段解决了频谱稀缺的问题，可用于不同的应用[15]。

目前，随着在高频段运行的小单元数量的增加，由点对点（P2P）微波连接和光纤组成的回程技术成本过高。然而，就无人机因在不同高度盘旋而产生的自发运动以及毫米波/太赫兹传播特性而言，空中毫米波链路的通信介质应有所区别，以充分利用支持毫米波的无人机通信的优势。

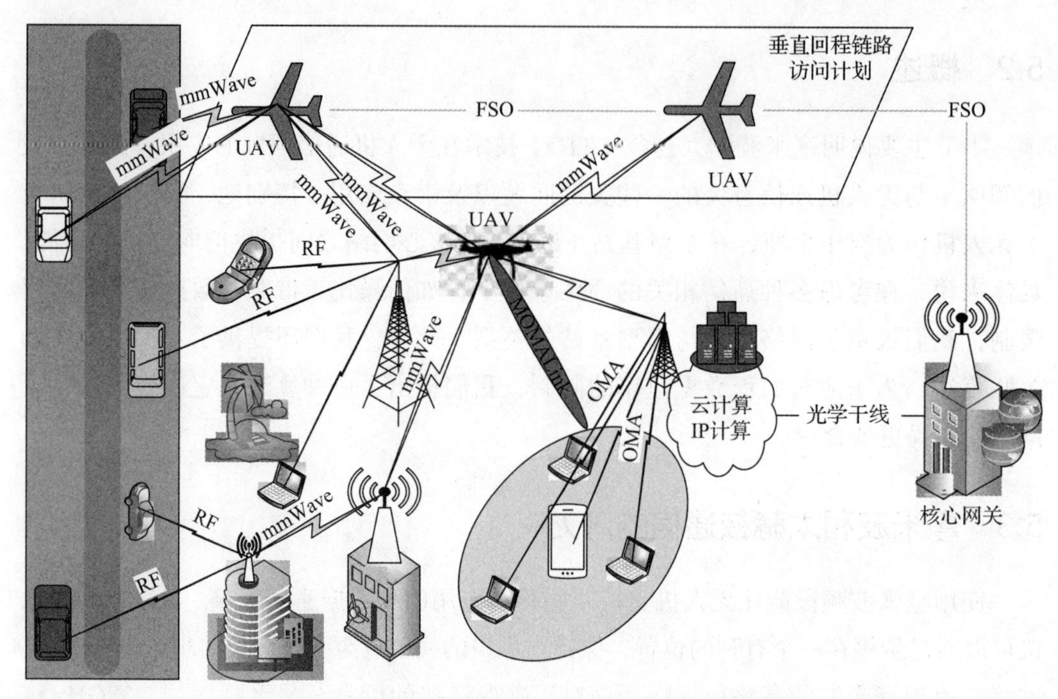

图 5.1 毫米波/太赫兹与无人机集成混合通信网络

此外，毫米波频段内对传输方向的要求会导致发射器和接收器之间的通信模式出现大量错位。特别是，无人机的自发运动可能导致接收器和发射器之间的天线增益错位，这将导致接收端的信噪比变化，并极大地降低系统的可靠性。为了防止毫米波传输中的潜在损失，收发器中天线的辐射模式应进行优化配置，以便为处于不同位置的无人机提供可靠的毫米波连接。

同样，为在毫米波频率下运行的无人机通信网络提供准确的信道建模也很重要，它可以将路径损耗、衰减和无人机中天线的方向变化与无人机的高度变化结合起来[9]。表 5.1 显示了毫米波和太赫兹频谱中信号传播的特性。

表 5.1 毫米波和太赫兹频谱中信号传播的特性[16-17]

技术	太赫兹	毫米波
频率范围	10 ～ 100GHz	30 ～ 300GHz
大气层损失	高	中等
方向性	高	高

（续）

技术	太赫兹	毫米波
能量消耗	中等	中等
网络特性	点对点	点对多点

5.4　挑战和应用

5.4.1　挑战

毫米波和太赫兹波段通信是解决传统微波通信系统中频谱稀缺的潜在方案[14]。本小节概述了在毫米波和太赫兹频段部署高数据率、低延迟和无基础设施的无人机通信方面的挑战。

1. 复杂的硬件设计

由于不确定的宽带频率可用性和不断变化的信道条件，我们需要一个强大的硬件设计来跟踪编队中不断变化的信道，同时预测下一个地点的信道[18]。高频段需要高速模数（A/D）和数模（D/A）转换器，这可能导致高成本。

2. 通道状态信息的不完善性

由于大气噪声的影响，无人机通常会发生不需要的旋转，这通常可以分为高频抖动和低频飘移[19]。无人机抖动通常具有高频特性，因此是不规则的，对通信有危险。无人机的运动通常是缓慢、不规则和随机的。由于毫米波波束的指向性，这些特征对毫米波 – 无人机通信的效率有重要影响。在无人机到无人机和 / 或无人机到地面的通信基础设施中，信道建模和稳定连接的发展面临新的挑战。

3. 高机动性

无人机通常进行高速导航，与地面网络不同。这使得毫米波 – 无人机通信中的信道迅速转移，并可能因无人机的强流动性和基站的反复交接而导致波束错位[20]。相比之下，无人机的快速移动导致了极端的多普勒频移和散射，这对高频率频段来说更有优势。要在毫米波频率范围内实现无人机通信的标准化，还有很长的路要走。对于无人机飞行中出现的问题，如用户位置搜索、快速信道估计、成功的波束训练和监测以及多普勒效应等，还需要进一步研究[21]。

4. 波束错位

无人机多样化的灵活性使其成为优化信号强度和最大化通信链路质量的理想选

择。然而，在毫米波－无人机通信中，传播和波束成形是紧密耦合的。对于不同的无人机位置，信道在振幅和角度领域都有独特的属性，这使得波束成形架构和多路接入非常关键。此外，应考虑到毫米波－无人机通信与使用全向天线的低频无人机通信不同。无人机的目的是获得信道和环境的知识，以找到最佳位置。相比之下，自适应部署的毫米波－无人机的实施更为复杂，其中实时的轨迹和波束成形可以共同规划。

在 5.4.2 节中，我们将阐明无人机在毫米波和太赫兹频段的潜在应用。

5.4.2 应用

在日常生活中，基于无人机的通信具有重要意义，它为现代蜂窝通信系统铺平了道路。无人机主要用于公共安全网络、军事行动、农业、建筑业、智能交通系统，以及在海啸、地震等灾害发生时受灾地区的紧急通信[2, 22-24]。

此外，无人机还可以作为蜂窝网络的空中基站（ABS）和空中中继站，其功能有：1）提高网络覆盖率及容量；2）实现多输入多输出（MIMO）及毫米波通信；3）实现地面网络的信息传播；4）实现物联网网络的数据收集或通信；5）支持缓存的无人机；6）作为用户设备（UE）；7）作为飞行组织网络和智能城市的一部分[23, 25]。无人机在前沿网络技术中的应用也获得了很多关注[8, 24, 26, 27]，这也是本章的重点。在下文中，我们将讨论无人机在前传网络连接中的应用以及与该网络相关问题。

无人机的一个有前途的应用是为地面小型基站和地面核心网（GCN）之间提供前传连接[26-27]。一般来说，地面核心网和小型基站之间的通信是通过光通信路由的。尽管使用基于光纤的通信链路可以获得高带宽，但这种技术的缺点是成本较高（CAPEX）、部署时间较长。为了克服这些问题，Alzenad 等人[27]提出了一个可扩展的想法，即用空中网络取代地面回程网络。但这也带来了新的问题，如无人机安置、空对地（ATG）信道建模、小型基站与无人机的关联，以及无人机的悬停时间优化。这项工作的重点是两个挑战：无人机的安置和小型基站的关联。

5.5 基于无人机的前线连接

基于无人机辅助的通信环境如图 5.2 所示，主要有三个网络实体，即无人机、小型基站和地面核心网络。无人机被分为两类：子无人机和父无人机。子无人机在离地面一定的高度 h 上盘旋。作为子无人机和地面核心网之间通信枢纽的父无人机被放置在比子无人机更高的高度，以便实现地面核心网和子无人机之间的视线通信。

无人机和地面核心网之间的通信是基于空间光通信的，其目的是提供一个高速的无线链路[28-29]。小型基站的任务是进行数据聚合并通过无人机将其传输到地面核心网。子无人机能够与父无人机共享控制信息，例如，信号与干扰加噪声比（SINR）、带宽和小型基站的需求数据率等。每个子无人机负责与父无人机共享其汇总信息，其中父无人机需考虑回程链接的限制。此外，小型基站和子无人机之间的通信是基于无线电频率（RF）的，我们将在本章后面描述其通信模型。

为了记数的方便，让我们把小型基站和子无人机的坐标分别表示为 (x_m, y_m) 和 (x_n, y_n, h_n)，其中 $m=\{1, 2, 3, \cdots, M\}$，$n=\{1, 2, 3, \cdots, N\}$。在介绍小型基站和无人机之间的通信之前，我们首先介绍小型基站的分布，然后再讨论无人机的安置。

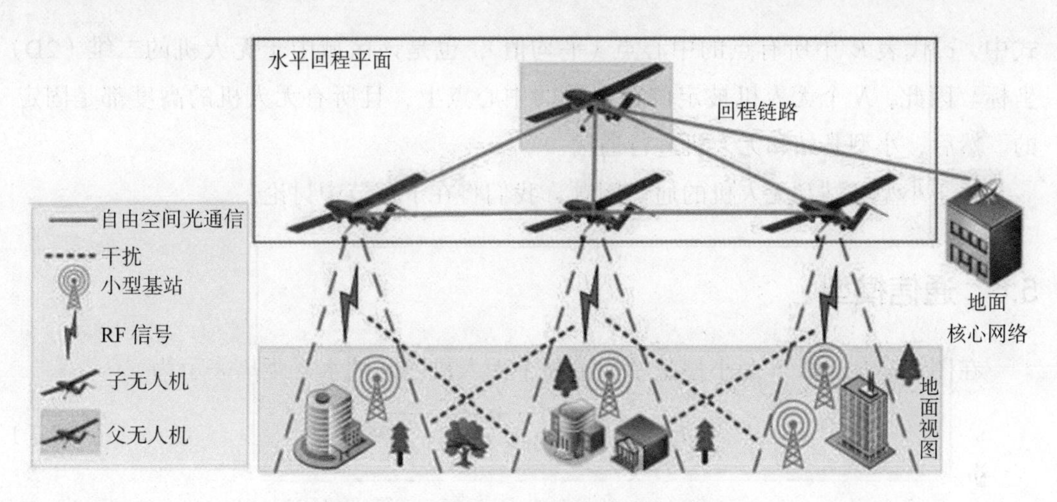

图 5.2　基于无人机辅助的通信环境

5.5.1　小型基站的分布

考虑到实际环境，小型基站的分布是使用平均密度为 ρ/m^2 的 Matern 硬核点过程（Matern Hard Core Point Process）[30] 得到的；因此，小型基站的平均数量为

$$M = \rho \cdot \exp(-\rho \pi d_{\min}^2) \cdot S \tag{5.1}$$

式中，S 表示部署小型基站的区域，$d_{\min}$ 代表两个小型基站之间的最小距离。因此，一个地区的平均小型基站数量是平均密度 ρ 和总面积的乘积。

5.5.2　无人机的配置

参考文献 [8, 26, 31-32, 34-36] 旨在解决无人机的配置问题。考虑到蜂窝用户的分布，为了最大限度地提高总和率或服务用户的数量，无人机的放置是一个优化问题。值得注意的是，这样的优化问题可能是非凸、非光滑且非确定性多项式的 NP 问题[37]。在这项工作中，为了简单起见，我们利用 k-means 聚类算法[38] 对无人机进行定位。我们鼓励感兴趣的读者阅读参考文献 [8, 26, 31, 33]。

k-means 聚类算法将 M 个小型基站分成 k 个区域（$k < M$），用 $\mathcal{R}=\{R_1, R_2,\cdots, R_k\}$ 表示。在 k 个区域内，一个小型基站 m 属于一个具有最接近平均值的覆盖区域，其中 $m \in M$。从数学上讲，

$$\underset{\mathcal{R}}{\arg\min}\sum_{j=1}^{k}\sum_{m\in R_j}\| m-c_j \|^2 \tag{5.2}$$

式中，c_j 代表 R_j 中所有点的中心点（平均值），也是该区域中子无人机的二维（2D）坐标。因此，N 个无人机被定位在获得的中心点上，且所有无人机的高度都是固定的。然后，小型基站和无人机进行通信。

关于小型基站和无人机的通信问题，我们将在下一节中讨论。

5.6　通信模型

在图 5.3 中，第 m 个小型基站和第 n 个无人机之间的水平距离表示为

$$d_{m,n}=\sqrt{(x_m-x_n)^2+(y_m-y_n)^2} \tag{5.3}$$

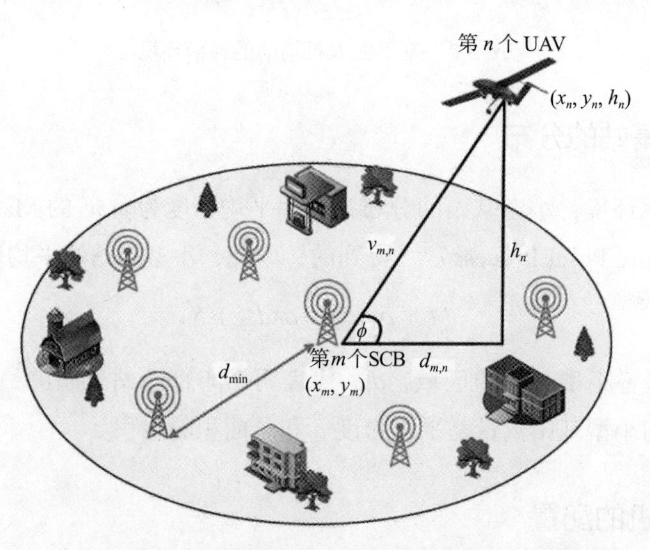

图 5.3　基于小型基站与无人机间随机几何分布的通信

第 m 个小型基站和第 n 个无人机之间的视线传输的概率是计算路径损耗的一个要素。根据 Al-Hourani 等人的研究 [39]，视线传输的概率由以下公式给出：

$$\zeta_{m,n}^{\ell} = \frac{1}{1 + a \cdot \exp\{-b(\phi - a)\}} \quad (5.4)$$

式中，a 和 b 是环境常数，ϕ 是无人机和小型基站之间的角度（°）。此外，非视线传输的概率为

$$\zeta_{m,n} = 1 - \zeta_{m,n}^{\ell} \quad (5.5)$$

小型基站和无人机之间的仰角 ϕ 为

$$\phi = \arctan\left(\frac{h_n}{d_{m,n}}\right) \quad (5.6)$$

在参考文献 [39] 中给出的空对地路径损耗模型，衰减率记为 δ，则

$$\mathbb{G}_{m,n} = \Lambda_0 + \zeta_{m,n}^{\ell} \cdot \varepsilon^{\ell} + \zeta_{m,n} \cdot \varepsilon - \delta \quad (5.7)$$

其中

$$\Lambda_0 = 10\lg\left(\frac{4\pi \cdot v_{m,n}}{\lambda_c}\right)^{\gamma} \quad (5.8)$$

式中，Λ_0 是自由空间路径损耗（FSPL），γ 表示路径损耗指数。另外，ε^{ℓ} 和 ε 分别是视线和非视线通信链路的衰减系数。此外，

$$v_{m,n} = \sqrt{h_n^2 + d_{m,n}^2} \quad (5.9)$$

式中，$v_{m,n}$ 代表无人机和小型基站之间的距离。δ 被表示为

$$\delta[\text{dB}] = \zeta_{m,n}^{\ell} \cdot \xi_0 + \zeta_{m,n} \cdot \xi_1 \quad (5.10)$$

式中，ξ_0 和 ξ_1 的包络线遵循 Nakagami 分布，即 $|\zeta_l| \sim \text{Nakagami}(l)$，其中 $l=\{0,1\}$，l 是形状参数，对于 Rayleigh 衰减取值为 1，对于 Rician 衰减取值为 4。

考虑到上面给出的路径损耗模型，在第 m 个小型基站的接收功率 $P_{m,n}^{r}$ 写为

$$P_{m,n}^{r} = P_n^{t} - \mathbb{G}_{m,n} \quad (5.11)$$

式中，P_n^{t} 代表第 n 个无人机的发射功率。最后，假设无人机为全向天线，第 m 个小型基站处的 SINR(Γ) 为

$$\Gamma_{m,n}=\frac{P^{r}_{m,n}}{\sigma^{2}_{\text{noise}}+I} \tag{5.12}$$

式中，$\sigma^{2}_{\text{noise}}$ 是噪声功率，I 代表来自其余（$N-1$）个无人机的干扰之和，因为我们假设无人机上有全向天线。此外，第 n 个无人机的第 m 个小型基站所需带宽计算为

$$w_{m,n}=\frac{r_{m,n}}{\log_{2}(1+\Gamma_{m,n})} \tag{5.13}$$

式中，$r_{m,n}$ 是来自第 n 个无人机的第 m 个小型基站要求的数据速率。

通信限制和目标

考虑到小型基站的分布和子无人机的固定位置（在 5.5.2 节中讨论），通信链路被优化。然而，小型基站和无人机之间的通信受到一些因素的限制，下面将讨论这些因素。

（1）为了避免网络超载，一个子无人机 n 最多能容纳 $L^{\max}$ 个链接。

（2）具有最大带宽限制 W，其中子无人机可以从其候选小型基站内重新分配。

（3）为了保持服务质量（QoS）的要求，要考虑最小 SINR($\Gamma_{\min}$) 的标准，因为它对带宽的分配是最重要的。

（4）第 m 个小型基站将只由一个指定的第 n 个子无人机提供服务。

（5）为了保持回程链路的质量，也就是父无人机和地面核心网之间的通信路径，我们考虑了最大的回程数据速率限制 R_{B}。

考虑到上述通信限制，本小节的目标是找到小型基站与无人机的最佳组合，使整个系统的总速率达到最大。小型基站与无人机的联合取决于通信因素，即 $L^{\max}$、W、$\Gamma^{\min}$ 和 R_{B}。设维度为 $M\times N$ 的 $\boldsymbol{A}$ 为关联矩阵，其中矩阵 $\boldsymbol{A}$ 的行和列分别代表小型基站与无人机。令 $a_{m,n}\in\{0,1\}$ 为矩阵 $\boldsymbol{A}$ 的第（m, n）个元素。因此，小型基站与无人机的相关性在数学上表述为

$$\max_{\{a_{m,n}\}}\sum_{m=1}^{M}\sum_{n=1}^{N}r_{m,n}\cdot a_{m,n} \tag{5.14}$$

其中

$$\sum_{m=1}^{M}w_{m,n}\cdot a_{m,n}\leqslant W_{n}\quad \forall n \tag{5.15}$$

$$\sum_{m=1}^{M} a_{m,n} \leqslant L_n^{\max} \quad \forall n \tag{5.16}$$

$$\Gamma_{m,n} \cdot a_{m,n} \geqslant \Gamma^{\min} \quad \forall m,n \tag{5.17}$$

$$\sum_{n=1}^{N} a_{m,n} \leqslant 1 \quad \forall m \tag{5.18}$$

$$\sum_{m=1}^{M}\sum_{n=1}^{N} r_{m,n} \cdot a_{m,n} \leqslant R_{\mathrm{B}} \tag{5.19}$$

式中，$a_{m,n}$ 是优化参数。根据式（5.14），

$$S_r = \sum_{m=1}^{M}\sum_{n=1}^{N} r_{m,n} \cdot a_{m,n} \tag{5.20}$$

式中，S_r 代表整个网络的总实现率。

在约束条件（5.15）中，W_n 是第 n 个子无人机的最大可用带宽，$w_{m,n}$ 是第 n 个子无人机对第 m 个小型基站的要求带宽。此外，约束条件（5.16）表示一个子无人机可以支持的最大链接数。约束条件（5.17）考虑了最小 SINR 标准，以保持服务质量。约束条件（5.18）限制了一个小型基站与一个特定子无人机的连接。回程数据速率限制 R_{B} 在约束条件（5.19）中体现。

从上述优化问题可以看出，对于固定位置的无人机，小型基站与无人机的关联性是二进制整数规划（BILP）问题。为了满足约束条件（5.15）～约束条件（5.19），由此产生的优化问题是 NP-hard 问题，并且没有标准的方法来解决该问题。在 5.7 节中，我们提出一种启发式的关联算法，研究小型基站与无人机的相关性。

5.7　小型基站与无人机的相关性

关联算法是根据 5.5.1 节和 5.5.2 节中提到的小型基站与无人机的分布来解决的。关联算法的伪代码在算法 5.1 和算法 5.2 中给出。关联算法分为两部分，算法 5.1 将在子无人机与小型基站中执行，算法 5.2 在父无人机中执行。本节将对这两个算法进行简要的总结。

（1）在算法 5.1 的第 1 ～ 3 行中，小型基站选择提供最大 SINR 值的子无人机。从数学上讲，$\boldsymbol{A}$ 在每一列中包含若干非零元素，而每一行中只有一个非零元素。这表明，如果第 1 个小型基站与第 n 个子无人机相连，那么在该特定位置（即第 m 行和第 n 列）有 1 个值。此外，第 m 行的其他元素为 0，这说明一个小型基站只与一个子

无人机相连，因此满足约束条件（5.18）。

（2）在下一步中，每个子无人机验证约束条件（5.17），并开始分配带宽（基于小型基站需求的数据率 $r_{m,n}$），同时考虑约束条件（5.15）和式（5.16）。然而，每个子无人机首先为频谱效率 $\varPsi_{\mathrm{SE}}$ 较高的小型基站服务，$\varPsi_{\mathrm{SE}}$ 定义为

$$\varPsi_{\mathrm{SE}} = \frac{r_{m,n}}{w_{m,n}} \tag{5.21}$$

该步的伪代码总结在算法 5.1 的第 4 ～ 11 行。

（3）在最后一步中，每个子无人机将汇总的信息（即 SINR、需求率等）转发给父无人机，父无人机根据式（5.19）检查回程链路的容量。算法 5.2 中总结了（验证回程链路容量）的伪代码。

算法 5.1　无人机与小型基站的相关性

输入：$M, N, L_{\max}, r_{m,n}, \varGamma_{\min}$

输出：$\boldsymbol{A}$

// 初始化矩阵 $\boldsymbol{A}$ 为 0 矩阵

初始化：$A = \varnothing$

1　**for** m=1 **to** M **do**

2　　选择第 m 个小型基站收到最大 SINR 的子无人机

3　　更新 $a_{m,n}$=1

4　**for** n=1 to N **do**

5　**if** 第 m 个小型基站不满足约束条件（6.17），**then** 更新 $a_{m,n}$=0

6　初始化计数器：$C_{\ell}=0$,C_{w}=0

　while $C_{\ell} < L_{n}^{\max}$ **and** $C_{w} < W_{n}$ **do**

7　　寻找最高光谱效率的小型基站

8　　**if** $C_{w}+w_{m,n} \leqslant W_{n}$ **then**

9　　　更新 $C_{\ell} = C_{\ell}+1$,C_{w}=C_{w}+$w_{m,n}$

10　　**else**

11　　　$a_{m,n}$=0

算法 5.2　约束条件（5.19）

1　**if** $S_{r} < R_{\mathrm{B}}$ **then** 算法完成。否则对子无人机进行如下步骤。

初始化：S_r 为相关小型基站的总和率

2　**while** $S_r > R_B$ **do**

3　　选择与小型基站最大相关性的子无人机

　　选择可以满足最小数据率的小型基站

4　　解除所选配对（第 n 个子无人机的第 m 个小型基站）的关联并更新 $a_{m,n}=0$，$C_\ell = C_\ell - 1$，$S_r=S_r-r_{m,n}$，$C_w=C_w-w_{m,n}$

5.8　结果分析

在本节中，我们首先描述了仿真环境。然后，对所获得的结果进行了详细的分析。

我们考虑了一个密集的城市环境，其中小型基站的设定服从 MATERN 硬核点过程分布，密度为 ρ/m^2。从设定的数据速率向量 $r=\{20,40,60,80,100\}$ 中随机分配数据速率需求给部署的小型基站，单位为 Mbit/s。为了满足 5G 网络的要求，两个小型基站之间保持 250m 的最小距离（$d_{\min}$）[41]。其余的仿真参数（除非特别说明）见表 5.2。该结果是 1000 次蒙特卡洛实现的平均数。

表 5.2　仿真参数

参数	值	描述
λ	0.15m	比率：光速 / 频率
a,b	9.61, 0.16	环境常数
$\varepsilon^l, \varepsilon$	{1,20}dB	视线路径与非视线路径的减少量
ρ	$2\times10^{-6}/\mathrm{m}^2$	小型基站的密度
γ	2	路径损失指数
S	$16\mathrm{km}^2$	总区域
P^t	1.5W	传输能量
$\sigma^2_{\mathrm{noise}}$	−125dB	噪声
$L^{\max}$	7	最大链接数
W	200MHz	最大带宽
$\Gamma^{\min}$	−5dB	最小信号与干扰加噪声比
R_B	1.66Gbit/s	回程数据传输率

图 5.4 是子无人机 – 基站的三维分布图。图中描述了两个网络实体，即小型基站和子无人机。所有的子无人机根据式（5.2）进行分布，并在相同的高度（即 300m）上盘旋。此外，实心标记是与子无人机相关的小型基站；空心的圆圈是未关联的小型基站。例如，在用方形标记表示的集群中，所有的小型基站都由各自的子无人机

提供服务；但是，也有一些没有关联的小型基站。这是因为子无人机已经达到了它的最大链接极限［见约束条件（5.16）］；因此，它不能为这些小型基站服务。重要的是，未关联的小型基站也没有接受其邻近的子无人机服务，这可能是因为它不满足信号与干扰加噪声比的约束。考虑到小型基站和子无人机的位置，下面我们将评估不同约束条件下关联算法的性能。

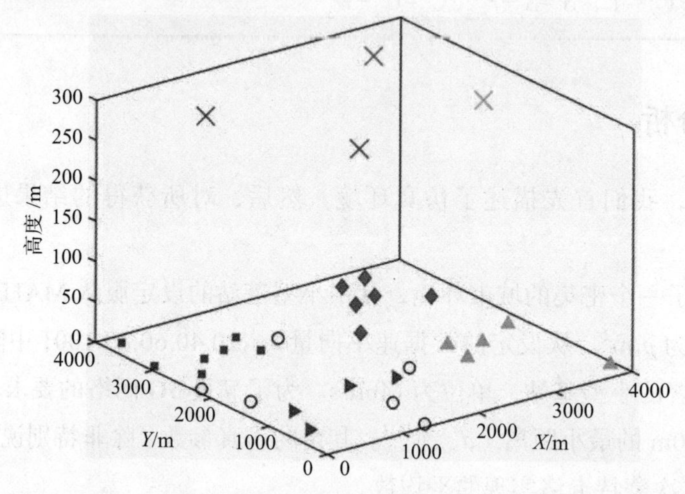

图 5.4　子无人机 – 基站的三维分布图。× 代表子无人机，空心标志代表关联的小型基站，实心标志代表子无人机与关联的基站

图 5.5 显示了随着可用带宽［见约束条件（5.15）］和链路数量［见约束条件（5.16）］的增加，整个网络的总速率是如何子无人机上增加的。这一趋势表明，系统的总速率随着约束条件（5.15）和约束条件（5.16）的增加而呈指数级增加。具体来说，当 L_{max}=1 时，带宽增加，总速率没有改善，这是由于约束条件（5.16）导致子无人机不能与更多的小型基站联系。然而，增加 L_{max} 的结果是为更多的小型基站服务；因此，总速率提高了。特别是，当 L_{max}=9 时，系统已经达到了最大的总速率。因此，总速率的提高取决于两个方面，即每个子无人机的可用链路数量和带宽资源。

可以从图 5.6 看出，当约束条件（5.15）的值增加时，系统的总速率增加，未关联小型基站的百分比下降。然而，尽管带宽增加且约束条件（5.16）的值较高，但所有的小型基站都没有得到服务。这是因为约束条件（5.19）被限制在 1.5Gbit/s。考虑到回程数据速率的限制，总速率已经达到最大（1.5Gbit/s）。

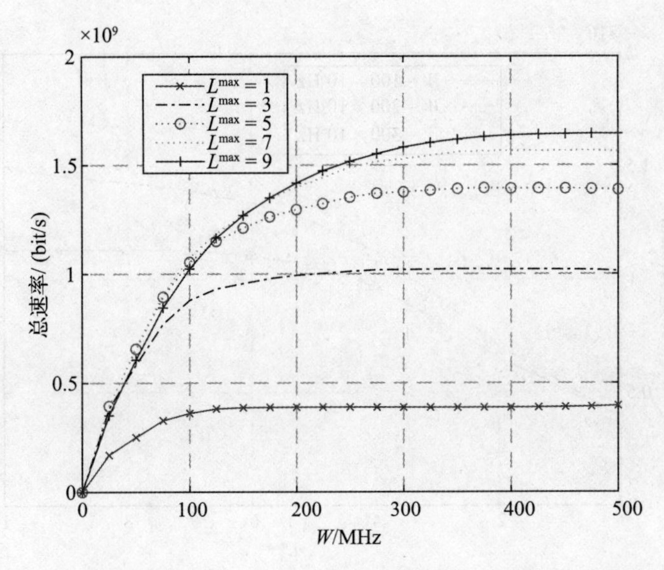

图 5.5 改变约束条件（5.15）和约束条件（5.16）的总速率对比

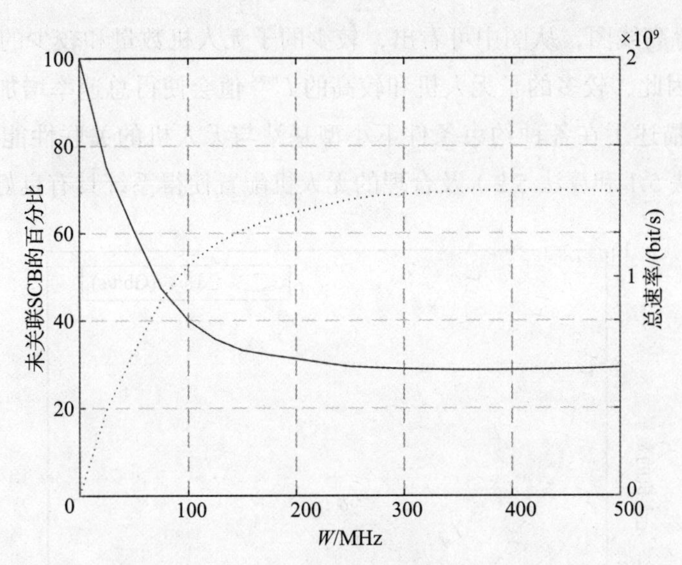

图 5.6 当 L_{max}=10，R_B=1.5Gbit/s 时未关联小型基站的百分比与约束条件（5.15）的总速率的比较

图 5.7 描述了当约束条件（5.16）改变时总速率的变化。由图可知，整个网络的总速率随着两个约束条件的增加而增加，即约束条件（5.15）和约束条件（5.16）。需要注意的是，在点状曲线的情况下，总速率几乎达到了最大回程数据速率的极限，即 R_B=1.66Gbit/s。

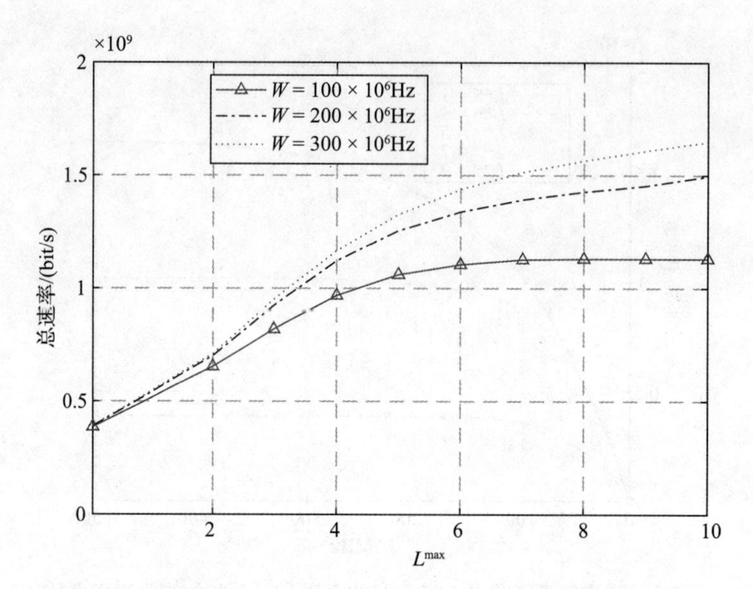

图 5.7　当约束条件（5.16）改变时总速率的变化，R_B=1.66Gbit/s

图 5.8 是等高线图，从图中可看出，较少的子无人机数量和较少的链接数量带来的优势较少。因此，较多的子无人机和较高的 L^{max} 值会使得总速率增加。

上述结果描述了在各种约束条件下小型基站与无人机的关联性能。之前提出的关联算法（算法 5.1 和算法 5.2）及合理的无人机配置使得系统具有良好的性能。

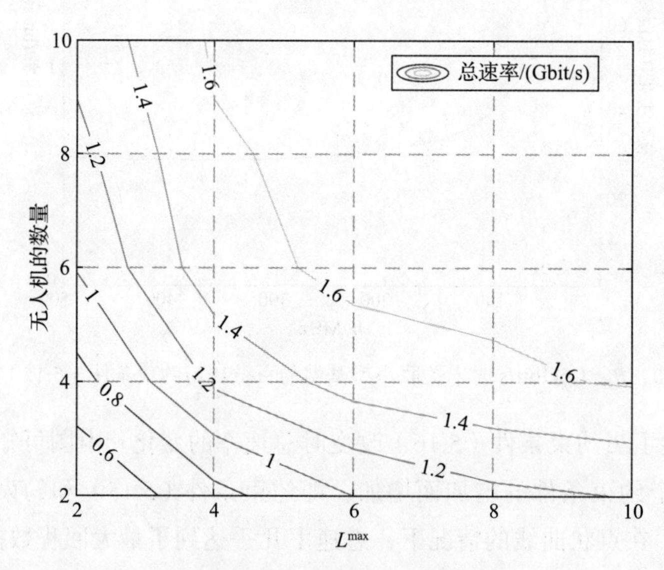

图 5.8　当 L^{max} 与子无人机的数量变化时总速率的表现，R_B=1.66Gbit/s, W=300MHz

5.9　总结

本章重点讨论了无人机在毫米波和太赫兹通信环境中的重要作用。特别是，讨论了无人机部署的意义，以及毫米波和太赫兹通信的优势。此外，本章阐明了无人机通信的潜在挑战以及无人机通信在前沿网络中的作用。具体来说，通过研究几个与通信有关的约束条件，如带宽、信号与干扰加噪声比和数据速率，解决了无人机的关联和配置问题。然后，我们提出了一种处理回程链路容量的算法，以提高整个网络的公平性。最后，我们对结果进行了详细分析，验证了算法的性能。

参考文献

1. Xia, W., Semkin, V., Mezzavilla, M. et al. (2020). Multi-array designs for mmWave and sub-THz communication to UAVs. *2020 IEEE 21st International Workshop on Signal Processing Advances in Wireless Communications (SPAWC)*, IEEE, pp. 1–5.
2. Cheema, M.A., Shehzad, M.K., Qureshi, H.K. et al. (2020). A drone-aided blockchain-based smart vehicular network. *IEEE Transactions on Intelligent Transportation Systems* 1–11. https://doi.org/10.1109/TITS.2020.3019246.
3. Muntaha, S.T., Hassan, S.A., Jung, H., and Hossain, M.S. (2020). Energy efficiency and hover time optimization in UAV-based HetNets. *IEEE Transactions on Intelligent Transportation Systems* 1–9. https://doi.org/10.1109/TITS.2020.3015256.
4. Naqvi, S.A.R., Hassan, S.A., Pervaiz, H., and Ni, Q. (2018). Drone-aided communication as a key enabler for 5G and resilient public safety networks. *IEEE Communications Magazine* 56 (1): 36–42.
5. Xiao, Z., Zhu, L., and Xia, X.-G. (2020). UAV communications with millimeter-wave beamforming: potentials, scenarios, and challenges. *China Communications* 17 (9): 147–166.
6. Polese, M., Bertizzolo, L., Bonati, L. et al. (2020). An experimental mmWave channel model for UAV-to-UAV communications. *Proceedings of the 4th ACM Workshop on Millimeter-Wave Networks and Sensing Systems*, pp. 1–6.
7. Jan, M.A., Hassan, S.A., and Jung, H. (2019). QoS-based performance analysis of mmWave UAV-assisted 5G hybrid heterogeneous network. *2019 IEEE Global Communications Conference (GLOBECOM)*, IEEE, pp. 1–6.
8. Shehzad, M.K., Hassan, S.A., Luque-Nieto, M.A. et al. (2020). Energy efficient placement of UAVs in wireless backhaul networks. *Proceedings of the 2nd ACM MobiCom Workshop on Drone Assisted Wireless*

Communications for 5G and Beyond, pp. 1–6.
9 Gapeyenko, M., Petrov, V., Moltchanov, D. et al. (2018). Flexible and reliable UAV-assisted backhaul operation in 5G mmWave cellular networks. *IEEE Journal on Selected Areas in Communications* 36 (11): 2486–2496.
10 Kim, J. and Kim, Y. (2008). Moving ground target tracking in dense obstacle areas using UAVs. *IFAC Proceedings Volumes* 41 (2): 8552–8557.
11 Chen, C., Grier, A., Malfa, M. et al. (2017). High-speed optical links for UAV applications. *Free-Space Laser Communication and Atmospheric Propagation XXIX*, Volume 10096, International Society for Optics and Photonics, p. 1009615.
12 Sarieddeen, H., Saeed, N., Al-Naffouri, T.Y., and Alouini, M.-S. (2020). Next generation terahertz communications: a rendezvous of sensing, imaging, and localization. *IEEE Communications Magazine* 58 (5): 69–75.
13 Zia-ul-Mustafa, R. and Hassan, S.A. (2019). Machine learning-based context aware sequential initial access in 5G mmWave systems. *2019 IEEE Globecom Workshops (GC Wkshps)*, IEEE, pp. 1–6.
14 Guan, Z. and Kulkarni, T. (2019). On the effects of mobility uncertainties on wireless communications between flying drones in the mmWave/THz bands. *IEEE INFOCOM 2019-IEEE Conference on Computer Communications Workshops (INFOCOM WKSHPS)*, IEEE, pp. 768–773.
15 Dabiri, M.T., Safi, H., Parsaeefard, S., and Saad, W. (2020). Analytical channel models for millimeter wave UAV networks under hovering fluctuations. *IEEE Transactions on Wireless Communications* 19 (4): 2868–2883.
16 Brighente, A., Cerutti, M., Nicoli, M. et al. (2020). Estimation of wideband dynamic mmWave and THz channels for 5G systems and beyond. *IEEE Journal on Selected Areas in Communications* 38 (9): 2026–2040.
17 Xing, Y., Kanhere, O., Ju, S., and Rappaport, T.S. (2019). Indoor wireless channel properties at millimeter wave and sub-terahertz frequencies. *2019 IEEE Global Communications Conference (GLOBECOM)*, IEEE, pp. 1–6.
18 Elayan, H., Amin, O., Shubair, R.M., and Alouini, M.-S. (2018). Terahertz communication: the opportunities of wireless technology beyond 5G. *2018 International Conference on Advanced Communication Technologies and Networking (CommNet)*, IEEE, pp. 1–5.
19 Raja, A.A., Jamshed, M.A., Pervaiz, H., and Hassan, S.A. (2020). Performance analysis of UAV-assisted backhaul solutions in THz enabled hybrid heterogeneous network. *IEEE INFOCOM 2020-IEEE Conference on Computer Communications Workshops (INFOCOM WKSHPS)*, IEEE, pp. 628–633.
20 Chen, Z., Ma, X., Zhang, B. et al. (2019). A survey on terahertz communications. *China Communications* 16 (2): 1–35.
21 Saeed, A., Gurbuz, O., and Akkas, M.A. (2020). Terahertz communications at various atmospheric altitudes. *Physical Communication* 41 101113.

22 Sambo, Y.A., Klaine, P.V., Nadas, J.P.B., and Imran, M.A. (2019). Energy minimization UAV trajectory design for delay-tolerant emergency communication. *2019 IEEE International Conference on Communications Workshops (ICC Workshops)*, IEEE, pp. 1–6.

23 Mozaffari, M., Saad, W., Bennis, M. et al. (2019). A tutorial on UAVs for wireless networks: applications, challenges, and open problems. *IEEE Communications Surveys & Tutorials* 21 (3): 2334–2360.

24 Shehzad, M.K. (2019). Association of small cell base stations with UAVs in HetNets. PhD thesis. Association of Small Cell Base Stations with UAVs in HetNets By Muhammad ....

25 Amer, R., Saad, W., ElSawy, H. et al. (2019). Caching to the sky: performance analysis of cache-assisted CoMP for cellular-connected UAVs. *2019 IEEE Wireless Communications and Networking Conference (WCNC)*, IEEE, pp. 1–6.

26 Shehzad, M.K., Hassan, S.A., Mahmood, A., and Gidlund, M. (2019). On the association of small cell base stations with UAVs using unsupervised learning. *IEEE Vehicular Technology Conference (VTC-Spring)*, May 2019.

27 Alzenad, M., Shakir, M.Z., Yanikomeroglu, H., and Alouini, M.-S. (2018). FSO-based vertical backhaul/fronthaul framework for 5G+ wireless networks. *IEEE Communications Magazine* 56 (1): 218–224.

28 Leitgeb, E., Zettl, K., Muhammad, S.S. et al. (2007). Investigation in free space optical communication links between unmanned aerial vehicles (UAVs). *2007 9th International Conference on Transparent Optical Networks*, Volume 3, IEEE, pp. 152–155.

29 Najafi, M., Ajam, H., Jamali, V. et al. (2018). Statistical modeling of FSO fronthaul channel for drone-based networks. *2018 IEEE International Conference on Communications (ICC)*, IEEE, pp. 1–7.

30 Matérn, B. (1986). *Spatial Variation, Springer Lecture Notes in Statistics*, 36. Springer.

31 Bor-Yaliniz, R.I., El-Keyi, A., and Yanikomeroglu, H. (2016). Efficient 3-D placement of an aerial base station in next generation cellular networks. *2016 IEEE International Conference on Communications (ICC)*, IEEE, pp. 1–5.

32 Kalantari, E., Shakir, M.Z., Yanikomeroglu, H., and Yongacoglu, A. (2017). Backhaul-aware robust 3D drone placement in 5G+ wireless networks. *2017 IEEE International Conference on Communications Workshops (ICC Workshops)*, IEEE, pp. 109–114.

33 Alzenad, M., El-Keyi, A., Lagum, F., and Yanikomeroglu, H. (2017). 3-D placement of an unmanned aerial vehicle base station (UAV-BS) for energy-efficient maximal coverage. *IEEE Wireless Communications Letters* 6 (4): 434–437.

34 Kalantari, E., Yanikomeroglu, H., and Yongacoglu, A. (2016). On the number and 3D placement of drone base stations in wireless cellular networks. *2016 IEEE 84th Vehicular Technology Conference (VTC-Fall)*,

IEEE, pp. 1–6.

35 Mozaffari, M., Saad, W., Bennis, M., and Debbah, M. (2016). Efficient deployment of multiple unmanned aerial vehicles for optimal wireless coverage. *IEEE Communications Letters* 20 (8): 1647–1650.

36 Sharma, V., Srinivasan, K., Chao, H.-C. et al. (2017). Intelligent deployment of UAVs in 5G heterogeneous communication environment for improved coverage. *Journal of Network and Computer Applications* 85: 94–105.

37 Galkin, B., Kibilda, J., and DaSilva, L.A. (2016). Deployment of UAV-mounted access points according to spatial user locations in two-tier cellular networks. *2016 Wireless Days (WD)*, IEEE, pp. 1–6.

38 Likas, A., Vlassis, N., and Verbeek, J.J. (2003). The global k-means clustering algorithm. *Pattern Recognition* 36 (2): 451–461.

39 Al-Hourani, A., Kandeepan, S., and Lardner, S. (2014). Optimal LAP altitude for maximum coverage. *IEEE Wireless Communications Letters* 3 (6): 569–572.

40 Mitola, J. (1999). Cognitive radio for flexible mobile multimedia communications. *1999 IEEE International Workshop on Mobile Multimedia Communications (MoMuC'99)(Cat. No. 99EX384)*, IEEE, pp. 3–10.

41 Nordrum, A., Clark, K. IEEE Spectrum Staff (2017). *5G Bytes: Small Cells Explained*. New York: IEEE Spectrum. https://spectrum.ieee.org/video/telecom/wireless/5g-bytes-small-cells-explained (accessed 31 March 2021).

Chapter 6 第 6 章

认知无线电网络中用于物理层安全的无人机协同干扰

6.1 引言

爱立信报告称，预计到 2025 年底，全球 5G 用户和物联网连接数将分别达到 28 亿和 250 亿 [1-2]。由于地面通信网络的频谱资源有限，通信需求的大幅增长正成为一个巨大的挑战。人们开始关注如何在不影响网络性能的情况下，用有限的资源满足用户的通信需求。认知无线电网络（CRN）已被认为是一种用于提高频谱效率的潜在技术 [3-7]。认知无线电网络的主要功能是允许二级用户（或未授权用户）访问未被充分利用的频谱，同时保持对一级用户（或授权用户）的限制干扰 [7-9]。

尽管认知无线电通信有许多优点，但它也有需要解决的问题。具体来说，由于频段的可及性和无线通信的广播性，二级用户之间的保密通信可以被窃听并被窃听者（Eve）解码 [10-12]。当窃听者的计算资源有限时，复杂的密码可以使得其无法破译秘钥 [13]。然而，窃听者的计算能力在大幅提升，而用于确保保密通信的可信任基础设施部署成本很高。物理层安全技术（PLS）是一种替代方案，该方案可以保证通信安全且没有秘钥管理成本 [14-15]。无线电通信的安全问题已经引起了研究人员的极大关注，其中协同干扰方案是用于降低窃听者解码能力的技术之一 [16-18]。然而，大多数传统的协同干扰方案基于位置固定且天线高度有限的地面干扰器，这带来了三个问题：首先，当干扰器部署在离窃听者很远的地方时，干扰噪声（JN）的影响会大大降低，安全性能会下降。其次，合法的发射器需要知道窃听者的信道状态信息（CSI）。这是一个很大的挑战，因为窃听者通常是无源设备，很难估计其信道状态信息。最后，在认知无线电网络中，二级系统保密率的提高也可能影响到一级系统，因为对一级接收器（PR）的干扰功率 [即二级发射器的发射功率（ST）和无人机的干扰功率] 可能超过设定的阈值。

无人机在各个领域发挥着关键作用[19-23]，在物理层安全技术中，无人机可以很容易地移动到一个最佳位置（如离地面几百米），在低阻塞的情况下，通过发送一个友好干扰器来协助任何地面用户。在参考文献 [24] 中，作者通过研究包括一对主发射器 – 接收器和一对次要发射器 – 接收器的系统，在存在窃听者的情况下，研发出底层认知无线电网络传输中的物理层安全技术。具体来说，主发射源（PS）发射干扰噪声，与预期信号相结合，对窃听者进行干扰。然而，当窃听者分布在离主发射源很远的地方时，干扰噪声的效果会大大降低，因此保密率会变差。作者在参考文献 [14] 中表明，如果干扰器的功率足够大，考虑到无线电传播的广播性，认知网络用户和认知网络信号源之间的合法传输将会被破坏。因此，有必要调整干扰器的功率以满足认知无线电网络中合法传输的质量。在参考文献 [25] 中，作者考虑了基于无人机的移动中继，其目的是提高地面用户的保密率。在参考文献 [26] 中，作者提出启用无人机的干扰噪声，以降低地面窃听信道的质量。在参考文献 [27] 中，发射功率和无人机轨迹被共同优化，以最大限度地提高空地通信链路的保密率，其中无人机扮演着发射器的角色。参考文献 [28] 研究了带有合作干扰的无人机辅助保密通信，通过联合优化发射功率、无人机轨迹以及用户调度，实现了最低保密率的最大化。

与参考文献 [25-28] 不同的是，我们的工作是研究认知无线电网络的物理层安全技术，其中引入了一个无人机作为友好的干扰者来协助地面认知用户。我们提出了一种有效的算法，其中发射器的传输功率和无人机的轨迹均被优化，以实现保密率最大化（SRM）。据我们所知，这是第一个通过无人机合作 – 干扰来提高认知无线电网络保密率的工作。因此，主要贡献可以概括为以下几点：

（1）与采用固定位置地面干扰器的传统干扰方案不同，移动无人机作为友好干扰器，通过靠近 / 远离地面节点来有效地传输干扰噪声。这使得平均保密率大幅提高，且仍然满足底层认知无线电的条件。

（2）原有的优化问题被转化为一个更难处理的设计，这是一个次优但安全的解决方案。我们随后提出了一种基于内部逼近（IA）方法的高效迭代算法，以快速的收敛率有效解决了非凸问题。

6.2 系统模型

这项研究主要集中在保证发射功率不影响一级系统的服务质量（QoS）的情况下，如何使二级系统的平均保密率最大化。

6.2.1 信号模型

我们研究由一个二级发射器（ST）和一个二级接收器（SR）组成的地面认知无线电网络，如图 6.1 所示。在二级网络中，一个窃听者试图窃听和解码从发射器发射到接收器的机密信息。为了提高认知无线电网络的 PHY 层安全性，我们引入一个无人机来传输友好的干扰噪声，以降低窃听者的解码能力。这里，二级接收器、二级接收器和窃听者的坐标分别用 $(0,0,0)$ 、$(x_{\rm S},y_{\rm S},0)$ 、$(x_{\rm P},y_{\rm P},0)$ 和 $(x_{\rm E},y_{\rm E},0)$ 表示。在这项工作中，T 被离散为 N 个相等的时间段，其中每个时段由 $\delta_t=\dfrac{T}{N}$ 给出。时段的数量必须足够大，以保证无人机的位置在每个时段内几乎没有变化。因此，时间变化的水平坐标定义为 $\boldsymbol{q}[n]=(x[n],y[n],H),n\in{\rm N}=\{1,\cdots,N\}$ 。无人机的初始和最终位置分别为 (x_0,y_0,H) 和 (x_f,y_f,H) 。无人机的飞行轨迹必须满足最大速度约束 $\|\boldsymbol{q}'_{\rm m}(t)\|\leqslant V_{\max},0\leqslant t\leqslant T$ ，其中 $\boldsymbol{q}'_{\rm m}$ 是无人机的位置相对于时间 t 的导数，$V_{\max}$ 是无人机的最大速度。因此，无人机的机动性约束可以表示为

$$(x[1]-x_0)^2+(y[1]-y_0)^2\leqslant L_{\max}^2 \tag{6.1a}$$

$$(x[n+1]-x[n])^2+(y[n+1]-y[n])^2\leqslant L_{\max}^2,\forall n\in\mathcal{N} \tag{6.1b}$$

$$(x_f-x[N])^2+(y_f-y[N])^2=0 \tag{6.1c}$$

式中，$L_{\max}$ 表示每个时间段无人机可移动的最大距离，且 $L_{\max}=V_{\max}\delta_t$ 。

我们假设空对地信道是视线（LoS）链路。因此，在时段 n 中从无人机到地面节点 (SR,PR,Eve) 的信道功率增益可以用自由空间路径损耗表示为 $g_{{\rm U}i}[n]=\rho_0 d_{{\rm U}i}^{-2}[n],i\in\{S,{\rm P},{\rm E}\}$ ：

$$g_{\rm US}[n]=\rho_0 d_{\rm US}^{-2}[n]=\frac{\rho_0}{(x_{\rm S}-x[n])^2+(y_{\rm S}-y[n])^2+H^2},\forall n\in\mathcal{N} \tag{6.2a}$$

$$g_{\rm UP}[n]=\rho_0 d_{\rm UP}^{-2}[n]=\frac{\rho_0}{(x_{\rm P}-x[n])^2+(y_{\rm P}-y[n])^2+H^2},\forall n\in\mathcal{N} \tag{6.2b}$$

$$g_{\mathrm{UE}}[n]=\rho_0 d_{\mathrm{UE}}^{-2}[n]=\frac{\rho_0}{(x_{\mathrm{E}}-x[n])^2+(y_{\mathrm{E}}-y[n])^2+H^2},\forall n\in\mathcal{N} \tag{6.2c}$$

式中，ρ_0是参考距离$d_0=1$ m时的信道功率增益，$d_{\mathrm{U}i}$是无人机与地面节点(SR,PR,Eve)之间的距离。$P_{\mathrm{U}}[n]$表示无人机在时段n的发射功率。在实践中，还应考虑平均功率和峰值功率。因此，发射功率约束表示为

$$\frac{1}{N}\sum_{n\in\mathcal{N}}P_{\mathrm{U}}[n]\leqslant\overline{P_{\mathrm{U}}} \tag{6.3a}$$

$$0\leqslant P_{\mathrm{U}}[n]\leqslant P_{\mathrm{U}}^{\max},\forall n\in\mathcal{N} \tag{6.3b}$$

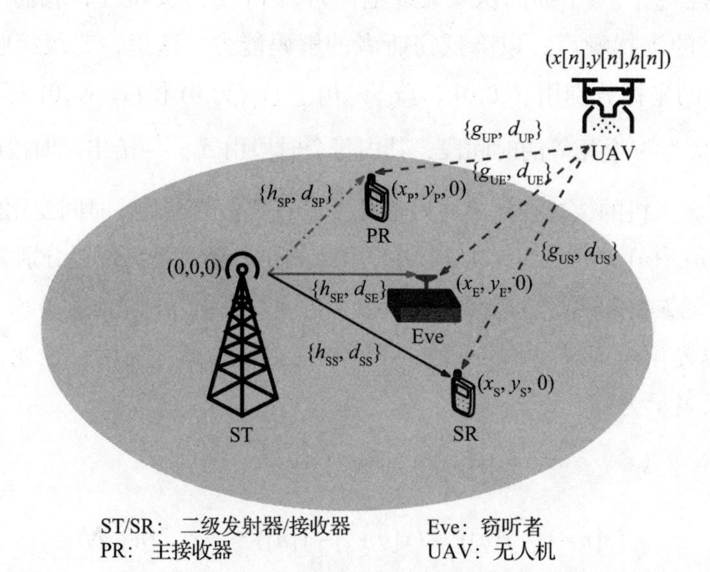

图 6.1 认知网络中基于无人机的合作－干扰

接下来，我们考虑地对地信道。假设其为瑞利衰减，将认知网络源的二级发射器到二级接收器、主接收器和窃听者的功率信道增益，用h_{SS}、h_{SP}、h_{SE}表示，即

$$h_{\mathrm{SS}}=\rho_0 d_{\mathrm{SS}}^{-\varphi}\xi_{\mathrm{SS}} \tag{6.4a}$$

$$h_{\mathrm{SP}}=\rho_0 d_{\mathrm{SP}}^{-\varphi}\xi_{\mathrm{SP}} \tag{6.4b}$$

$$h_{\mathrm{SE}}=\rho_0 d_{\mathrm{SE}}^{-\varphi}\xi_{\mathrm{SE}} \tag{6.4c}$$

式中，d_{SS}、d_{SP}、d_{SE}分别表示ST与地面节点(SR,PR,Eve)之间的距离，φ表示路径损耗指数，ξ_i是具有单位平均值的指数分布型随机变量，其中$i\in\{SS,SP,SE\}$。与

式（6.3）类似，地对地信道中发射功率约束为

$$\frac{1}{N}\sum_{n\in\mathcal{N}}P_{\mathrm{S}}[N]\leqslant\overline{P_{\mathrm{S}}} \tag{6.5a}$$

$$0\leqslant P_{\mathrm{S}}[n]\leqslant P_{\mathrm{S}}^{\max},\forall n\in\mathcal{N} \tag{6.5b}$$

在时段 n 中，从二级发射器到二级接收器和到窃听者的平均可实现速率可以通过以下方式给出

$$R_{\mathrm{S}}[n]=\mathbb{E}_{h_{\mathrm{SS}}}\left\{\log_2\left(1+\frac{P_{\mathrm{S}}[n]h_{\mathrm{SS}}}{P_{\mathrm{U}}[n]g_{\mathrm{US}}[n]+\sigma^2}\right)\right\},\forall n\in\mathcal{N} \tag{6.6a}$$

$$R_{\mathrm{E}}[n]=\mathbb{E}_{h_{\mathrm{SE}}}\left\{\log_2\left(1+\frac{P_{\mathrm{S}}[n]h_{\mathrm{SE}}}{P_{\mathrm{U}}[n]g_{\mathrm{UE}}[n]+\sigma^2}\right)\right\},\forall n\in\mathcal{N} \tag{6.6b}$$

式中，$\mathbb{E}\{\cdot\}$ 描述了关于地面信道衰减的期望算子，σ^2 表示加性高斯白噪声（AWGN）功率。因此，二级系统在总共 N 个时段中的平均可实现保密率可以定义为[24]

$$R_{\mathrm{sec}}=\frac{1}{N}\sum_{n\in\mathcal{N}}[R_{\mathrm{S}}[n]-R_{\mathrm{E}}[n]]^{+} \tag{6.7}$$

式中，$[x]^{+}\triangleq\max\{0,x\}$。

如前所述，为保证主系统的服务质量不受无人机和二级发射器干扰功率的影响，接收的平均干扰功率必须满足以下约束条件[25]：

$$\frac{1}{N}\sum_{n\in\mathcal{N}}(\mathbb{E}_{h_{\mathrm{SP}}}\{P_{\mathrm{S}}[n]h_{\mathrm{SP}}\}+P_{\mathrm{U}}[n]g_{\mathrm{UP}}[n])\leqslant\varepsilon \tag{6.8}$$

我们的目标是通过同时优化无人机的轨迹 $\boldsymbol{q}\triangleq\{x[n],y[n],h[n]\}_{n\in\mathcal{N}}$ 和发射功率 $\boldsymbol{p}\triangleq\{p_{\mathrm{S}}[n],p_{\mathrm{U}}[n]\}_{n\in\mathcal{N}}$，实现在总共 N 个时段内，在满足主接收器的平均干扰功率约束条件下，使二级系统的平均可达保密率 R_{sec} 最大化。根据约束条件，即式（6.1）、式（6.3）、式（6.5）和式（6.8），优化问题表述如下：

$$\mathrm{P1}:\max_{\boldsymbol{q},\boldsymbol{p}}R_{\mathrm{sec}} \tag{6.9a}$$

$$\text{s.t.}\ (x[1]-x_0)^2+(y[1]-y_0)^2\leqslant L_{\max}^2 \tag{6.9b}$$

$$(x[n+1]-x[n])^2+(y[n+1]-y[n])^2\leqslant L_{\max}^2,\forall n\in\mathcal{N} \tag{6.9c}$$

$$(x_f-x[N])^2+(y_f-y[N])^2=0 \tag{6.9d}$$

$$\frac{1}{N}\sum_{n\in\mathcal{N}} P_{\mathrm{U}}[n]\leqslant \overline{P_{\mathrm{U}}} \tag{6.9e}$$

$$0\leqslant P_{\mathrm{U}}[n]\leqslant P_{\mathrm{U}}^{\max},\forall n\in\mathcal{N} \tag{6.9f}$$

$$\frac{1}{N}\sum_{n\in\mathcal{N}} P_{\mathrm{S}}[n]\leqslant \overline{P_{\mathrm{S}}} \tag{6.9g}$$

$$0\leqslant P_{\mathrm{S}}[n]\leqslant P_{\mathrm{S}}^{\max},\forall n\in\mathcal{N} \tag{6.9h}$$

$$\frac{1}{N}\sum_{n\in\mathcal{N}} (\mathbb{E}_{h_{\mathrm{SP}}}\{P_{\mathrm{S}}[n]h_{\mathrm{SP}}\}+P_{\mathrm{U}}[n]g_{\mathrm{UP}}[n])\leqslant \varepsilon \tag{6.9i}$$

6.2.2 优化问题

由于以下原因，优化式（6.9）确实是一个挑战：首先，目标函数（6.9a）和约束条件（6.9i）都是非凸的；其次，由于算子 $[.]^{+}$ 的存在，目标函数在零点是不平滑的。为了使问题具有可操作性，我们首先将式（6.9）转化为如下的等价问题。

$$\mathrm{P2}:\max_{\boldsymbol{q},\boldsymbol{p}} R_{\mathrm{sec}}^{\mathrm{eq}} \tag{6.10a}$$

$$\text{s.t.}\ (x[1]-x_0)^2+(y[1]-y_0)^2\leqslant L_{\max}^2 \tag{6.10b}$$

$$(x[n+1]-x[n])^2+(y[n+1]-y[n])^2\leqslant L_{\max}^2,\forall n\in\mathcal{N} \tag{6.10c}$$

$$(x_f-x[N])^2+(y_f-y[N])^2=0 \tag{6.10d}$$

$$\frac{1}{N}\sum_{n\in\mathcal{N}} P_{\mathrm{U}}[n]\leqslant \overline{P_{\mathrm{U}}} \tag{6.10e}$$

$$0\leqslant P_{\mathrm{U}}[n]\leqslant P_{\mathrm{U}}^{\max},\forall n\in\mathcal{N} \tag{6.10f}$$

$$\frac{1}{N}\sum_{n\in\mathcal{N}} P_{\mathrm{S}}[n]\leqslant \overline{P_{\mathrm{S}}} \tag{6.10g}$$

$$0\leqslant P_{\mathrm{S}}[n]\leqslant P_{\mathrm{S}}^{\max},\forall n\in\mathcal{N} \tag{6.10h}$$

$$\frac{1}{N}\sum_{n\in\mathcal{N}} (\mathbb{E}_{h_{\mathrm{SP}}}\{P_{\mathrm{S}}[n]h_{\mathrm{SP}}\}+P_{\mathrm{U}}[n]g_{\mathrm{UP}}[n])\leqslant \varepsilon \tag{6.10i}$$

其中

$$R_{\text{sec}}^{\text{eq}}=\frac{1}{N}\sum_{n\in\mathcal{N}}(R_{\text{S}}[n]-R_{\text{E}}[n]) \tag{6.11}$$

直观地说，我们可以看到式（6.10）与式（6.9）有相同的最优解。由于目标函数的值小于零，所以可以通过将二级发射器的功率降低到零来增加目标函数[25]。

6.3　算法

尽管原始的优化问题已经通过去除运算符 $[.]^+$ 而转化为更容易处理的形式，但显然问题式（6.10）是不凸的。为了解决这个问题，我们引入了一种基于内部逼近（IA）方法的迭代算法，将式（6.10）转化为凸优化问题并得到近似解。

6.3.1　优化问题 P2 的可处理公式

为了使 P2 可处理，我们试图去除式（6.10a）和式（6.10i）中的期望算子，具体如下。

1. $R_{\text{S}}[n]$ 的可处理公式

在这一节中，$R_{\text{S}}[n]$ 的期望算子通过寻找其下限而被去除。

$$R_{\text{S}}[n]=\mathbb{E}_{h_{\text{SS}}}\left\{\log_2\left(1+\frac{P_{\text{S}}[n]h_{\text{SS}}}{P_{\text{U}}[n]g_{\text{US}}[n]+\sigma^2}\right)\right\} \tag{6.12}$$

令

$$X[n]=\frac{P_{\text{S}}[n]h_{\text{SS}}}{P_{\text{U}}[n]g_{\text{US}}[n]+\sigma^2} \tag{6.13}$$

根据式（6.2a）和式（6.2a），$X[n]$ 可写为

$$X[n]=\frac{P_{\text{S}}[n]\rho_0 d_{\text{SS}}^{-\varphi}\xi_{\text{SS}}}{\dfrac{P_{\text{U}}[n]\rho_0}{(x_{\text{S}}-x[n])^2+(y_{\text{S}}-y[n])^2+H^2}+\sigma^2} \tag{6.14}$$

$X[n]$ 是一个指数分布的随机变量，参数为

$$\lambda_X[n]=\frac{d_{\text{SS}}^{\varphi}}{\dfrac{\rho_0 P_{\text{S}}[n]}{P_{\text{U}}[n]g_{\text{US}}[n]+\sigma^2}} \tag{6.15}$$

$R_{\text{S}}[n]$ 可被重写为

$$R_{\mathrm{S}}[n]=\mathbb{E}_{h_{\mathrm{SS}}}\{\log_2(1+X[n])\}=\mathbb{E}_{h_{\mathrm{SS}}}\{\log_2(1+\mathrm{e}^{\ln X[n]})\} \tag{6.16}$$

由于 $\log_2(1+\mathrm{e}^x)$ 是凸函数，通过使用 Jensen 不等式，$R_{\mathrm{S}}[n]$ 的下限为

$$R_{\mathrm{S}}[n]=\mathbb{E}_{h_{\mathrm{SS}}}\{\log_2(1+\mathrm{e}^{\ln X[n]})\}\geqslant\log_2(1+\mathrm{e}^{\mathbb{E}_{h_{\mathrm{SS}}}\{\ln X[n]\}}) \tag{6.17}$$

如前所述，$X[n]$ 是参数为 $\lambda_X[n]$ 的指数分布的随机变量。因此，

$$\mathbb{E}_{h_{\mathrm{SS}}}\{\ln X[n]\}=\int_0^\infty \ln x\lambda_X[n]\mathrm{e}^{-\lambda_X[n]x}\,\mathrm{d}y=-\ln\lambda_X[n]-k \tag{6.18}$$

式中，k 是欧拉常量。根据式（6.18）可将式（6.17）写为

$$R_{\mathrm{S}}[n]\geqslant R_{\mathrm{S}}^{\mathrm{LB}}[n]=\log_2(1+A[n]) \tag{6.19}$$

其中

$$A[n]=\frac{\mathrm{e}^{-k}\gamma_0 P_{\mathrm{S}}[n]d_{\mathrm{SS}}^{-\varphi}}{\dfrac{\gamma_0 P_{\mathrm{U}}[n]}{(x_{\mathrm{U}}-x[n])^2+(y_{\mathrm{U}}-y[n])^2+H^2}+1}$$

$$\gamma_0=\frac{\rho}{\sigma^2} \tag{6.20}$$

2. $R_{\mathrm{E}}[n]$ 的可处理公式

接下来，我们找到 $R_{\mathrm{E}}[n]$ 的下限：

$$R_{\mathrm{E}}[n]=\mathbb{E}_{h_{\mathrm{SE}}}\left\{\log_2\left(1+\frac{P_{\mathrm{S}}[n]h_{\mathrm{SE}}}{P_{\mathrm{U}}[n]g_{\mathrm{UE}}[n]+\sigma^2}\right)\right\} \tag{6.21}$$

令

$$Y[n]=\frac{P_{\mathrm{S}}[n]h_{\mathrm{SE}}}{P_{\mathrm{U}}[n]g_{\mathrm{UE}}[n]+\sigma^2} \tag{6.22}$$

根据式（6.2c）和式（6.4c），$Y[n]$ 可写为

$$Y[n]=\frac{P_{\mathrm{S}}[n]\rho_0 d_{\mathrm{SE}}^{-\varphi}\xi_{\mathrm{SE}}}{\dfrac{P_{\mathrm{U}}[n]\rho_0}{(x_{\mathrm{E}}-x[n])^2+(y_{\mathrm{E}}-y[n])^2+H^2}+\sigma^2} \tag{6.23}$$

与 $X[n]$ 相似，$Y[n]$ 是指数分布型随机变量，其参数为

$$\lambda_Y[n]=\frac{d_{\mathrm{SE}}^{\varphi}}{\dfrac{\rho_0 P_{\mathrm{S}}[n]}{P_{\mathrm{U}}[n]g_{\mathrm{UE}}[n]+\sigma^2}} \tag{6.24}$$

由于 $\log_2(1+x)$ 是一个凹函数，我们还可以应用 Jensen 不等式来求得 $R_{\mathrm{E}}^{[n]}$ 的上界：

$$\begin{aligned} R_{\mathrm{E}}[n] &= \mathbb{E}_{h_{\mathrm{SE}}}\{\log_2(1+Y[n])\} \\ &\leqslant \log_2(1+\mathbb{E}_{h_{\mathrm{SE}}}\{Y[n]\}) = \log_2\left(1+\frac{1}{\lambda_Y[n]}\right) \\ &= R_{\mathrm{E}}^{\mathrm{UB}}[n] = \log_2(1+B[n]) \end{aligned} \tag{6.25}$$

其中

$$B[n] = \frac{\mathrm{e}^{-k}\gamma_0 P_{\mathrm{S}}[n] d_{\mathrm{SE}}^{-\varphi}}{\dfrac{\gamma_0 P_{\mathrm{U}}[n]}{(x_{\mathrm{E}}-x[n])^2+(y_{\mathrm{E}}-y[n])^2+H^2}+1} \tag{6.26}$$

$$\gamma_0 = \frac{\rho}{\sigma^2}$$

3. 约束条件（6.10i）的可处理公式

删除式（6.10i）中的期望算子

$$\mathbb{E}_{h_{\mathrm{SP}}}\{P_{\mathrm{S}}[n]h_{\mathrm{SP}}\} = \mathbb{E}_{h_{\mathrm{SP}}}\{\rho_0 d_{\mathrm{SP}}^{-\varphi} P_{\mathrm{S}}[n]\xi_{\mathrm{SP}}\} \tag{6.27}$$

由于 $\rho_0 d_{\mathrm{SP}}^{-\varphi} P_{\mathrm{S}}[n]\xi_{\mathrm{SP}}$ 是参数为 $\lambda[n]=\dfrac{1}{\rho_0 P_{\mathrm{S}}[n]} d_{\mathrm{SP}}^{\varphi}$ 的指数分布型随机变量，期望算子

$$\mathbb{E}_{h_{\mathrm{SP}}}\{\rho_0 d_{\mathrm{SP}}^{-\varphi} P_{\mathrm{S}}[n]\xi_{\mathrm{SP}}\} = \rho_0 d_{\mathrm{SP}}^{-\varphi} P_{\mathrm{S}}[n] \tag{6.28}$$

因此，约束条件（6.8）可写为

$$\frac{1}{N}\sum_{n\in\mathcal{N}}(\rho_0 d_{\mathrm{SP}}^{-\varphi} P_{\mathrm{S}}[n] + P_{\mathrm{U}}[n] g_{\mathrm{UP}}[n]) \leqslant \varepsilon \tag{6.29}$$

4. 优化安全问题

使用式（6.19）、式（6.25）和式（6.29），式（6.10）可以转化为一个安全设计：

$$\mathrm{P3}: \max_{\boldsymbol{q},\boldsymbol{p}} R_{\mathrm{sec}}^{\mathrm{safe}} \triangleq \frac{1}{N}\sum_{n\in\mathcal{N}}(R_{\mathrm{S}}^{\mathrm{LB}}[n] - R_{\mathrm{E}}^{\mathrm{UB}}[n]) \tag{6.30a}$$

$$\text{s.t.}\ (x[1]-x_0)^2+(y[1]-y_0)^2 \leqslant L_{\max}^2 \tag{6.30b}$$

$$(x[n+1]-x[n])^2+(y[n+1]-y[n])^2 \leqslant L_{\max}^2, \forall n\in\mathcal{N} \tag{6.30c}$$

$$(x_f - x[N])^2 + (y_f - y[N])^2 = 0 \tag{6.30d}$$

$$\frac{1}{N}\sum_{n\in\mathcal{N}} P_{\mathrm{U}}[n] \leqslant \overline{P_{\mathrm{U}}} \tag{6.30e}$$

$$0 \leqslant P_{\mathrm{U}}[n] \leqslant P_{\mathrm{U}}^{\max}, \forall n \in \mathcal{N} \tag{6.30f}$$

$$\frac{1}{N}\sum_{n \in \mathcal{N}} P_{\mathrm{S}}[n] \leqslant \overline{P_{\mathrm{S}}} \tag{6.30g}$$

$$0 \leqslant P_{\mathrm{S}}[n] \leqslant P_{\mathrm{S}}^{\max}, \forall n \in \mathcal{N} \tag{6.30h}$$

$$\frac{1}{N}\sum_{n \in \mathcal{N}} (\rho_0 d_{\mathrm{SP}}^{-\varphi} P_{\mathrm{S}}[n] + P_{\mathrm{U}}[n] g_{\mathrm{UP}}[n]) \leqslant \varepsilon \tag{6.30i}$$

我们注意到式（6.30）是对式（6.10）的安全设计，即前者的任何可行点对后者也是可行的，但由于式（6.19）和式（6.25），反之也成立。因此，与式（6.10）相比，式（6.30）提供了一个下界目标，即 $R_{\mathrm{sec}}^{\mathrm{eq}} \geqslant R_{\mathrm{sec}}^{\mathrm{safe}}$。因此，在接下来的章节中，我们将考虑式（6.30）的优化安全问题，而不是式（6.10）。

6.3.2　基于内部逼近的算法

可利用内部逼近方法 [29] 来解决单层优化问题 [即式（6.30）]。通过引入松弛变量 $\boldsymbol{r} \triangleq \{r_{\mathrm{S}}[n], r_{\mathrm{E}}[n]\}_{n \in \mathrm{N}}$，我们将式（6.30）转化为：

$$\mathrm{P4}: \max_{\boldsymbol{q},\boldsymbol{p},\boldsymbol{r}} R_{\mathrm{sec}}^{\mathrm{LB}} \triangleq \frac{1}{N}\sum_{n \in \mathcal{N}} (r_{\mathrm{S}}[n] - r_{\mathrm{E}}[n]) \tag{6.31a}$$

$$\text{s.t.}\ (x[1]-x_0)^2 + (y[1]-y_0)^2 \leqslant L_{\max}^2 \tag{6.31b}$$

$$(x[n+1]-x[n])^2 + (y[n+1]-y[n])^2 \leqslant L_{\max}^2, \forall n \in \mathcal{N} \tag{6.31c}$$

$$(x_f - x[N])^2 + (y_f - y[N])^2 = 0 \tag{6.31d}$$

$$\frac{1}{N}\sum_{n \in \mathcal{N}} P_{\mathrm{U}}[n] \leqslant \overline{P_{\mathrm{U}}} \tag{6.31e}$$

$$0 \leqslant P_{\mathrm{U}}[n] \leqslant P_{\mathrm{U}}^{\max}, \forall n \in \mathcal{N} \tag{6.31f}$$

$$\frac{1}{N}\sum_{n \in \mathcal{N}} P_{\mathrm{S}}[n] \leqslant \overline{P_{\mathrm{S}}} \tag{6.31g}$$

$$0 \leqslant P_{\mathrm{S}}[n] \leqslant P_{\mathrm{S}}^{\max}, \forall n \in \mathcal{N} \tag{6.31h}$$

$$R_{\mathrm{S}}^{\mathrm{LB}}[n] \geqslant r_{\mathrm{S}}[n], \forall n \in \mathcal{N} \tag{6.31i}$$

$$R_{\mathrm{E}}^{\mathrm{UB}}[n] \leqslant r_{\mathrm{E}}[n], \forall n \in \mathcal{N} \tag{6.31j}$$

$$\frac{1}{N}\sum_{n\in\mathcal{N}}(\rho_0 d_{\mathrm{SP}}^{-\varphi}P_{\mathrm{S}}[n]+P_{\mathrm{U}}[n]g_{\mathrm{UP}}[n])\leqslant\varepsilon \tag{6.31k}$$

很容易看出，式（6.31）中的目标函数是一个线性函数。因此，我们集中解决非凸性约束条件（6.31i）～约束条件（6.31k）。

式（6.31i）的凸性：我们引入松弛变量 $z_{\mathrm{S}}[n]$ 和 $t_{\mathrm{S}}[n]$，使得

$$(6.31\mathrm{i})\Leftrightarrow\begin{cases}R_{\mathrm{S}}^{\mathrm{LB}}[n]\geqslant\log_2(1+t_{\mathrm{S}}[n])\geqslant r_{\mathrm{S}}[n] & (6.32\mathrm{a})\\ \dfrac{\mathrm{e}^{-k}\gamma_0 d_{\mathrm{SS}}^{-\varphi}P_{\mathrm{S}}[n]}{\gamma_0 z_{\mathrm{S}}^{-1}[n]P_{\mathrm{U}}[n]+1}\geqslant t_{\mathrm{S}}[n] & (6.32\mathrm{b})\\ (x_{\mathrm{S}}-x[n])^2+(y_{\mathrm{S}}-y[n])^2+H^2\geqslant z_{\mathrm{S}}[n] & (6.32\mathrm{c})\end{cases}$$

我们首先将式（6.32a）转化为线性约束，通过使用 $\log_2(1+t_{\mathrm{S}}[n])$ 的一阶泰勒扩展，在迭代 i 的点 $t_{\mathrm{S}}^{(i)}[n]$ 周围找到其下限，参考文献 [30] 中公式 66：

$$R_{\mathrm{S}}^{(i)}[n]\triangleq a(t_{\mathrm{S}}^{(i)}[n])-b(t_{\mathrm{S}}^{(i)}[n])\frac{1}{t_{\mathrm{S}}[n]}\geqslant r_{\mathrm{S}}[n],n\in\mathcal{N} \tag{6.33}$$

式中，$a(t_{\mathrm{S}}^{(i)}[n])\triangleq\log_2(1+t_{\mathrm{S}}^{(i)}[n])+\log_2(e)\dfrac{t_{\mathrm{S}}^{(0)}[n]}{t_{\mathrm{S}}^{(0)}[n]+1}$，$b(t_{\mathrm{S}}^{(i)}[n])\triangleq\log_2(e)\dfrac{(t_{\mathrm{S}}^{(i)}[n])^2}{t_{\mathrm{S}}^{(i)}[n]+1}$。下一步，将式（6.32b）写为

$$t_{\mathrm{S}}[n](\gamma_0 P_{\mathrm{U}}[n]+z_{\mathrm{S}}[n])\leqslant\mathrm{e}^{-k}\gamma_0 d_{\mathrm{SS}}^{-\varphi}P_{\mathrm{S}}[n]z_{\mathrm{S}}[n] \tag{6.34}$$

并利用不等式

$$xy\leqslant 0.5\left(\frac{y^{(i)}}{x^{(i)}}x^2+\frac{x^{(i)}}{y^{(i)}}y^2\right),x,y\in\mathbb{R}_+,x^{(i)},x^{(i)}>0$$

凸优化式（6.34）为

$$\begin{aligned}&\frac{1}{2}\frac{t_{\mathrm{S}}^{(i)}[n]}{\gamma_0 P_{\mathrm{U}}^{(i)}[n]+z_{\mathrm{S}}^{(i)}[n]}(\gamma_0 P_{\mathrm{U}}[n]+z_{\mathrm{S}}[n])^2+\frac{1}{2}\frac{\gamma_0 P_{\mathrm{U}}^{(i)}[n]+z_{\mathrm{S}}^{(i)}[n]}{t_{\mathrm{S}}^{(i)}[n]}t_{\mathrm{S}}^2[n]+\\&\frac{\mathrm{e}^{-k}\gamma_0 d_{\mathrm{SS}}^{-\varphi}}{4}(P_{\mathrm{S}}[n]-z_{\mathrm{S}}[n])^2\leqslant\frac{\mathrm{e}^{-k}\gamma_0 d_{\mathrm{SS}}^{-\varphi}}{4}((P_{\mathrm{S}}[n]+z_{\mathrm{S}}[n])^2),n\in\mathcal{N}\end{aligned} \tag{6.35}$$

对于约束条件［即式（6.32c）］，我们对其左侧（LHS）应用一阶泰勒展开式，用以下线性约束条件来迭代地替换：

$$\begin{aligned}&(x_{\mathrm{S}}-x^{(i)}[n])^2+2(x^{(i)}[n]-x_{\mathrm{S}})(x[n]-x^{(i)}[n])+(y_{\mathrm{S}}-y^{(i)}[n])^2+\\&2(y^{(i)}[n]-y_{\mathrm{S}})(y[n]-y^{(i)}[n])+H^2\triangleq f_{\mathrm{S}}^{(i)}(x[n],y[n])\geqslant z_{\mathrm{S}}[n],n\in\mathcal{N}\end{aligned} \tag{6.36}$$

式中，$f_{\mathrm{S}}^{(i)}(x[n],y[n])$ 是式（6.32c）的左侧在点 $(x^{(i)}[n],y^{(i)}[n])$ 的一阶近似值。我们很容易看到，式（6.33）、式（6.35）和式（6.36）是二次线性约束。因此，式（6.31c）被转化为凸性约束。

式（6.31j）的凸性：通过引入新的变量 $z_{\mathrm{E}}[n]$、$t_{\mathrm{E}}[n]$、$v[n]$，式（6.31j）可以写为

$$(6.31\mathrm{j}) \Leftrightarrow \begin{cases} R_{\mathrm{E}}^{\mathrm{UB}}[n] \leqslant \log_2(1+t_{\mathrm{E}}[n]) \leqslant r_{\mathrm{E}}[n] & (6.37\mathrm{a}) \\ \dfrac{\gamma_0 d_{\mathrm{SE}}^{-\varphi} P_{\mathrm{S}}[n]}{v[n]+1} \leqslant t_{\mathrm{E}}[n] & (6.37\mathrm{b}) \\ v[n] \leqslant \dfrac{\gamma_0 P_{\mathrm{U}}[n]}{z_{\mathrm{E}}[n]} & (6.37\mathrm{c}) \\ (x_{\mathrm{E}}-x[n])^2+(y_{\mathrm{E}}-y[n])^2+H^2 \leqslant z_{\mathrm{E}}[n] & (6.37\mathrm{d}) \end{cases}$$

可以看出，除了式（6.37d）之外，式（6.37）中所有约束都是非凸的。由于式（6.37a）的左侧是一个凹函数，我们首先在迭代 i 时将其内部近似为一个凸约束，即

$$R_{\mathrm{E}}^{(i)}[n] \triangleq \log_2(1+t_{\mathrm{E}}^{(i)}[n]) + \frac{\log_2(e)(t_{\mathrm{E}}[n]-t_{\mathrm{E}}^{(i)}[n])}{1+t_{\mathrm{E}}^{(i)}[n]} \leqslant r_{\mathrm{E}}[n], n \in \mathcal{N} \tag{6.38}$$

与式（6.35）相似，在点 $(P_{\mathrm{S}}^{(i)}[n],v^{(i)}[n])$ 处，式（6.37b）满足

$$\frac{\gamma_0 d_{\mathrm{SE}}^{-\varphi}}{2}\left(\frac{P_{\mathrm{S}}^2[n]}{P_{\mathrm{S}}^{(i)}[n](v^{(i)}[n]+1)} + \frac{P_{\mathrm{S}}^{(i)}[n](v^{(i)}[n]+1)}{(v[n]+1)^2}\right) \leqslant t_{\mathrm{E}}[n]$$

且可以进一步近似为

$$\frac{\gamma_0 d_{\mathrm{SE}}^{-\varphi}}{2}\left(\frac{P_{\mathrm{S}}^2[n]}{P_{\mathrm{S}}^{(i)}[n](v^{(i)}[n]+1)} + \frac{P_{\mathrm{S}}^{(i)}[n]}{2v[n]-v^{(i)}[n]+1}\right) \leqslant t_{\mathrm{E}}[n], n \in \mathcal{N} \tag{6.39}$$

这是一个凸约束，其中 $(v[n]+1)^2$ 在 $(v^{(i)}[n]+1)(2v[n]-v^{(i)}[n]+1)$ 中的下限为 $2v[n]-v^{(i)}[n]+1>0$。约束条件［即式（6.37c）］等同于 $v[n]z_{\mathrm{E}}[n] \leqslant \gamma_0 P_{\mathrm{U}}[n]$，与式（6.35）相似，我们有

$$\frac{1}{2}\left(\frac{z_{\mathrm{E}}^{(i)}[n]}{v^{(i)}[n]} v^2[n] + \frac{v^{(i)}[n]}{z_{\mathrm{E}}^{(i)}[n]} z_{\mathrm{E}}^2[n]\right) \leqslant \gamma_0 P_{\mathrm{U}}[n], n \in \mathcal{N} \tag{6.40}$$

约束即式（6.31k）：首先将式（6.31k）写为

$$(6.31\mathrm{k}) \Leftrightarrow \begin{cases} \dfrac{1}{N}\displaystyle\sum_{n\in\mathcal{N}}\left(\rho_0 d_{\mathrm{SP}}^{-\varphi} P_{\mathrm{S}}[n] + \rho_0 \frac{P_{\mathrm{U}}[n]}{z_{\mathrm{P}}[n]}\right) \leqslant \varepsilon & (6.41\mathrm{a}) \\ (x_{\mathrm{P}}-x[n])^2+(y_{\mathrm{P}}-y[n])^2+H^2 \geqslant z_{\mathrm{P}}[n] & (6.41\mathrm{b}) \end{cases}$$

式中，$z_{\mathrm{P}}[n]$是新的变量。与式（6.39）步骤相同，约束条件（6.41a）被凸化为

$$\frac{1}{N}\sum_{n\in\mathcal{N}}\left(\rho_0 d_{\mathrm{SP}}^{-\varphi}P_{\mathrm{S}}[n]+\frac{\rho_0}{2}\left[\frac{P_{\mathrm{U}}^2[n]}{P_{\mathrm{U}}^{(i)}[n]z_{\mathrm{P}}^{(i)}[n]}+\frac{P_{\mathrm{U}}^{(i)}[n]}{2z_{\mathrm{P}}[n]-z_{\mathrm{P}}^{(i)}[n]}\right]\right)\leqslant\varepsilon \tag{6.42}$$

最后，约束条件（6.41b）在可近似为

$$\begin{aligned}&(x_{\mathrm{P}}-x^{(i)}[n])^2+2(x^{(i)}[n]-x_{\mathrm{P}})(x[n]-x^{(i)}[n])+\\&(y_{\mathrm{P}}-y^{(i)}[n])^2+2(y^{(i)}[n]-y_{\mathrm{P}})(y[n]-y^{(i)}[n])+\\&(h_{\mathrm{P}}-h^{(i)}[n])^2+2(h^{(i)}[n]-h_{\mathrm{P}})(h[n]-h^{(i)}[n])\\&\triangleq f_{\mathrm{P}}^{(i)}(x[n],y[n])\geqslant z_{\mathrm{P}}[n],n\in\mathcal{N}\end{aligned} \tag{6.43}$$

通过结合上述所有推导，我们在迭代（i+1）时解决以下近似凸规划：

$$\mathrm{P5}:\max_{\boldsymbol{q},\boldsymbol{p},\boldsymbol{r}} R_{\mathrm{sec}}^{\mathrm{LB}}\triangleq\frac{1}{N}\sum_{n\in\mathcal{N}}(r_{\mathrm{S}}[n]-r_{\mathrm{E}}[n]) \tag{6.44a}$$

$$\text{s.t.}\ (x[1]-x_0)^2+(y[1]-y_0)^2\leqslant L_{\max}^2 \tag{6.44b}$$

$$(x[n+1]-x[n])^2+(y[n+1]-y[n])^2\leqslant L_{\max}^2,\forall n\in\mathcal{N} \tag{6.44c}$$

$$(x_f-x[N])^2+(y_f-y[N])^2=0 \tag{6.44d}$$

$$\frac{1}{N}\sum_{n\in\mathcal{N}}P_{\mathrm{U}}[n]\leqslant\overline{P_{\mathrm{U}}} \tag{6.44e}$$

$$0\leqslant P_{\mathrm{U}}[n]\leqslant P_{\mathrm{U}}^{\max} \tag{6.44f}$$

$$\frac{1}{N}\sum_{n\in\mathcal{N}}P_{\mathrm{S}}[n]\leqslant\overline{P_{\mathrm{S}}} \tag{6.44g}$$

$$0\leqslant P_{\mathrm{S}}[n]\leqslant P_{\mathrm{S}}^{\max} \tag{6.44h}$$

式中，$\boldsymbol{z}\triangleq\{z_{\mathrm{S}}[n],z_{\mathrm{P}}[n],z_{\mathrm{E}}[n]\}_{n\in\mathcal{N}}$，$\boldsymbol{t}\triangleq\{t_{\mathrm{S}}[n],t_{\mathrm{E}}[n]\}_{n\in\mathcal{N}}$，$\boldsymbol{v}\triangleq\{v[n]\}_{n\in\mathcal{N}}$。令$\boldsymbol{\Psi}^{(i)}\triangleq\{x^{(i)}[n],y^{(i)}[n],h^{(i)}[n],P_{\mathrm{S}}^{(i)}[n],P_{\mathrm{U}}^{(i)}[n],r_{\mathrm{S}}^{(i)}[n],r_{\mathrm{E}}^{(i)}[n],z_{\mathrm{S}}^{(i)}[n],z_{\mathrm{P}}^{(i)}[n]$，$z_{\mathrm{E}}^{(i)}[n],t_{\mathrm{S}}^{(i)}[n],t_{\mathrm{E}}^{(i)}[n],v^{(i)}[n]\},n\in\mathcal{N}$，成为所有常量值的集合，这些常量值在每次迭代后应被更新。从一个可行的点$\boldsymbol{\Psi}(0)$开始，我们求解式（6.44）并更新所涉及的变量，直到满足停止标准。所提出的解决式（6.30）的算法详见算法6.1。

收敛性分析：非凸约束的近似值{式（6.31i），式（6.31j），式（6.31k）}满足参考文献[29]中提出的IA方法的特性，即所提出的用于解决式（6.44）的算法6.1产生了一个非递减的目标值序列（即$R_{\mathrm{sec}}^{\mathrm{LB},(i)}\geqslant R_{\mathrm{sec}}^{\mathrm{LB},(i-1)}$），式（6.30）中的约束条件可证明

其是单调收敛的。我们可以检查在每个迭代（即算法 6.1 的步骤 4）得到的解决方案满足式（6.44）的 Karush-Kuhn-Tucker（KKT）条件，即只要 $\boldsymbol{\Psi}^{(i)}=\boldsymbol{\Psi}^{(i-1)}$（参考文献 [29] 的定理 1），式（6.44）的 KKT 条件也与式（6.30）的条件相同。

算法 6.1：解决式（6.30）的迭代算法

1：**初始化**：令 $i:=0$，并为约束 (44) 生成一个初始可行点 $\boldsymbol{\Psi}^{(0)}$

2：**重复**

3：　令 $i:=i+1$；

4：　求解式（6.44）找到最优解 $\boldsymbol{\Psi}^{(*)}\triangleq(\boldsymbol{q}^{(*)},\boldsymbol{p}^{(*)},\boldsymbol{r}^{(*)},\boldsymbol{z}^{(*)},\boldsymbol{t}^{(*)},\boldsymbol{v}^{(*)})$；

5：　更新 $\boldsymbol{\Psi}^{(i)}:=\boldsymbol{\Psi}^{(*)}$；

6：**直到** $\dfrac{R_{\text{sec}}^{\text{LB},(i)}-R_{\text{sec}}^{\text{LB},(i-1)}}{R_{\text{sec}}^{\text{LB},(i-1)}}\leqslant\epsilon_{\text{tol}}$

6.4 数值结果

在本节中，我们使用计算机仿真来评估系统性能。重要的参数在表 6.1 中提供。二级发射器、二级接收器和主接收器的位置分别设置为（0，0，0）、（300，0，0）和（0，250，0）。无人机以固定高度 H=100m 从初始位置（–100，200，100）飞到最终位置（500，200，100）。假设窃听者的位置在（150，250，0）。我们将窃听者放置在比二级接收器更靠近二级发射器的位置来证明使用基于无人机的干扰噪声的有效性。其他参数在图中的说明中给出。

表 6.1 仿真参数

参数	值	参数	值
系统带宽	10MHz	无人机的功率预算 $P_{\text{U}}^{\max}$	4dBm
主接收器平均干扰功率的阈值 ε	–20dBm	二级发射器的平均功率限制 $\bar{P}_{\text{S}}$	$P_{\text{S}}^{\max}$ /2
噪音功率 σ^2	–70dBm	无人机的平均功率限制 $\bar{P}_{\text{U}}$	$P_{\text{U}}^{\max}$ /2
路径损失指数 φ	3	无人机高度 H	100m
时段个数 N	500	无人机的最大速度 $V_{\max}$	10m/s
参考距离下的信道功率增益 ρ_0	10dB	容错阈值 ϵ_{tol}	10^{-3}
二级发射器的功率预算 $P_{\text{S}}^{\max}$	40dBm		

为了进行比较，我们考虑以下四种方案。

（1）算法 6.1。

（2）固定功率：该方案的解也是通过算法 6.1 得到的，其中二级发射器和无人机在每个时段的发射功率分别固定为 $\overline{P_{\text{S}}}$ 和 $\overline{P_{\text{U}}}$ [26-28]。

（3）直线轨迹：根据算法 6.1，无人机的轨迹被设定为从初始位置到最终位置的直线飞行[25-27]；

（4）无干扰噪声：在算法 6.1 下，$P_U[n]$ 被设置为 0（即不使用无人机）[26, 27]，n 为任意值。

图 6.2 描述了不同方法的平均保密率与飞行时间段 $T \in [0, 500s]$ 的关系。“无干扰噪声”方案无法提供一个正的平均保密率，因为二级发射器 – 窃听者链路的信道质量比二级发射器 – 二级接收器链路的信道质量好。该结果进一步证实了使用基于无人机的干扰噪声的重要性。正如预期，其他方案的保密率随着 T 的增加而增加。很明显，无人机轨迹的优化对于无人机找到干扰窃听者的最佳位置至关重要，这一点从“算法 6.1”和“固定功率”与“直线轨迹”方法的平均保密率可以看出。总的来说，算法 6.1 的无人机轨迹和功率联合控制方法在所有 T 范围内都能获得最佳的保密率。“直线轨迹”方案的缺点是没有联合优化轨迹，因此无人机不能飞到最佳位置向窃听者发射干扰噪声，而“固定功率”方案的局限性是二级发射器和无人机不能将其发射功率调整到最优。

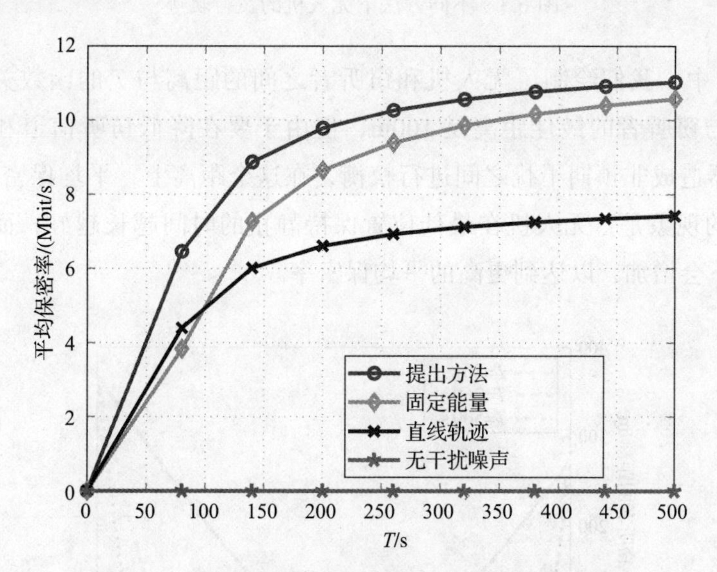

图 6.2　不同方法的平均保密率与飞行时间段的关系

图 6.3 展示了不同方法下无人机的飞行轨迹。除了直线轨迹方案外，其他轨迹都很相似，因为只要满足主接收器处的平均干扰功率，无人机就会倾向于向窃听者靠近（但远离二级接收器以避免强干扰），并在其上方静止盘旋，发射干扰噪声。此外，当时间周期 T 增加时，无人机有更多的时间停留在最佳位置上进行干扰，这带来了

更高的保密率，如图 6.2 所示。

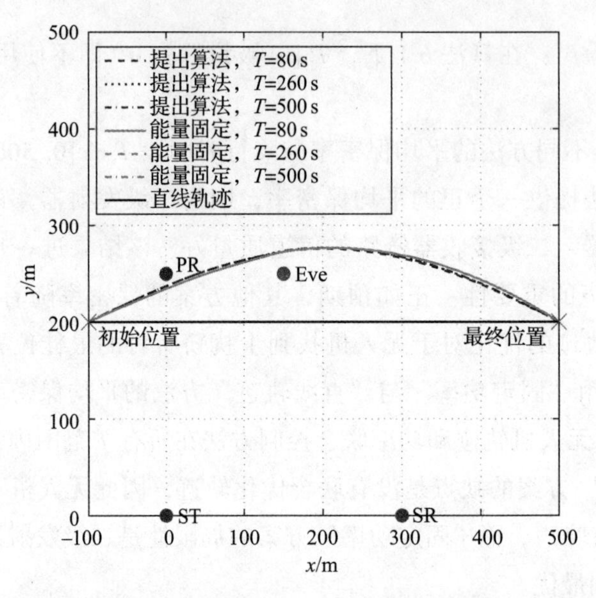

图 6.3　不同方法下无人机的飞行轨迹

在图 6.4 中，我们绘制了无人机和窃听者之间的距离与 T 的函数关系。直观地说，无人机与窃听者的最佳距离是 100m，但由于要在降低窃听信道和对二级接收器与主接收器造成非预期干扰之间进行权衡，在这个距离上，平均保密率是最大的。另一个有趣的现象是，无人机在最佳位置保持静止的时间越长越好，而且这个时间在较大的 T 下会增加，以达到更高的平均保密率。

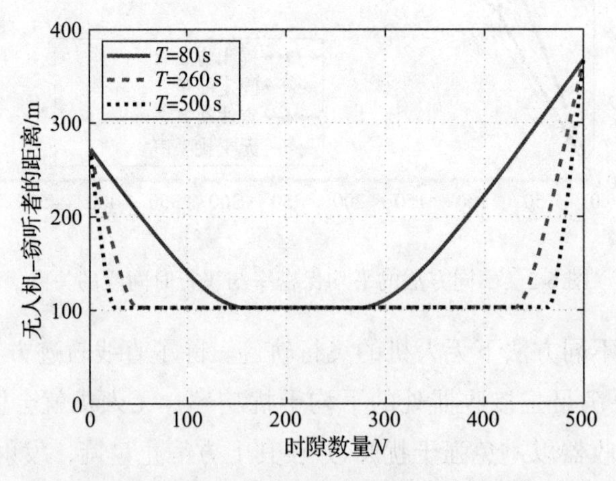

图 6.4　无人机与窃听者之间的距离与 T 的函数关系

图 6.5a 显示了算法 6.1 在 T=500 s 时（ε= – 20 dBm）的收敛行为，其中收敛的容错阈值被设定为 $\epsilon_{\text{tol}}=10^{-3}$。由图可知，所提出的算法在每次迭代时都会单调地提高平均保密率。算法 6.1 只需要大约 8 次迭代就能达到最佳保密率，这对其他设置来说也是典型的。

最后，我们在图 6.5b 中显示了 PR 处的平均干扰功率阈值在不同迭代次数中对二级系统平均保密率的影响。由图可知，降低平均干扰功率阈值 ϵ 会降低平均保密率。平均干扰功率阈值越高，性能越好。这是因为在这种情况下，无人机可以更容易地飞到最佳位置，并且无人机和二级发射器可以使用更高的发射功率。

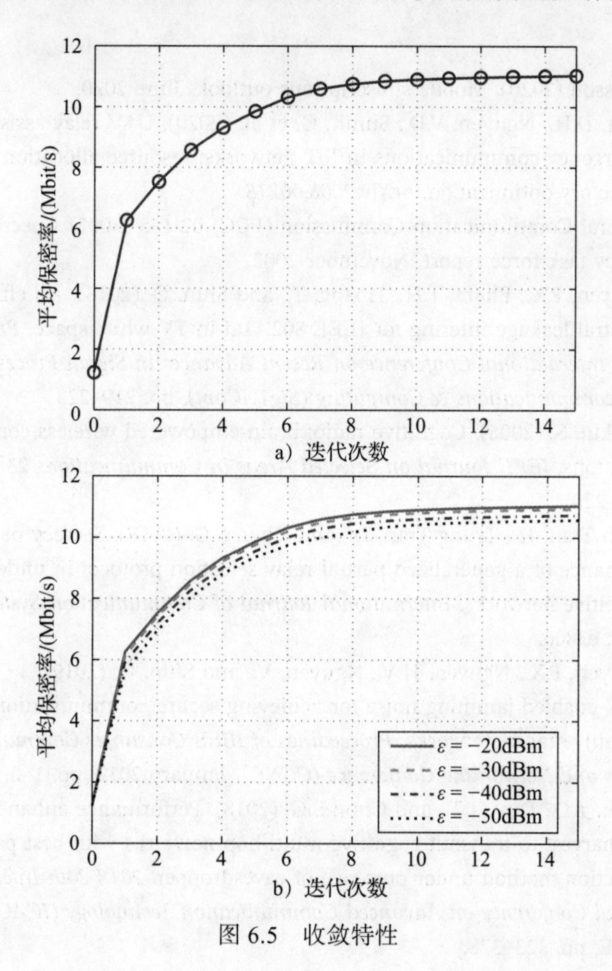

图 6.5　收敛特性

6.5　总结

在本章中，我们研究了认知无线电网络平均保密率最大化的问题。在主接收器的平均干扰功率约束和发射器的发射功率约束下，功率问题（二级发射器和无人机）是非凸的。为了解决这个问题，我们首先将其转化为一个可操作的形式或一个安全的设计，然后提出一个内部逼近算法。我们证明该问题可以被近似为一个凸方案序列，使用现有的求解器可以有效解决。所提出算法在平均保密率方面优于所有现有的解决方案，并且只需要几次迭代就能收敛。数值结果显示，与其他设计相比，联合优化发射器的发射功率和无人机的飞行轨迹可以显著提高二级系统的平均保密率。

参考文献

1 Ericsson (2020). Mobile subscriptions outlook, June 2020.

2 Tran, D.H., Nguyen, V.D., Sumit, G. et al. (2020). UAV relay-assisted emergency communications in IoT networks: resource allocation and trajectory optimization. *arXiv:2008.00218*.

3 Federal Communication Commission (FCC) 02-155 (2002). Spectrum policy task force report, November 2002.

4 Nguyen, P.X., Pham, T.H., Hoang, T., and Shin, O. (2018). An efficient spectral leakage filtering for IEEE 802.11af in TV white space. *Proceedings International Conference on Recent Advances in Signal Processing, Telecommunications & Computing (SigTelCom)*, pp. 219–223.

5 Haykin, S. (2005). Cognitive radio: brain-empowered wireless communications. *IEEE Journal on Selected Areas in Communications* 23 (2): 201–220.

6 Dinh Tran, H., Trung Tran, D., and Choi, S.G. (2018). Secrecy performance of a generalized partial relay selection protocol in underlay cognitive networks. *International Journal of Communication Systems* 31 (17): e3806.

7 Nguyen, P.X., Nguyen, H.V., Nguyen, V., and Shin, O. (2019). UAV-enabled jamming noise for achieving secure communications in cognitive radio networks. *Proceedings of IEEE Consumer Communications and Networking Conference (CCNC)*, January 2019, pp. 1–6.

8 Hieu, T.D., Duy, T.T., and Choi, S.G. (2018). Performance enhancement for harvest-to-transmit cognitive multi-hop networks with best path selection method under presence of eavesdropper. *2018 20th International Conference on Advanced Communication Technology (ICACT)*, IEEE, pp. 323–328.

9 Tragos, E.Z., Zeadally, S., Fragkiadakis, A.G., and Siris, V.A. (2013). Spectrum assignment in cognitive radio networks: a comprehensive survey. *IEEE Communication Surveys and Tutorials* 15 (3): 1108–1135.

10 Shu, Z., Qian, Y., and Ci, S. (2013). On physical layer security for cogni-

tive radio networks. *IEEE Network* 27 (3): 28–33.

11 Nguyen, V.-D., Duong, T.Q., Dobre, O.A., and Shin, O.-S. (2016). Joint information and jamming beamforming for secrecy rate maximization in cognitive radio networks. *IEEE Transactions on Information Forensics and Security* 11 (11): 2609–2623.

12 Nguyen, V.-D., Duong, T.Q., Shin, O.-S. et al. (2017). Enhancing PHY security of cooperative cognitive radio multicast communications. *IEEE Transactions on Cognitive Communications and Networking* 3 (4): 599–613.

13 Zou, Y., Wang, X., and Shen, W. (2013). Physical-layer security with multiuser scheduling in cognitive radio networks. *IEEE Transactions on Communications* 61 (12): 5103–5113.

14 Zou, Y., Zhu, J., Yang, L. et al. (2015). Securing physical-layer communications for cognitive radio networks. *IEEE Communications Magazine* 53 (9): 48–54.

15 Wyner, A.D. (1975). The wire-tap channel. *The Bell System Technical Journal* 54 (8): 1355–1387.

16 Wu, Y., Schober, R., Ng, D.W.K. et al. (2016). Secure massive MIMO transmission with an active eavesdropper. *IEEE Transactions on Information Theory* 62 (7): 3880–3900.

17 Nguyen, V.-D., Nguyen, H.V., Dobre, O.A., and Shin, O.-S. (2018). A new design paradigm for secure full-duplex multiuser systems. *IEEE Journal on Selected Areas in Communications* 36 (7) 1480–1498.

18 Bassily, R., Ekrem, E., He, X. et al. (2013). Cooperative security at the physical layer: a summary of recent advances. *IEEE Signal Processing Magazine* 30 (5): 16–28.

19 Zeng, Y., Zhang, R., and Lim, T.J. (2016). Wireless communications with unmanned aerial vehicles: opportunities and challenges. *IEEE Communications Magazine* 54 (5): 36–42.

20 Tran, D.H., Vu, T.X., Chatzinotas, S. et al. (2020). Coarse trajectory design for energy minimization in UAV-enabled. *IEEE Transactions on Vehicular Technology* 69 (9): 9483–9496.

21 Zeng, Y., Zhang, R., and Lim, T.J. (2016). Throughput maximization for UAV-enabled mobile relaying systems. *IEEE Transactions on Communications* 64 (12): 4983–4996.

22 Sotheara, S., Aso, K., Aomi, N., and Shimamoto, S. (2014). Effective data gathering and energy efficient communication protocol in wireless sensor networks employing UAV. *2014 IEEE Wireless Communications and Networking Conference (WCNC)*, April 2014, pp. 2342–2347.

23 Tran-Dinh, H., Vu, T.X., Chatzinotas, S., and Ottersten, B. (2019). Energy-efficient trajectory design for UAV-enabled wireless communications with latency constraints. *2019 53rd Asilomar Conference on Signals, Systems, and Computers*, pp. 347–352.

24 Xie, P., Zhang, M., Zhang, G. et al. (2018). On physical-layer security for primary system in underlay cognitive radio networks. *IET Networks* 7 (2): 68–73.
25 Wang, Q., Chen, Z., Mei, W., and Fang, J. (2017). Improving physical layer security using UAV-enabled mobile relaying. *IEEE Wireless Communications Letters* 6 (3): 310–313.
26 Li, A., Wu, Q., and Zhang, R. (2018). UAV-enabled cooperative jamming for improving secrecy of ground wiretap channel. *IEEE Wireless Communications Letters* 8 (1) 181–184.
27 Zhang, G., Wu, Q., Cui, M., and Zhang, R. (2017). Securing UAV communications via trajectory optimization. *Proceedings of IEEE Global Communications (IEEE GLOBECOM)*, Singapore, December 2017, pp. 1–6.
28 Lee, H., Eom, S., Park, J., and Lee, I. (2018). UAV-aided secure communications with cooperative jamming. *IEEE Transactions on Vehicular Technology* 67 (10)9385–9392.
29 Marks, B.R. and Wright, G.P. (1978). A general inner approximation algorithm for nonconvex mathematical programs. *Operations Research* 26 (4): 681–683.
30 Nguyen, V.-D., Tuan, H.D., Duong, T.Q. et al. (2017). Precoder design for signal superposition in MIMO-NOMA multicell networks. *IEEE Journal on Selected Areas in Communications* 35 (12): 2681–2695.

空中移动网络的智能反射面辅助定位技术

7.1 引言

用户数量及提供超可靠低延迟通信（URLLC）的 5G 网络覆盖面积的增加，为改善健康、农业和运输等方面的应用带来了一些机会。5G 的关键使能技术（如物联网等）设想了在实现大规模设备连接的同时，保证关键的性能指标满足要求（如低延迟、高数据率、高可靠性）。频谱资源的限制推动了对 30 ～ 300 GHz 毫米波频段内新频谱的探索。近年来，基于无人机的基站已被用来协助传统的蜂窝网络，特别是用于灾区的场景。

无人机基站拥有在三维空间移动的能力，使其成为按需部署的合适选项。当蜂窝网络因需求量大而堵塞或出现连接问题的情况下，可以部署无人机基站以满足服务需求。无人机基站的部署可以帮助分担蜂窝网络的负担，为用户提供服务。然而，无人机的运行也具有相关限制，其中最关键的是电池供电时间。无人机基站在运行一段时间后必须进行补能，这可能会影响到网络传输的可持续性。此外，无人机基站采用的频段选择对于避免干扰非常重要。考虑到利用无人机基站相关的挑战，研究界对从不同角度分析无人机基站的运行并确保其满足 5G 及超越 5G（B5G）技术的性能标准有相当大的兴趣。

7.1.1 相关工作

最近，人们对智能反射面（IRS）进行了探索，其目的是提供智能无线连接。设备数量的增长以及对延迟和速率的严格要求，凸显了在不同网络环境下改善链路质量的需求。基站已经利用了多输入多输出（MIMO）等技术来优化传输效率并提供传输多样性。然而，具有不同因素（如反射、衍射和散射）的传播环境具有随机性，无法通过基站的操作优化进行有效管理。智能反射面提供了协助传输的机会，这是因为它们是可重新配置的，可以通过不同的功能（如反射、吸收和相变等），来改进性能。智能反射面是具有多个散射元素的薄片，其中反射面的智能是指对所有散射元素的相位控制，以实现所需的操作。对电磁（EM）波的操作可以通过管理每个波的相位来避免干扰引起的破坏性互动，或者通过多路径的建设性互动来增强信号强度[1]。

在本章中，我们探讨了可实现定位的、涉及无人机和智能反射面的网络框架。设备的定位是保证可靠连接的关键信息之一。为了确保点对点链接的可靠性，我们对无线传感器网络的定位进行了探索，同时也提出了几种方法来提高定位的准确性。在提高链接质量的研究中，位置信息对网络规划和动态资源分配非常重要。定位过程包括收集位置信息和根据不同的参数来估计位置[2]。在涉及移动网络的环境中 [如车对车（V2V）网络]，定位的重要性就更大了。这种网络的动态性质使得定位信息在维持较强的发射器 – 接收器链路方面变得非常关键。

7.1.2 无人驾驶航空器

在蜂窝网络无法进入或无法满足日益增长的需求的地区，可以通过无人机改善网络质量。无人机基站可以用来分担与蜂窝网络连接的工作。在由于物理结构难以建立视线（LoS）链接的情况下，无人机基站的应用十分重要。无人机基站可以调整其位置以提供最佳的连接，并协助面临联网问题的用户。无人机基站可以通过避免覆盖漏洞来改善网络覆盖。无人机也可以作为地面站的中继站[3]。

由于电池资源的限制，能源效率（EE）通信是与无人机基站相关的关键指标之一。为了延长飞行时间，研究人员已经为无人机基站提出了几种能源效率优化算法。即优化无人机基站的发射功率，并通过调度以确保能源效率。无人机基站的轨迹直接影响了网络的可靠性和延迟性能。对上述因素的联合优化可以确保网络的无缝连接，有助于实现超越 5G 的性能指标。根据服务要求，可以在一个地区部署多个无人机基站来提供连接[4]。

空间运动和可携带小型发射器 / 接收器天线的能力使无人机基站可以实现上行和下行的传输[5]。无人机基站的轨迹优化可以影响网络吞吐量和能源利用率。抗干扰性能是很重要技术指标，特别是对于存在多个发射器的场景。为了提高传输的可靠性，研究人员已经提出了干扰抑制技术。由于主视线链路的存在，无人机基站可能会遭受来自地面基站更强的干扰信号。用于传统蜂窝网络的干扰抑制技术可能不适合于基于无人机的网络 [6]。无人机的规划部署可以根据地面上需要连接设备的密度来进行。总而言之，无人机基站对支持蜂窝网络和实现不同的应用有很大的帮助 [7]。

7.1.3 智能反射面

智能（可重构）反射面可以帮助点对点通信，特别是在因物理障碍而不能建立视线链接的情况下。在更高的频段（如毫米波）下，智能反射面具有更高的重要性，因为在这些频段需要高指向性的链接，任何物理障碍物都会阻碍传输的进行。智能反射面可以帮助建立一个非视线链接，并为传输提供备用路径。智能反射面是一个反射元件的平面阵列，其中的元件是可重新配置的。重新配置可以通过一个控制器进行，它改变了智能反射面的表面阻抗，可以改变反射电磁波的相位 [8]。

智能反射面中的元素可以引入相位偏移，有助于克服传播环境的限制，即利用多路径来提高接收信号强度（RSS）[9]。智能反射面的优点还包括增加了整体覆盖面积和信号强度。由于需要较低的发射功率，智能反射面也可以提高能源效率 [8]。智能反射面的条状设计使其成为部署在室内和室外网络的合适选项。参考文献 [10-11] 中出现了一些侧重于优化智能反射面参数的工作，以接收信号强度并降低整体能耗。利用智能反射面实现延迟最小化也是一个关键的研究问题，特别是在满足 5G 网络的超可靠低延迟通信要求方面。智能反射面的吸收功能特别有助于引入物理层安全 [12]，避免信息传递给窃听节点 [13]。

智能反射面的操作与中继相同，但与中继相比，智能反射面拥有不同的能力。智能反射面不能像传统阵列那样放大信号，但它可以利用阵列的功率增益来增强接收器的信号强度。与传统继电器相比，智能反射面在信噪比（SNR）方面实现了性能的提升 [14]。利用智能反射面的挑战之一是收集信道状态信息（CSI），因为需要信道状态信息才能从智能反射面提供的波束成形增益中受益。然而，信道状态信息在处理方面的成本很高，因此需要尽量减少开销 [15]。

7.2 空中网络中的智能反射面

智能反射面在空中平台上的部署吸引了学术界和工业界的兴趣，这是因为它有可能提供更广的覆盖范围和更高的通信可靠性，以及一种低成本的网络密集化方法。部署智能反射面技术以支持未来的空中无线网络，预计将通过两个方法来实现：第一，整合智能反射面与航空平台，这可以通过一些基于平台形状的方法完成；第二，空中无线网络可以由建筑外墙的智能反射面来支持，并且可以通过远程编程或由基站实时配置 [16]。

7.2.1 集成智能反射面的空中网络

由于航空平台的先进特性和智能反射面性能，我们设想集成航空平台与智能反射面。这可以通过在平台底部安装智能反射面，并将其作为一个独立的水平面来实现 [17]。信道状态信息的可用性和智能反射面的准确配置对于正确执行通信功能至关重要。在这种情况下，可以存在两个层面的控制，即地面控制站和空中无线平台的管理控制。

地面控制站的基本元素是处理单元，其作用是分析从空中平台传来的数据，以及在与地面基站和 / 或网关进行信息交换中获得的访问控制和用户定位信息。该处理单元还负责联合管理空中平台的飞行和通信功能。此外，它估计用户和空中平台之间的信道状态信息和到达角（AoA），以提供最优的智能反射面配置参数 [17]。

空中无线平台的控制器预计将由两个单元组成，即飞行控制单元和智能反射面控制单元。前者根据从地面站收到的指令保持平台稳定。后者将收到的优化后的智能反射面配置转化为开关控制激活图，并将其应用于智能反射面以操纵入射信号。本节将讨论在未来空中平台上集成智能反射面的三个潜在应用。

1. 在高空平台站中集成智能反射面以支持偏远地区

高空平台站（HAPS）作为可行的空中网络组件，在通信网络中使用具有成本效益的技术和材料连接远程用户 [18]。高空平台站是准静态节点，在平流层中相对于地球的一个固定点运行。由于高空平台站由适合容纳太阳能电池板薄膜的大表面组成，因此，为其提供能源的主要手段是太阳能与能量储存。高空平台站能量的消耗主要产生在执行“推进”“稳定”和“通信”操作。在某些应用场景中还增加了其他形式的电源，但是，这对特定的操作可能还是不够的。尽管如此，高空平台站的能源效率仍然被认为是一个开放的研究问题，因为它直接影响了飞行时间。除了能源消耗外，在设计高空平台站部署时还应考虑可靠的通信和轻量的有效载荷。

集成智能反射面的高空平台站用于偏远地区基站的无线流量回程中。在这种情况下，用户集群的流量由基站处理并传输到高空平台站。然后，通过智能反射面接收到的信号被自适应地反射到核心网络中的一个信关站方向。如果信关站不在高空平台站的覆盖范围内，智能反射面可以被重新配置，将信号反射到附近的高空平台站，而高空平台站则以多跳的方式协助信号传输。在高空平台站中集成智能反射面的好处有三点：1）信号以近乎无源的方式被反射，减少了通信功能所需的功耗；2）智能反射面由轻薄的材料制成，因此有效载荷更轻；3）由于通信部件和有效载荷的减少，稳定所需的能量最小。此外，与传统的高空平台站相比，由于智能反射面中嵌入了低功耗的开关，集成智能反射面的高空平台站在实现提高能源效率方面有很大的前景 [19]。

2. 将智能反射面整合到无人机上以支持地面网络

智能反射面在敏捷性、灵活性和快速部署方面的优势可以在无人机辅助的地面蜂窝网络中以成本效益的方式得到体现。更具体地说，通过在无人机群上安装智能反射面，可以在地面基站和隔离用户之间形成一个中间反射层。这不仅能使形成的智能反射面层有一个平稳的机械运动，而且还提供了一个数学手段来调整入射在智能反射面上的信号。这使得网络中的覆盖漏洞得以减少，运营商的单用户收入得以提高。

智能反射面与无人机的整合也被设想为一个潜在解决方案，以解决未来在更高频率下运行的通信网络，如毫米波和自由空间光通信（FSO）中的信号阻塞问题 [20]。在这种情况下，装有智能反射面的无人机可以提供 360° 的信号反射方式。与地面智能反射面相比，装了智能反射面的无人机可以减少反射的数量。此外，安装了智能反射面的无人机可以通过向高负荷的地面基站提供新的信号，从而降低部分地区流量的拥挤程度。

信号接收的可靠性可以通过集成了智能反射面的无人机群得到明显改善。这是因为带有智能反射面的无人机通过空间分集提供了一个有效的机制来对抗信道损伤。在这种设置中，用户通过无人机群的多次反射而产生的多个传输路径接收其目标信号的多个副本。由于多个独立的信息流可以由安装在无人机上的智能反射面传输，然后由用户检索，因此网络中的数据吞吐量可以得到明显的改善。同样值得注意的是，智能反射面的信号吸收功能可以被用来给无人机充电。

3. 智能反射面与系留气球的集成，为地面 / 空中用户提供支持

系留无人机可以克服传统无人机的缺点 [21]。这些缺点包括由于其有限的机载能源而适合短期部署，以及无线回程的有限可靠性和容量。相反，系留无人机享有更长的飞行时间和可靠的回程链路，因为系留无人机同时提供电力和数据。然而，与非系留无人机相比，系留无人机的部署和运行成本较高，因为其能源消耗更高。

作为一个具有成本效益的替代方案，建议将智能反射面整合到系留气球中，作为一个无线接入点，以提高城市用户的连接和容量 [17]。在这种情况下，设想安装在气球上的智能反射面产生不同方向的多个波束，为多个用户提供服务，从而通过为用户引入许多近场强 LoS 链接来提高系统的频谱效率。此外，与采用下倾式天线的地面基站不同，智能反射面与系留气球的整合能够为无人机用户提供可靠的连接，从而增强网络密度。

7.2.2　智能反射面辅助的空中网络

由于智能反射面辅助的通信可以极大地改善现有无线网络的覆盖范围和容量，人们对研究部署基于智能反射面辅助的空对地通信越来越感兴趣。可以给智能反射面设定适当的相位偏移，将基站信号反射到目标无人机上，反之亦然。

最近的一项研究表明，智能反射面是增强无人机蜂窝通信的潜在候选者。目前为了更好地为地面用户服务性能，对基站天线的下倾角进行了优化，这使得无人机信号的强度很差 [22]。在这个框架中，安装在建筑物外墙的智能反射面可以由蜂窝基站远程配置，将反射的电磁波连续发射给特定的无人机，这可以有效增加它们的接收信号强度。下行链路（基站到无人机）的状态说明，可以通过一个小的智能反射面贴片有效增强飞行在天线上方的无人机接收到的信号强度。此外，优化后的智能反射面部署高度和无人机到基站的距离，可以使智能反射面的增益最大化。这是一个可行性较高的改善蜂窝网络覆盖及无人机吞吐量的方案。

智能反射面辅助已被证明可以大幅提升在复杂城市环境中运行的基于无人机的通信系统的通信质量。在该环境中，无人机和地面用户之间的视线链路可能被阻断，导致信道质量严重恶化。为此，移动无人机沿其规划的轨迹与地面用户进行通信，其发射的信号通过智能反射面反射给用户 [23]。研究表明，无人机轨迹和无源波束赋形的联合设计可以提高最大平均可实现速率，这主要受制于无人机的移动性约束和智能反射面的相移约束。

此外，可以引入智能反射面以协助服务多个地面用户的无人机 [24]。特别地，由安装在建筑物表面的、由智能反射面提供的无源波束赋形可以反射从无人机发射的信号。这使得通过联合优化无人机轨迹和资源分配，可以同时满足单用户的最低数据率要求及智能反射面的能量预算，并实现系统总功耗的高灵活性调整。与无智能反射面的传统无人机网络相比，这种拓扑结构可以增加总电力的节省量。

智能反射面的部署可以用于改善空中－地面多用户系统的通信质量[25]。这可以通过联合优化智能反射面的相移和无人机的轨迹来实现，以最大限度地提高总和率。在这种情况下，部署在建筑物外墙的智能反射面通过解决空中－地面通信中视线信道阻塞来改善信号传播环境。

7.3　带有智能反射面的无人机定位

如 7.2 节所述，在多种情况下使用智能反射面为数据传输和有效的用户管理开辟了多个研究方向。在移动网络中，用户和移动基站的定位对于实现数据传输是必不可少的。在这方面，本节开发了一个系统模型来设计增强型智能反射面的定位系统。该模型包括高定位精度的智能反射面、作为全向无线信号源的 5G 小基站（SC），以及根据从小基站接收的功率强度和从智能反射面接收的反射功率强度计算无人机到达指定地点的到达时间（ToA）及接收信号强度的定位算法。

为了在用户设备（UE）上唯一地识别传入信号的来源，我们建议在下行方向上利用正交频分复用（OFDM）模块的导频载波。参考文献 [26–27] 中提出了一个类似的概念，即在上行链路传输中利用导频载波进行信道估计和反射优化。我们考虑在下行链路方向采用类似的技术，建议在导频载波中加入智能反射面的相移。如图 7.1 所示，考虑一个任意的反射单元 $l \in \boldsymbol{M}$，其反射系数由 $\phi_l = \beta_l \mathrm{e}^{\mathrm{i}\theta_l}$ 给出；反射单元的相位移动为 $\theta_l = \dfrac{2\pi}{L}$，其中 L 为智能反射面的总数；当收到该导频信号时，用户设备将能够识别该信号的反射面。

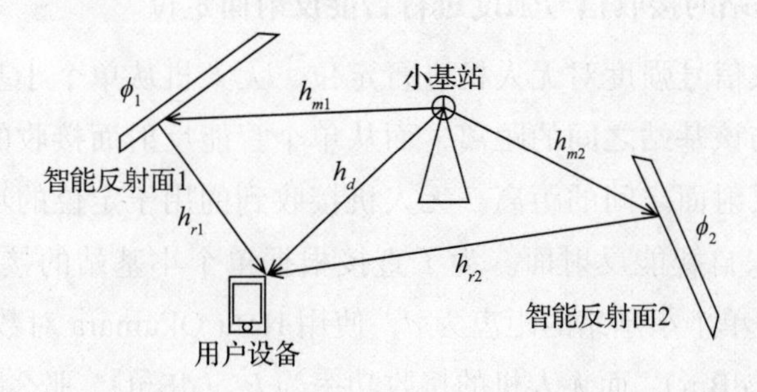

图 7.1　使用具有两个智能反射面和一个小基站的智能反射面模型进行定位

因此，利用增强型正交频分复用模块的智能反射面可以进行定位。除了信道估计和反射优化外，还可以利用一个简单的下行链路导频载波进行粗略的定位。这种定位方式可用于识别用户设备的位置。随着智能反射面的成功识别，用户设备可以通过空中三角测量技术进行精确定位。为了简化系统的评估，我们考虑一个具有单一小基站和多个智能反射面的空间。

单个小基站的智能反射面定位

在包含单个小基站（SSC）的环境中，所有智能反射面都从同一个小基站接收信息，并将信息反射到无人机上。图 7.2 显示了一个室外环境，其中包含单个小基站、四个智能反射面、一架无人机。由于单个小基站和智能反射面的位置相对于地面实况是恒定的，我们可以假设单个小基站和智能反射面的位置是已知的，有 N 个智能反射面参与定位。

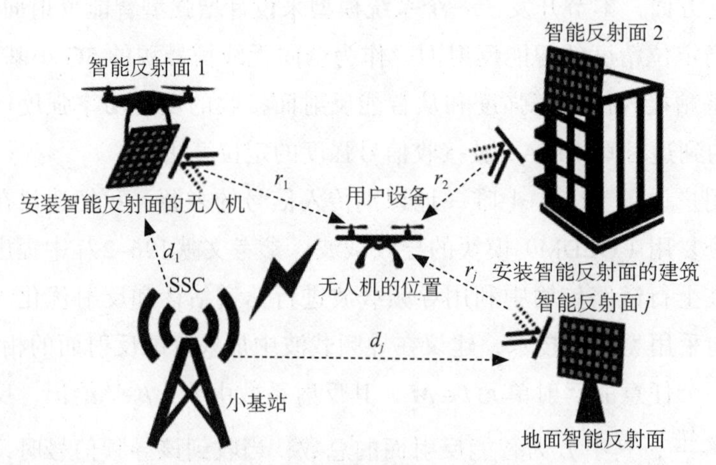

图 7.2 使用多个智能反射面的无人机定位

利用单个小基站的接收信号强度进行智能反射面定位

为了使用接收信号强度对无人机进行定位，无人机从单个小基站的接收功率被用来计算无人机与该基站之间的距离，而从单个智能反射面接收的功率被用来计算无人机与该智能反射面之间的距离。无人机接收到的用于定位的功率既可以来自单个小基站也可以来自智能反射面。为了直接根据单个小基站的接收功率计算距离，我们考虑无人机与单个小基站的距离为 d，使用 Hata Okumara 对数距离模型 [28]；如果发射功率为 P_{tx}（dBm），而无人机的接收功率为 P_{rx}（dBm），那么距离 d 可以计算为

$$\lg d = \frac{1}{10n}(P_{tx} - P_{rx} + G_{tx} + G_{rx} - X_{\alpha} + 20\lg\lambda(m) - 20\lg(4\pi)) \tag{7.1}$$

式中，G_{tx} 是发射器天线的增益，G_{rx} 是接收器天线的增益，X_α 是标准偏差为 α 的正态随机变量，$\lambda(m)$ 是信号的波长，n 是对包括墙壁、门和隔板在内的障碍物影响（衰减和散射）的度量。使用式（7.1），可以计算出无人机和小基站之间的距离。然而，为了计算智能反射面和无人机之间的距离，我们必须获得智能反射面接收的功率和智能反射面在反射和散射后向无人机发射的功率信息。

智能反射面的优点是提供一束高度定向的反射波给接收器。此外，正如 7.3 节所解释的，每个智能反射面所反射的信号是唯一的。利用接收信号强度计算智能反射面到无人机的距离 r 及对于来自小基站的发射功率 P_t，根据智能反射面的特性可知，在远场距离 r 处、与小基站的距离为 d_j 的第 j 个智能反射面反射接收功率 $P_r(P_t,d_j,r,\theta_s)$，在参考文献 [29] 中给出为

$$P_r(P_t,d_j,r,\theta_s)=\frac{1}{2\eta}S_{IRS}\left(r,\theta_s,\frac{P_tG_t\eta}{2\pi d_j^2}\right)\left(\frac{\lambda^2}{4\pi}G_r\right) \tag{7.2}$$

式中，θ_s 是散射波与智能反射面的角度，η 是智能反射面介质的特性阻抗，G_t 与 G_r 是发射器和接收器天线的增益，λ 是电磁波的波长。用 θ_r 表示反射信号的主波束方向，$S_{IRS}(\cdot)$ 是散射波的幅度平方量，记为

$$S_{IRS}(r,\theta_s,E_i^2)=\left(\frac{ab}{\lambda}\right)^2\frac{E_i^2\cos^2(\theta_i)}{r^2}\left(\frac{\sin\left(\dfrac{\pi b}{\lambda}(\sin(\theta_s)-\sin(\theta_r))\right)}{\dfrac{\pi b}{\lambda}(\sin(\theta_s)-\sin(\theta_r))}\right) \tag{7.3}$$

式中，远场距离 $r\geqslant\dfrac{2\max(a^2,b^2)}{\lambda}$，$a$ 和 b 是智能反射面的尺寸。

使用式（7.2）和式（7.3），假设主波束是朝向无人机的理想方向，即 $\theta_r=\theta_s$，我们可以计算出第 j 个智能反射面和无人机之间的距离为

$$r_j=\frac{ab\cos(\theta_i)}{4\pi d_j}\sqrt{\frac{P_tG_tG_r}{P_r}},\forall j\in 1,2,\cdots,N \tag{7.4}$$

从式（7.4）中可以得出的两个重要事实：第 j 个智能反射面与无人机之间的距离和单个小基站与智能反射面之间的入射角成正比，与无人机的接收功率成反比，与单个小基站和智能反射面之间的距离成反比。在理想条件下，根据式（7.1）和式（7.4）确定无人机的位置是一个三边定位问题（其中智能反射面的位置是已知的），其解决方案是通用的。然而在实践中，条件远非理想，这导致了接收信号强度定位算法的使用受限。这主要是由干扰和多径传播造成衰减引起的。

7.4 研究挑战

由于有许多公开的研究挑战，空中无线网络的发展、商业化以及智能反射面在空间中的整合仍然离应用很远。在本节中，我们概述了基于智能反射面定位及其在空中无线网络中使用时需要克服的一些主要挑战。

7.4.1 基于无人机的空中移动网络的挑战

首先，最重要的是建立及运行基于无人机的空中网络有关的设计挑战。拥有一个移动基站会带来能源消耗和回程链接的问题。在无人机－基站网络中，我们可以克服这一挑战；然而，对于更强大的远程链路供应，机载功率限制是实现无人机－基站网络的最大障碍。除了电力之外，网络机制还需要避免无人机高移动性对网络产生的动态影响。额外的以及新的网络服务协议，如地址和会话管理，将被要求用于快速变化的飞行器拓扑结构。此外，网络整合和配置应快速、稳健，更重要的是应高度自主，因为无人机的动态可移动性和应用要求严格性将带来一系列不同的干扰和路径损失，从而带来的数据传输方面的挑战。

为了克服快速变化的环境带来的挑战，自组织网络的强大自主性可应用于无人机－基站网络。网络的自主配置不仅可以解决连接和数据传输问题，而且带来了新的安全模式。同样，这种自主性也将在选择适当的链接和接口方面发挥其作用，以提升可靠性。

7.4.2 基于智能反射面的定位挑战

第一代智能反射面是无源天线元件，在实现定位方面存在多种挑战。由于导频污染，利用导频信号来识别单个智能反射面可能是目前应用中的一个障碍。大量的反射元件（如无源天线）在一个地区的大规模分布式部署，会带来复杂的导频污染。因此，需要对智能反射面辅助系统中的导频净化进行研究。例如，在参考文献 [30] 中，作者概述了导频净化可以通过导频分配方案实现，其目的是使服务用户之间的平均信号干扰比降低到最小值，这也将反过来改善信道预测并提高准确性。

智能反射面的另一个重点是智能反射面微控制器的控制信号计算，它可以改变反射系数并最终改变传入信号的相位。将这些智能反射面安装在高空平台站或无人机中，将对实时控制这些元件构成挑战。为了有效地控制智能反射面，将需要有效的回程或前程解决方案。同样，当一个环境中存在大量的智能反射面，分布式操作也将对实时干扰缓解、可编程性、大规模配置以及处理和预编码操作构成挑战。由于智能反射面的操作主要在物理层，所以安全和隐私问题也需要解决。

7.5 总结

为了适应未来移动网络的扩展，基于无人机和智能反射面的空中基站是研究人员为维持全局连通性提出的解决方案。本章补充了目前关于智能反射面和空中网络的知识，符合本地化的要求；围绕智能反射面和无人机基站的相关工作进行了阐述，随后详细介绍了这些领域的潜在应用；讨论了智能反射面在自动导航系统中的整合，并提出了多种方案。本章提出了一个基于智能反射面的定位系统，同时还提出了该系统的一些数学模型。本章最后一节介绍了一些未来的研究挑战，提出了潜在的研究方向。

本章讨论的概念和技术还处于早期评估阶段，需要更多的发展才能在实际环境中实现。在未来的工作中，本章提出的定位模型需要详细的仿真来进行评估，而基于导频信号的识别将在一个利用多个智能反射面和模拟基站的硬件测试平台上实现。

参考文献

1 Gong, S., Lu, X., Hoang, D.T. et al. (2020). Toward smart wireless communications via intelligent reflecting surfaces: a contemporary survey. *IEEE Communications Surveys Tutorials* 22 (4): 2283–2314.

2 Shi, X., Yu, D., and Zhang, W. (2020). Quantitative relationship between localization accuracy and location privacy level in wireless localization system. *IEEE Signal Processing Letters* 27: 1055–1059.

3 Ahmed, S., Chowdhury, M.Z., and Jang, Y.M. (2020). Energy-efficient UAV relaying communications to serve ground nodes. *IEEE Communications Letters* 24 (4): 849–852.

4 Zhang, S., Zhang, H., Di, B. et al. (2019). Cellular UAV-to-X communications: design and optimization for multi-UAV networks. *IEEE Transactions on Wireless Communications* 18 (2): 1346–1359.

5 Hua, M., Yang, L., Wu, Q. et al. (2020). 3D UAV trajectory and communication design for simultaneous uplink and downlink transmission. *IEEE Transactions on Communications* 68 (9): 5908–5923.

6 Mei, W. and Zhang, R. (2020). UAV-sensing-assisted cellular interference coordination: a cognitive radio approach. *IEEE Wireless Communications Letters* 9 (6): 799–803.

7 Lai, C., Chen, C., and Wang, L. (2019). On-demand density-aware UAV

base station 3D placement for arbitrarily distributed users with guaranteed data rates. *IEEE Wireless Communications Letters* 8 (3): 913–916.

8 Ye, J., Guo, S., and Alouini, M.S. (2020). Joint reflecting and precoding designs for SER minimization in reconfigurable intelligent surfaces assisted MIMO systems. *IEEE Transactions on Wireless Communications* 19 (8): 5561–5574.

9 Yu, G., Chen, X., Zhong, C. et al. (2020). Design, analysis, and optimization of a large intelligent reflecting surface-aided B5G cellular internet of things. *IEEE Internet of Things Journal* 7 (9): 8902–8916.

10 Abdullah, Z., Chen, G., Lambotharan, S. et al. (2020). A hybrid relay and intelligent reflecting surface network and its ergodic performance analysis. *IEEE Wireless Communications Letters* 9 (10): 1653–1657.

11 Bai, T., Pan, C., Deng, Y. et al. (2020). Latency minimization for intelligent reflecting surface aided mobile edge computing. *IEEE Journal on Selected Areas in Communications* 38 (11): 2666–2682.

12 Wang, H.M., Bai, J., and Dong, L. (2020). Intelligent reflecting surfaces assisted secure transmission without Eavesdropper's CSI. *IEEE Signal Processing Letters* 27: 1300–1304.

13 Shen, H., Xu, W., Gong, S. et al. (2019). Secrecy rate maximization for intelligent reflecting surface assisted multi-antenna communications. *IEEE Communications Letters* 23 (9): 1488–1492.

14 Björnson, E. and Sanguinetti, L. (2020). Power scaling laws and near-field behaviors of massive MIMO and intelligent reflecting surfaces. *IEEE Open Journal of the Communications Society* 1: 1306–1324.

15 Wang, Z., Liu, L., and Cui, S. (2020). Channel estimation for intelligent reflecting surface assisted multiuser communications: framework, algorithms, and analysis. *IEEE Transactions on Wireless Communications* 19 (10): 6607–6620.

16 Yang, L., Meng, F., Zhang, J. et al. (2020). On the performance of RIS-assisted dual-hop UAV communication systems. *IEEE Transactions on Vehicular Technology* 69 (9): 10385–10390.

17 Alfattani, S., Jaafar, W., Hmamouche, Y. et al. (2020). Aerial platforms with reconfigurable smart surfaces for 5G and beyond. arXiv preprint arXiv:200609328.

18 Alzenad, M., Shakir, M.Z., Yanikomeroglu, H. et al. (2018). FSO-based vertical backhaul/fronthaul framework for 5G+ wireless networks. *IEEE Communications Magazine* 56 (1): 218–224.

19 Basar, E., Di Renzo, M., De Rosny, J. et al. (2019). Wireless communications through reconfigurable intelligent surfaces. *IEEE Access* 7: 116753–116773.

20 Zhang, Q., Saad, W., and Bennis, M. (2019). Reflections in the sky: millimeter wave communication with UAV-carried intelligent reflectors. *2019 IEEE Global Communications Conference (GLOBECOM)*, pp. 1–6.

21 Kishk, M.A., Bader, A., and Alouini, M.S. (2020). On the 3-D placement of airborne base stations using tethered UAVs. *IEEE Transactions on Communications* 68 (8): 5202–5215.

22 Ma, D., Ding, M., and Hassan, M. (2020). Enhancing cellular communications for UAVs via intelligent reflective surface. *2020 IEEE Wireless Communications and Networking Conference (WCNC)*, pp. 1–6.

23 Li, S., Duo, B., Yuan, X. et al. (2020). Reconfigurable intelligent surface assisted UAV communication: joint trajectory design and passive beamforming. *IEEE Wireless Communications Letters* 9 (5): 716–720.

24 Cai, Y., Wei, Z., Hu, S. et al. (2020). Resource allocation for power-efficient IRS-assisted UAV communications. *2020 IEEE International Conference on Communications Workshops (ICC Workshops)*, pp. 1–7.

25 Li, J. and Liu, J. (2020). Sum rate maximization via reconfigurable intelligent surface in UAV communication: phase shift and trajectory optimization. *2020 IEEE/CIC International Conference on Communications in China (ICCC)*, pp. 124–129.

26 Zheng, B. and Zhang, R. (2019). Intelligent reflecting surface-enhanced OFDM: channel estimation and reflection optimization. *IEEE Wireless Communications Letters* 9 (4): 518–522.

27 Yang, Y., Zheng, B., Zhang, S. et al. (2020). Intelligent reflecting surface meets OFDM: protocol design and rate maximization. *IEEE Transactions on Communications* 68 (7): 4522–4535, doi: 10.1109/TCOMM.2020.2981458, https://doi.org/10.1109/TCOMM.2020.2981458.

28 Bose, A. and Foh, C.H. (2007). A practical path loss model for indoor WiFi positioning enhancement. *2007 6th International Conference on Information, Communications & Signal Processing*. IEEE, pp. 1–5.

29 Özdogan, O., Björnson, E., and Larsson, E.G. (2019). Intelligent reflecting surfaces: physics, propagation, and pathloss modeling. *IEEE Wireless Communications Letters* 9 (5): 581–585.

30 Kisseleff, S., Martins, W.A., Al-Hraishawi, H. et al. (2020). Reconfigurable intelligent surfaces for smart cities: research challenges and opportunities. *IEEE Open Journal of the Communications Society* 1: 1781–1797.

第 8 章 | Chapter 8 |

基于无人机的灾难恢复网络性能分析

8.1 引言

2014 年，在全球范围内发生了 324 起灾难，约有 800 万受害者和 1.4 亿受影响的人，这在年度统计审查中是有记录的[1]。灾难发生后，通信基础设施（蜂窝网络）通常会受损，掌握最新的信息对于受灾地区的救援非常重要。以前，移动自组织网络（MANET）被用来提供服务[2-4]，但部署特设网络需要很多时间。虽然车辆自组织网络（VANET）也可以提供灾后恢复服务，但道路可能被严重破坏，车辆难以行驶。卫星通信使用的并非特殊信道，被发现后可能会受到干扰。因此，很难在很短的时间内为受灾害影响的地区部署新的网络，或管理已经部署的基础设施。然而，小型无人驾驶飞机 / 无人机 /FR 的发展为关键环境（军事或灾难救援任务）的通信提供了解决方案[5-7]。无人机几乎可以到达每一个地点，跨越受灾地区的障碍。它们也被命名为空中自组织网络（AANET）[6] 或飞行自组织网络（FANET）[8]。许多因素会影响基于无人机支持的灾难恢复网络的性能，8.4 节将详细介绍所有这些因素。研究人员考虑为特定目标提供性能高效的解决方案。

8.2 无人机网络

在过去的十年中，研究人员一直在研究和观察无人机网络。它们以其高可靠性、高智能性、可移动性和高成本效益的特性支持了无线网络的应用。无人机与现有的蜂窝式无线网络相连，可以最大限度地提高数据传输率，改善覆盖能力，增加网络容量。未来 5G 异构网络的高性能要求可以由支持不同应用的无人机来实现。

估计到 2025 年，在商业和工业使用情况下，对无人机 /FR 的需求价值约为 458 亿美元[9]。

为了应对大量数据，需要部署更多的基站来满足用户的需求，但部署新的基础设施并不是解决这一覆盖问题的低成本方案。无人机可以在不修改现有网络基础设施的情况下解决这个问题。研究人员已经提供了一些解决方案来最大化移动通信系统的容量和覆盖范围。无人机的高动态及灵活性可以管理和适应网络中不断增加的巨大用户数量，以最大限度地提高流量的覆盖范围。它们可以满足网络中高需求和过载的通信问题。由于高移动性的特点，它们可以帮助实现紧急情况的发生。

当灾难发生时，网络会被破坏，现有的通信都会中断。无人机的主要优势之一是，它们可以在灾难情况下或紧急环境中提供通信服务。启用缓存的无人机 – 基站（UAV-BS）作为提供可靠和不间断连接的可能解决方案也获得了关注。它们可以在地面基站（BS）失效的情况下工作。此时，无人机 – 基站可以被快速部署以提供通信功能。与物联网（IoT）一起部署具有缓存功能的无人机 – 基站，不但可以减少延迟需求，还可以提供节能通信。无人机辅助通信提高了协调性，采取智能决策，并控制通信规则。

无人机网络是移动自组织网络和车辆自组织网络的结合，这是因为在无人机网络中存在两种网络的功能。与移动自组织网络不同，它们有很高的流动性；同样，与车辆自组织网络不同，无人机的移动非常动态，这导致其拓扑结构的不断变化。不同类型的架构实现了不同的应用。单无人机系统包括一个单元，它必须作为一个孤立的节点工作并与地面节点通信。这种单无人机系统根据其特性被命名为“无人机到基站”，它们提供更有效、更准确和更可靠的效果。由于功能更强大，多无人机系统能够完成更多的任务，为监测危险环境提供了解决方案。由于是分组任务，也可以将其命名为无人机对无人机（U2U）系统。多无人机系统有很多好处：低成本地完成任务；多机协同工作提供了持续的服务，提高了网络性能；即使一架无人机无法工作，也可以完成任务；可以节省任务时间。

尽管有这些好处，在不同的现有网络中部署无人机仍面临许多问题。无人机的部署、合作、定位和与现有网络架构的映射是主要问题。满足大量用户的不同服务质量（QoS）要求以及负载平衡是需要解决的挑战。无人机辅助通信的主要挑战包括三维部署问题、资源分配问题和基于某些特定目标的传感器部署问题。三维部署问题同时涵盖最优覆盖问题，取决于高度、海拔和经度三个因素。资源分配可以在最大容量、最大能效、最低成本、最小延迟和最小功耗的基础上进行。传感器的部署问题是一个需要解决的主要挑战。在一个多无人机系统中，不同传感器的部署可能不同，以收集特定的数据。为了提高性能，可以启用和组织多架无人机来解决通信和网络问题（噪声信道、碰撞、覆盖范围、延迟和有限的频谱）。

无人机系统的结构

用于组网的无人机系统有多种结构，如图 8.1 和图 8.2 所示。常用的无人机系统有单无人机系统、多无人机系统和合作多无人机系统。根据服务要求，选择可能的最佳架构，以提高网络的性能。

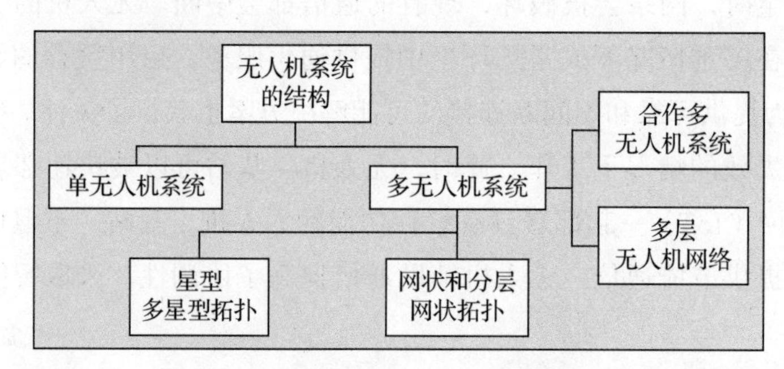

图 8.1 无人机系统多种架构的流程图

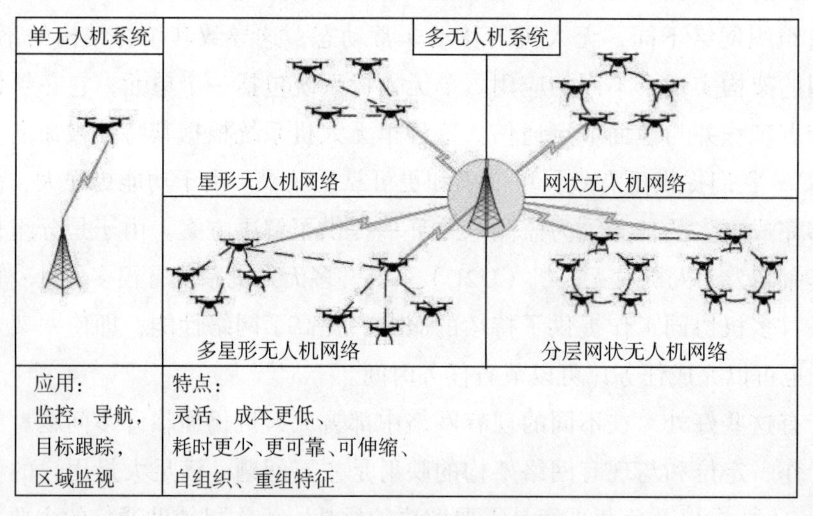

图 8.2 无人机系统的相关拓扑

1. 单无人机系统

在单无人机系统中，无人机节点和基站之间有直接的连接。这并不意味着系统中只有一个无人机节点，可能有多个无人机节点来提供服务。该系统通过多架无人机使网络的性能得到有效的发挥。无人机的性能只取决于无人机到基站的通信链接。对于未知区域的遥远目标，这样的架构被用于监测和控制服务。单无人机系统也可以用在作战区域、天气或飞行条件极端且有人机航行不安全的关键地方。系统中一个以上的无人机节点就像一个孤立的节点，可以提供不同的服务。

从灾难恢复网络的角度来看，单无人机系统可用于跟踪车辆或将车辆移动到所需的位置。目前仍有一个公开的问题，即系统中单无人机节点执行任务的能力有限。对此，一些研究人员在优化传感器的功能、硬件和软件的同时提供了解决方案。使用单无人机系统可以观察到多个物体，它有助于快速定位物体，它能调查灾难发生后被干扰的作业区域的确切大小，它还可以节省执行任务的额外使用资源。导航、监测和控制都可以由单无人机系统完成。

2. 多无人机系统

根据不同的网络拓扑结构建立不同的多无人机系统。所有的网络拓扑结构，即星形、多星形、网状和分层网状等，都能为灾难管理和军事任务等关键应用带来更有效的结果。对于星形拓扑结构，其性能只取决于无人机到基站的通信链路。地面基站直接连接到无人机节点。对于多星形拓扑结构，系统中存在多于一组的星形拓扑的无人机。每个星形结构的一个无人机节点与基站有直接的连接。这些节点还与另一个星形结构的节点有通信连接。这种拓扑结构需要更多的带宽，这也增加了链接之间的传播延迟。但是，这种对于数据传输来说无用的链接会浪费能量。从名称中可以看出，在网状拓扑结构中，无人机之间是相互连接的，只有一个无人机与中央基站有直接连接。与多星形拓扑类似，在分层网状拓扑中，系统中存在着更多的网格。每个网格都有一个与地面基站有直接通信联系的节点。与星形拓扑相比，网状拓扑具有更多的灵活性，并提供更可靠的性能。接下来的两种拓扑结构是多无人机系统的扩展。

3. 合作多无人机系统

对于在同一时间需要一个以上的服务应用，应采用合作多无人机系统。它们的性能取决于时间阈值。在合作多无人机系统中，无人机节点以图的形式形成一个拓扑结构。基于任务的合作多无人机为静态和动态环境提供服务。在静态环境中，其功能几乎是恒定的；在动态环境中，由于需要不同的服务，将有一个频繁的拓扑变化。这个系统需要无人机之间的协调来完成分布式的复杂任务。任务分配的智能编程提供了更好的解决方案，更具体的是针对动态环境的应用。动态环境导致更频繁的链路故障，为了完成任务或工作，需要概率性中继，这就提高了网络资源的使用率。对于受灾地区的重建，需要无人机的延迟容忍图像拓扑结构，该结构以最小化延迟为目标。

4. 多层无人机网络

与其他架构（物联网 / 无线传感器网络 / 蜂窝网络 / 云计算）协调，无人机形成分层网状拓扑。这将提供更好的性能结果。

（1）未来的智能物联网应用（运输、移动、医疗等）可以利用无人机网络实现。无人机互联网（IoD）是一个用于无人机与物联网技术合作的术语。它能提供搜索、控制和救援的服务。

（2）云计算用于解决网络中无人机计算能力和存储容量有限的问题。这将减少延迟，并在减少能源消耗和数据处理方面提高性能。

（3）当作业区域非常大时，成群的无人机（群）将有助于完成任务。它们也需要一个高效和安全的通信链路来协调它们之间的关系。这种无人机群的形成有助于完成复杂的任务。在一组（集群）无人机节点中，任务的分配得到了优化。集群中的首领无人机与中央站的通信保证了网络持续的连接。这种组的形成也增强了传感能力，提高了网络的性能。

（4）无人机节点上的传感器能够监测和调查温度、风力和空气温度等参数。在灾难恢复网络中，无人机与空中传感器网络一起收集来自不同地区的数据。安装了不同类型摄像头的多架无人机以图像或视频的形式收集信息。举例来说，两种不同类型的相机，高分辨率相机和红外相机，被用来收集行动区域的信息。对于这种地面传感网络和无人机，传感网络必须具有协调性，才能有良好的表现。

对于灾害管理和紧急情况，多无人机系统被用来提供服务。在这个系统架构中，无人机节点的尺寸较小，以高效、协调的方式执行任务。它们有自我形成和重组的能力，如果一个节点不能工作，其他无人机将进行重新配置。这个系统需要两个通信链路（UAV-to-BS 和 U2U），以提高网络的性能。如果所有的无人机都与地面站直接连接，那么无人机节点的性能就可以通过基站进行监测。这种连接带来了覆盖区域的限制，例如，在动态环境条件下，如受灾害影响的地区，无人机可能会因为节点的随机移动与受干扰的地区断开连接。与单无人机系统相比，多无人机系统带来了许多好处，提高了整体网络性能。多无人机系统可以提供可靠的结果，任务可以在更短的时间内完成，资源利用率更低；在恢复受灾害影响的地区时，可以找到更多可扩展的结果；多无人机系统可以在远距离地区提供服务，网络的生存能力更强，例如，如果一个无人机节点不能执行任务，可以通过系统中其他无人机节点的协调完成任务。

8.3　无人机网络的优势

本节将讨论多项无人机的应用。无人机被用于许多方面，如农业、军事、商业，其功能包括估计风速、监测交通、传感、野火管理、监视边界、监测灾害、搜索和摧毁，保险部门、医疗保健部门、教育部门、交通和娱乐部门也会用到它[10-14]。这些不同的应用有不同的系统要求，如延迟容忍度、频率、能量限制和覆盖范围。这些参数直接影响到网络的性能。图 8.3 展示了无人机网络的功能。

图 8.3　无人机网络的功能

（1）医疗保健。智能医疗是未来网络的一个很有前景的应用，病人不必每次都去做检查。为了在灾难恢复网络中收集关于受自然灾害（地震、洪水等）或传染病（冠状病毒感染）影响的受害者信息，可以使用无人机。这些无人机是由人工智能算法和硬件传感器组成的。为了在受灾地区提供卫生服务，无人机可能会向受害者发送一些援助物品。同样，对于这种紧急情况，可以用无人机发送日常使用的物品。

（2）目标跟踪或定位。在军事应用方面，无人机或无人驾驶飞机可以在地区上空飞行，并可以计算出目标的确切位置。许多研究人员已经提供了使用无人机网络的解决方案。同样，对于受灾害影响的地区（火灾、洪水等），无人机上的相机和传感器可以捕获有关环境干扰点的确切位置的信息。在发生道路事故的情况下，无人机也有助于实时检测车辆。目标的定位取决于无人机的位置和流动性。追踪算法基于过去的操作计算而工作。例如，对于灾害管理应用，使用以前的信息来跟踪变化是有帮助的。这种先验知识可能有助于快速恢复过程。

（3）搜索和救援（SAR）。由于无人机的灵活和动态特性，无人机可用于为紧急情况提供服务，如自然灾害、道路事故和需要紧急疏散的情况（火灾、洪水和风暴）。这些类型的应用需要低延迟的处理和高速度。根据危机情况，可以使用不同架构类型的无人机系统。无人机在作业区的任务分配是一项重要挑战。

（4）区域监视。对作业区的调查（自然灾害、紧急情况）需要更加频繁。一组无人机需要进行完美的区域监控。为了有效地调查该地区，需要最佳类型的传感器在动态环境中工作。同样，大型计算能力有助于在更短的时间内进行更多的区域监控。

（5）数据收集。为了在不同地区的自然灾害后恢复网络，如沙漠、山区和飞行区，无人机被用来收集最新的数据。无线传感器网络与无人机节点一起能够在整个操作区域内收集数据。无人机的分散性和作业区的动态性使其难以收集所有的更新，为此需要优化解决方案，并考虑低延迟和低能耗的因素。

（6）检查。灾难危机发生后，作业区内有一些操作人员不容易到达的地方。无人机可以在很短的时间内检查和导航所有的部分。无人机与其他技术如计算机视觉、人工智能和机器学习相结合，被用于监测铁路和机场基础设施。对于干扰部门的恢复过程，无人机的部署提供了强有力的监测、控制和检查。

（7）建筑。由于在无人机上安装了高分辨率的摄像头，它们可以被用来提高建筑的安全性。目前有两种方法来构建安全网络。第一种是确定与安全有关的问题，第二种是为无人机节点的飞行生成路线，然后通过摄像机以图像的形式收集数据。为了在紧急危机后更好地重建网络，无人机可以不断拍摄视频和图像。专家们可以研究所有不安全的路径、不安全的材料、无保护的边缘和受损路径的现状。

（8）交通。智能交通部门将无人机作为更迅速地交付数据包的潜在对象。对于灾难恢复网络，当没有道路或运输系统可供正常使用时，可用无人机提供这些服务。无人机也减少了地面上的拥堵、交付时间。无人机可在城市之间提供更可靠和快速的运输。

（9）隐私。这个参数与前面提到的安全因素有关。对于所有的应用，无人机可以捕捉视频和收集信息。这一特点可能会导致某些应用的隐私问题，如军事或事故情况。这种敏感信息可以被任何外部人员加密与捕获。因此，为了提高网络性能，需要新的技术来保证安全和隐私。

（10）本地化。对于灾难恢复网络，无人机节点的确切位置是一个非常关键的研究点。当网络中存在一个以上的节点时，它就更加重要。GPS 技术是用于寻找无人机节点位置的现有技术，但对于一些敏感和关键的应用，如地震和军事任务，它并不有效。对于这样的应用，无人机必须快速响应，其特点是知道网络中的确切位置。这种定位信息必须在较短的时间间隔内交换，以提高网络在延迟、能源消耗和隐私方面的性能。许多人提出了除 GPS 以外的解决方案用于无人机的定位。

（11）无人机平台限制。两个重要的约束是重量和空间限制。重量与硬件有关，而空间限制是针对小型无人机的。当无人机硬件重量较轻时，有效载荷较轻，而当硬件较重时，可以在地面上植入更多的传感器。无人机的材料也会影响网络的性能。同样地，小型无人机的空间限制也对通信产生影响。对于像地震和洪水这样的应用，必须考虑到这种起初看起来并不重要的平台。

（12）覆盖范围[5]。每个无人机节点都有一个有限的覆盖参数。覆盖系数有两种类型，即网络覆盖和区域覆盖。网络覆盖需要无人机像通信中继器一样，在接收器和基站之间提供连接，而在区域覆盖中，无人机被用来收集与地图有关的信息，监测或调查。覆盖范围是影响灾难恢复网络中无人机性能的一个主要因素。无人机节点的覆盖范围越大，资源的使用就越少；如果覆盖范围小，就需要更多的无人机节点来覆盖整个网络。对于不稳定的动态环境，无人机在关键应用中的覆盖系数受到许多其他因素的影响，如能源消耗、作业区域的大小、作业区域内存在障碍物以及无人机的速度。无人机节点在网络中的高流动性与覆盖范围有直接关系。无人机的速度越快，就越能提前覆盖作业区，而这又会导致算法的复杂性。同样，能量对无人机节点的覆盖能力也有直接影响。如果节点中储存的能量较少，无人机就不能覆盖作战区域，而且会出现能量提前耗尽的情况。无人机节点在灾难备份网络作业区域的覆盖系数必须能够考虑到所有的障碍物，如山、建筑物和树木。需要对无人机节点进行管理，选择一条较优的、无碰撞且安全的路线进行恢复。无人机节点的覆盖范围取决于应用类型（如果应用需要静态的无人机节点，覆盖范围是静态的）。无人机是不断移动的，其覆盖范围也是动态的。灾难恢复网络中无人机节点的覆盖范围是一个重要的参数，它影响到本小节中提到的一些因素的性能。

（13）拓扑结构。无人机节点的单集群或多集群拓扑结构有助于保持无人机之间的协调和协作。对于灾难恢复网络，无人机节点必须构成多集群结构，这有助于提高网络性能。为了在更短的时间内实现高覆盖率和恢复，需要优化无人机节点的拓扑结构。在多集群网络形成中，每个集群的首领无人机进行通信。这些首领无人机被用于下行链路通信。

（14）预测。对于灾后网络的恢复，无人机节点的移动和位置很重要。无人机的位置取决于速度、方向、操作区域和移动模型等各种因素。要根据这些因素来预测网络的性能是非常困难的。

8.4　新技术和基础设施的发展趋势

网络功能虚拟化（NFV）、软件定义网络（SDN）、云计算、图像处理和毫米波通信等其他基础设施的整合，对无人机系统的性能有积极影响。同样，人工智能、机器学习、优化理论和博弈论等技术的增强也提高了网络的整体性能。本节对其他基础设施和技术的影响进行了回顾，并对它们的贡献以表格的形式进行了总结（见表 8.1）。为了了解无人机系统在不同应用中的用途，表 8.1 给出了比较分析。这种比较是基于影响网络性能的不同因素。

表 8.1　现有研究结果汇总

方法	应用	影响因素	用途
无人机分配算法 [15]	无人机	安全性	优化可用资源
基于 MEC-NFV 框架的安置方案 [16]	—	可靠性、带宽/频谱、延迟、成本	无人机服务的最佳布局和供应
无人机最优调度算法 [45]	—	可靠性、能源	无人机的最优调度
采用基于存储器的监测和异常检测网络功能（NF）[46]	遥测监控（80 次飞行）	延迟	增强态势感知，减少监控延迟和网络负担
通过在子无人机上实施 VNF，提供具有成本效益的解决方案 [47]	—	延迟	提高网络服务的性能
无人机辅助的车辆计算成本优化（UVCO）算法 [17]	车载网络	延迟、能源、成本	无人机辅助的车载计算卸载决策问题
包含/不包含软件定义网络与无人机网络整合的比较分析 [20]	监控传感器	带宽/频谱	带宽和丢包分布
正射影像和数字地形模型（DTM）的生成 [48]	滑坡调查	费用	滑坡的低成本监测
混合图像二值化 [26]	墙体裂缝识别	—	准确识别裂缝宽度，同时最小化裂缝长度损失
联合模式选择和资源分配优化算法 [18]	—	延迟、能量	最小化延迟和能量消耗的加权和
SDN 和 MQTT 混合结构 + 基于 QoS 的多路径路由框架 [21]	战场无人机群和验证基础设施的两个案例研究	带宽/频谱、安全性	网络性能增强

（续）

方法	应用	影响因素	用途
负载平衡算法 [49]	—	带宽 / 频谱、延迟、路由	通过确保动态无人机网络中端到端数据传输负载平衡的路由和链路交换
基于 SDN 的 FANET 拓扑管理（构建、调整、集成和节点分配）[19]	—	可靠性、延迟、路由	提出一种新的协调协议，包括基于 SDN 的无人机通信，用于路由和拓扑管理
开放式杰克逊网络理论 + 排队论 [25]	军事和民用应用	可靠性	找出无人机传感器产生和处理的数据量，同时保持系统稳定可靠
马尔可夫近似算法 [24]	智能城市中延迟关键型应用的案例研究	带宽 / 频谱，路由	联合任务布置和路由（JTPR）问题
马尔可夫近似技术（MA 算法）+ 李亚普诺夫优化 [22]	在线环境下长期高效稳定的性能	延迟、成本	联合优化工作流分配和多跳交通路由（JOAR）问题
两种启发式算法 [23]	—	安全性、成本	联合资源分配和计算卸载问题
无人机网络光纤陀螺计算的新框架布局 [50]	大规模任务和搜索行动	带宽 / 频谱、延迟、能源	克服涉及多架飞机的吞吐量和延迟问题
一种基于工业物联网的无人机视觉识别系统，用于计算时延 [51]	工业混凝土厂生产线案例研究	延迟	提供工厂的实时可视化，并研究三层延迟框架
三种技术，即归一化差异植被指数（NDVI）、近红外光谱（NIRS）和数字高程模型（DEM）被用来观察这种贡献 [52]	观察农业框架的案例研究	—	使用搭载的遥感无人机来分析农业
Hat 变换和 HSV 阈值法 [27]	土木结构的健康监测（裂缝检测和表面退化评估）	延迟、成本	确定主要结构缺陷
ThingSpeak 云应用 [28]	智慧城市中的森林火灾探测系统	延迟	实时检测森林火灾，并通过电子邮件发送警告警报
图像的形态学运算 [53]	智能交通系统	—	坑洞的自动检测
一种贪婪用户调度算法 [31]	—	可靠性、带宽 / 频谱	为了降低阻塞概率和最大化多无人机系统可达到的总速率
一种混合设计方法 + 几何贪婪算法 [32]	—	准确性	为了在 3D 场景中获得精确的训练波束
传统基于几何随机模型（GBSM）的射线追踪（RT）理论 [54]	校园场景部署（空军基地布局和巡航路线）	延迟、功耗	开发一个研究无人机毫米波通信系统性能优化和评估的系统
拉格朗日对偶分解法 [33]	—	功率、容量 / 速率 / 吞吐量	最大化总速率的资源分配问题
迭代算法 [55]	—	电力、安全	最大化最小保密率

（续）

方法	应用	影响因素	用途
联盟博弈 + 李亚普诺夫优化[56]	—	移动性、延迟、成本	最大化网络回报（成本和延迟）
迭代优化两个凸子问题[57]	—	容量 / 速率 / 吞吐量	为了最大化吞吐量（三维位置和频谱感知持续时间）
迭代算法（变量替换、连续凸优化技术和块坐标下降算法）[58]	—	功率、容量 / 速率 / 吞吐量	联合资源分配与无人机轨迹优化
基于逐次凸逼近的迭代算法[59]	—	电力、安全	最大化保密率
最优功率分配方案 + 分式规划（FP）[60]	灾难场景（紧急区域、广阔区域和密集区域）	带宽 / 频谱、功率	联合无人机部署和资源分配（用户调度、无人机的机动性和发射功率控制）
一种基于衰减深度 Q 网络（D-DQN）的算法[37]	—	带宽 / 频谱、功率	最大限度地减少能源消耗
基于液态状态机（LSM）的预测算法[38]	—	带宽 / 频谱、能量	使稳定队列中的用户数量最大化
基于机器学习的三步无人机布局（分区、布局、实时移动）[61]	—	能量	联合功率分配和轨迹设计
三步法（基于 Q 学习的放置算法、基于回声状态网络的预测算法、基于多代理 Q 学习的轨迹获取和功率控制算法）[39]	—	移动性、功耗、容量 / 速率 / 吞吐量	最大化数据速率
迭代序列最小优化（SMO）训练算法[62]	—	—	为了实现高效和低复杂度的码字选择
加权期望最大化（WEM）算法[63]	—	延迟、能源、容量 / 速率 / 吞吐量	最大化无人机网络的效用（部署）
基于人工神经网络的解决方案[64]	交付系统、实时多媒体流网络和智能运输系统	可靠性、安全性	强调无线和安全问题
大数据辅助的特征提取和 ML 辅助的优化解决方案[65]	—	可靠性	提高用户体验的服务质量
基于群体智能的定位和聚类方案[34]	应急通信	移动性、延迟、路由、能源	为无人机网络设计一种支持高移动性和适应动态特性的拓扑结构
遗传算法和模拟退火算法[35]	危险区域	带宽 / 频谱、延迟、容量 / 速率 / 吞吐量	确定无人机的最佳数量和最佳位置
一种受群体智能启发的自主群集控制方案（SIMFC）[36]	基于 OMNeT++ 模拟器的测试	能源	在飞行过程中保持无人机的拓扑结构，同时注意服务质量
分布式算法[66]	—	延迟、能源、成本	最大化效用函数
进化均衡 + 纳什均衡[43]	—	带宽 / 频谱、成本	联合接入选择和带宽分配
一种基于软件定义网络（SDN）和媒体无关切换（MIH）的高效方案[67]	—	移动性、延迟、容量 / 速率 / 吞吐量	最大化效用（端到端延迟 + 切换等待时间 + 信令开销）

（续）

方法	应用	影响因素	用途
基于空间自适应播放的多无人机节能覆盖部署算法 [41]	—	可靠性、功率、能源	覆盖最大化和功率控制
分布式计算卸载 [44]	—	延迟、功耗、成本	成本最小化（能量和延迟）
基于人工智能（AI）和博弈论（GT）的近实时飞行控制算法 [42]	OPNET 建模环境	—	观察 MANET 上群集的连通性和均匀分布

8.4.1　网络功能虚拟化

在参考文献 [15] 中，作者提出了虚拟网络安全功能（VSF），以增强多接入移动边缘计算（MEC）– 无人机系统中端到端的安全。他们在真实的无人机上分析了不同种类的功能，即虚拟防火墙、虚拟入侵检测和虚拟认证授权记录，还总结了两个用例，其中无人机被部署为移动节点。效率是通过在软件定义网络配置上部署一个新的网络功能虚拟化所需的时间来计算的。在实际的无人机部署中观察了无人机节点和飞行时间的表现。

为了设计低成本的无人机交通管理（UTM）系统，研究人员提出了一个整数线性编程问题，在节点的放置、节点的容量、延迟、可靠性和路由约束条件下，使总部署成本最小化 [16]。网络功能虚拟化与多接入边缘计算 – 无人机集成，为拟议的云和多接入边缘计算平台提供服务质量感知的管理和协调（MANO）服务。

8.4.2　软件定义网络

软件定义网络（SDN）在数据收集和集中管理应用方面显示出潜力。软件定义网络可以通过其灵活性、适应性和可集中控制来增强无人机网络。参考文献 [17] 提出无人机辅助的车辆计算成本优化（UVCO）算法，使平均系统成本（ASC）最小化。软件定义网络、多接入边缘计算和无人机的架构相关，用于优化车辆计算任务的系统成本。软件定义网络在数据收集和管理方面给予支持，而多接入边缘计算实现了低延迟通信。为了优化，无人机被用作智能中继节点，将任务从车辆用户转移到多接入边缘计算服务器上。参考文献 [18] 提出了一个混合整数组合非凸性最小化问题。主要目标是在模式选择和资源分配约束下，最小化无人机辅助蜂窝用户的延迟和能耗的加权之和。为了解决联合模式选择和资源分配问题，研究人员提出了一种优化算法，该算法分两步进行，即分支与边界法、凸优化法。Silva 等人 [19] 提出了一种基于软件定义网络的无人机网络拓扑管理。作者建立了基于软件定义网络的飞行自组织网络，以在无人机之间提供连续和可靠的通信链接。Vishnevsky 等人[20]研究了用于监测传感器数据的软件定义网络辅助无人机网络。

在参考文献 [21] 中，作者为战场无人机群提出了基于软件定义网络和消息队列遥测传输（MQTT）的混合架构。作者还提出了一个基于服务质量的多路径路由框架。

8.4.3 云计算

参考文献 [22] 提出了考虑计算卸载和多跳路由的无人机群联合优化问题。在正常情况和紧急情况下，无人机群都是一个非常有效的解决方案，可用于地形测绘和交通控制。作者通过开发一种基于马尔可夫近似的方法来解决这个 NP-hard 问题，以找到近似的最优解。马尔科夫近似法和李亚普诺夫优化法被联合用来优化在线和高动态环境的成本，以获得长期的性能。结果表明，基于低计算量时路由成本较低。Khan 等人[23]评估了无人机安全边缘云计算系统中资源分配和计算卸载策略的能耗最小化问题，提出了一种启发式算法来解决该问题。他们将其划分为三个子问题，使用所提出的解决方案对资源分配、任务划分和计算卸载进行了有效的能源优化，最终对比了所提算法与相关方案。

对于资源密集型的应用，如智慧城市的人群感应和抗议活动时的实时监测，参考文献 [24] 研究了无人机 – 边缘 – 云计算模型，提出了一个混合计算模型，以实现高服务质量。研究了延迟关键应用的联合任务分配和路由问题。Luo 等人[25]解决了无人机网络无法处理由大量传感器产生的海量数据问题，这些传感器可能会监测一些灾区。通过合并无人机网络和云计算技术，他们分析了如何从传感器获取大数据的问题，分析了基于云计算系统的按需服务及其对无人机控制程序的影响，此外得出了无人机云控制的稳定条件，定义了基于云的无人机系统的稳定性和数据采集率之间的关系。结果显示了所提模型的有效性。

8.4.4 图像处理

Kim 等人[26]合并了无人机技术来获取混凝土结构中的裂缝。安装有摄像头的无人机被用来提供结构的图像，并使用混合图像二值化处理所提供的信息，以准确找到裂缝。拟议的系统成功地测量了厚度超过 0.1mm 的裂缝，其长度估计误差最大为 7.6mm。

Sankarasrinivasan 等人[27]也利用无人机技术分析了裂缝评估。在参考文献 [28] 中，作者设计了一个早期火灾检测系统，利用传感器网络和无人机技术的概念监测火灾事件。无线传感器技术、无人机和云计算是该设计的主要组成部分，用于监测环境参数。结果表明，所提出的系统比文献中的其他可用方法具有更高的火灾检测率。

Eisenbeiss 和 Sauerbier[29]使用无人机网络来加快摄影测量信息的收集过程。他们建立了一个使用无人机网络对考古发掘进行记录的系统。Sharma 等人[28]提出了一个智能城市的火灾检测系统，该系统由无人机网络、云计算和图像处理技术辅助，具有较高的森林火灾检测率，达到 95% ～ 98%。

8.4.5　毫米波通信

参考文献 [30] 把毫米波通信与无人机辅助的 5G 超密集网络相结合，并设计了一种新型的链路自适应星座分割多址（CoDMA）技术。作者认为，所提出的链路自适应星座分割多址方案大大改善了超密集 5G 网络的系统容量。无人机在提高无线网络容量方面具有巨大的潜力，但在超密集网络中运行具有挑战性，这主要是由于无人机主导的视线信道所带来的强烈干扰。由于在实际的毫米波通信系统中产生的波束数量有限，传统的波束分割多址（BDMA）无法满足不断增长的容量要求。

在参考文献 [31] 中，作者在多无人机网络中使用了几何分析方法和贪婪调度算法来检测阻塞。提出的解决方案验证了在频谱效率方面的有效性。在调度、线路和功率约束下，他们提出了一个总速率最大化的问题，以及一种用于无人机辅助毫米波通信的新型三维（3D）波束训练策略。他们引入了反离散空间傅里叶变换来构建具有平顶特性的训练波束，还考虑了混合波束形成（BF）系统，并采用了贪婪几何（GG）算法来获得最佳波束。此外，与其他传统方法相比，平顶波束和贪婪几何算法的应用有效提高了训练的准确性和效率。新算法可以在低复杂度的情况下增加系统容量，并显著提高训练效率。在未来的工作中，他们计划把提出的波束设计方法从宽波束场景扩展到窄波束场景中。参考文献 [33] 研究了安装在无人机上的毫米波发射器的下行链路覆盖的最佳资源分配问题。在这种方法中，由于天线阵列产生的高度定向波束，一个圆形的用户空间被划分为多个扇区。在计算信噪比和干扰比的概率分布时，波束的侧叶增益对其他扇区造成了干扰。资源分配优化策略是为了最大限度地提高总速率，其中考虑了功率传输限制、每个用户的最小速率保证和回程链路容量。大量的数值模拟表明，所提出的算法通过在干扰阈值和最小速率保证之间取得平衡，对用户进行了最佳的资源分配。毫米波天线阵列形成的波束是高度定向的，需要多次波束扫描来覆盖整个区域。为了限制并发传输策略中的干扰，对相邻扇区的功率溢出设置了一个阈值。对于这种拓扑结构，资源分配优化策略旨在最大限度地提高总速率，同时确保每个用户的最小速率保证。据观察，总速率随高度的变化是单模态的。

8.4.6 人工智能

在参考文献 [34] 中，作者提出了一种基于蜂群智能定位（SIL）和聚类方案，用于无人机网络的应急通信。他们使用包围盒方法提出了基于粒子优化的蜂群智能定位算法，然后在此优化的基础上提出了高效的、基于蜂群智能的聚类算法。结果该算法在路由开销、数据包交付率和端到端延迟方面优于五个典型的路由协议。

参考文献 [35] 中对紧急和危险情况下（如飓风灾害、火灾事故、人口稠密地区如体育场）部署 5G 网络的地点和无人机数量进行了优化，在考虑 5G 发射器的覆盖范围和无人机的能量限制的同时，对 5G 覆盖进行了优化。遗传算法和模拟退火算法被用来解决拟议的优化问题，并对结果进行了比较。在参考文献 [36] 中，作者提出了一种基于蜂群智能的无人机网络自主集群控制方案——分布式多层集群控制方案，它也被称为蜂群智能启发式多层集群控制方案（SIMFC），用于控制使用跟随者和领导者无人机拓扑结构的集群，同时考虑服务质量和低能量消耗。所提出的模型是一个基于 OMNetCC 的虚拟仿真器。结果显示，在不同的场景下，拓扑结构控制是有效的。

8.4.7 机器学习

参考文献 [37] 提出了一个新的框架，用于在无人机无线网络中整合可重构的智能面（RIS），其中智能面被部署用于提高无人机的服务质量。非正交多址（NOMA）技术被用来进一步提高网络的频谱效率，而移动用户（MU）被认为是持续漫游的。为解决这一相关问题，研究人员提出了一种基于衰减深度 Q 网络（D-DQN）的算法。在所提出的基于 D-DQN 的算法中，中央控制器被选为代理，定期观察无人机无线网络的状态，并开展行动以适应动态环境。通过共同设计无人机的移动、智能面的相位移动、无人机到移动用户的功率分配策略以及确定动态解码顺序，来解决能耗最小化问题。参考文献 [38] 研究了在长期演进（LTE）许可和非许可频段上为无线地面用户提供服务的具有缓存功能的无人机网络的联合缓存和资源分配问题。该问题被表述为一个优化问题，它包含了用户关联、频谱分配和内容缓存。

使用所提出的液态机（LSM）算法，云端可以预测用户的内容请求分布，而只拥有关于网络和用户状态的有限信息。结果还显示，与传统的学习算法（如 Q-learning）相比，LSM 显著提高了收敛时间，最高可达 20%。参考文献 [39] 提出了联合轨迹设计和功率控制的问题，在满足用户速率要求的前提下实现瞬时总发射速率最大化。无人机的有效载荷和飞行时间有限，可能需要利用多架无人机来完成复杂的多层任务，这时可以采用控制中心来协调其行动。参考文献 [40] 中考虑了无人机辅助探索场景中的图像分类任务，其中多个无人机的协调由一个地面融合中心（GFC）实施，该中心位于一个具有战略意义但无法进入的地点，如山顶，在那里给电池充电是不经济的，甚至可能不可行。为了最大限度地减少无人机对地面融合中心的计算复杂性，在每架无人机上使用基于现实的不完善的信道状态信息（CSI）并进行加权迫零（WZF）发射预编码（TPC）。在拟议的 FL 辅助分类中，所有无人机的本地更新通过衰减的无线信道传输到地面融合中心，然后在地面融合中心进行全局更新，并将相应的结果反馈给无人机以进行下一轮的本地模型更新。

8.4.8 优化和博弈论

Ruan[41] 分析了覆盖问题，提出了一个考虑能源约束的多无人机覆盖模型，采用空间自适应博弈来最大化覆盖范围，从而实现了高能效通信。具有纳什均衡的精确潜在博弈被用于解决博弈论问题。该模型可用于在偏远地区或紧急地区优化后的位置部署无人机网络。

Kusyk 等人 [42] 使用人工智能和博弈论来部署蜂群无人机网络，使其保持移动自组织网络和覆盖区域的均匀分布。用于该模型的算法是应对动态环境变化的良好候选方案，用于探测、定位和跟踪等任务。在参考文献 [43] 中，博弈论方法用于无人机接入选择和基站带宽分配中，以提高服务质量和服务成本。在接入方面，参考文献 [43] 使用动态演化博弈来辅助无人机群之间的分配，而带宽分配则使用非合作博弈来完成。随机几何工具被用来模拟网络节点的位置分布。仿真显示了该模型的有效性。Messous 等人 [44] 利用博弈论对无人机网络进行计算卸载。

8.5 研究趋势

目前，一些研究人员已经为不同的应用提供了有关无人机网络性能提升的解决方案。但是，仍有许多未解决的问题需要在未来的研究中加以观察。本节将介绍未来工作的几个研究趋势。所有提到的问题都对无人机网络的性能有影响，它们都与网络结构、系统集成和系统的通信链接有关。我们是在灾难环境下讨论这些问题的。

（1）可扩展性。在未来应用中无人机需要开发新的拓扑结构。关键任务应用的可扩展性是非常重要的。对于这样的应用，可能需要更多的无人机来覆盖作业区域。在这种情况下，启用无人机的灾难恢复网络必须有能力在任何时候允许更多的节点。这种对无人机节点数量的优化要求是一个需要解决的重要问题。

（2）无人机平台。它包括网络中无人机的材料选择、位置和方向。对于任何自然灾害造成的干扰环境，一些敏感因素会影响无人机在作业区的性能。由于环境的动态性质，需要研究无人机对天气、温度和风况的敏感性。同样，网络中无人机节点的位置和方向也是重要的关键性能参数。

（3）隐私。网络中无人机节点的分布性带来了隐私方面的挑战。对于基于无人机的灾难恢复网络，传感器收集有关温度、天气、空气和恢复网络状态的信息。这种对操作区域的持续更新容易造成隐私泄露问题。这些对隐私的关注使我们有必要特别关注网络效率。向基站发送敏感信息是一个有待解决的问题。

（4）数据处理。对于一个灾难恢复网络来说，持续更新网络性能是强制性的，为此需要大量的数据处理操作。无人机配备的存储和计算能力有限。大量的数据处理操作对应着高功率。这种功率要求对无人机节点来说可能难以实现；云计算可以提供这方面的解决方案。雾计算和边缘计算作为云计算的延伸，增强了网络性能。无人机网络与这些架构的整合是一个有待研究的问题。

（5）路线选择。在一个灾难恢复网络中，环境是不断变化的。在恢复过程中可能会有更多的干扰。这将影响无人机的资源管理和在早期阶段决定的拓扑结构。在这种情况下，路由是一个主要问题。有必要制定路由协议，以便在网络拓扑结构发生变化时保持路由表的不断更新。在军事和灾难环境中需要多无人机操作。这种类型的应用需要无人机节点之间的合作，以传递有关作业区状态的最新信息。频繁改变路径的问题需要新的算法，还需要无人机节点之间的协调，以实现更新的路径规划。

（6）服务质量供应。无人机运输不同类型的数据以支持许多应用。一个灾难恢复网络，需要 GPS 定位、更新简单的文本信息、持续的视频流和语音记录。数据包丢失率、延迟、错误、无线链路的状况和频谱分配等参数都会影响网络性能。为了获得更好的结果，必须保持恢复网络的质量。这是一个需要研究的关键领域，其重点是满足服务质量要求。

（7）能源效率。无人机、蜂群或无人机是可以覆盖所有环境的飞行机器。这些设备重量轻，计算能力和能量有限。为了保持网络的能源效率，需要新的算法。与其他应用相比，干扰区的能量消耗非常高。能量消耗也与网络寿命有关。需要优化的解决方案来满足无人机灾难恢复网络的能量最小化要求。

（8）无人机的移动和部署。无人机在干扰性作业区域的移动性和部署是一个广阔的研究领域。一个复杂的环境需要多无人机系统；这些无人机节点可以使用不同的传感器。一个可能使用红外摄像机提供更新，而另一个可能使用另一种类型的摄像机。这种来自不同类型节点的数据扩散需要优化网络中节点的流动性和位置。数据的扩散可能需要穿越障碍物，这会导致数据的损失。在同一时间通过多无人机协同收集多种信息是一个有待研究的开放性研究挑战。

（9）交接。当在一个已经有很多障碍物的地区发生灾难时，或者是在蜂窝网络的边缘，或者是在一个大的区域，无人机必须在网络中得到最佳的部署，才能有效地完成这种通信。这个问题与交接技术有关。需要新的交接技术来满足远距离和作业区障碍物的问题。

（10）与现有技术的整合。无人机网络与现有技术的整合有助于提高网络的性能。这种整合有助于许多未来应用的完成。然而，这种整合也带来了与操作、可扩展性、处理和不同设备的异质性相关的新挑战。这种关联是一个新出现的挑战，要研究什么会改善网络的性能以满足应用的要求。

（11）缺少标准和法规。需要做大量的研究来定义无人机网络的适当规则、法规、政策和指导方针。这将有助于无人机网络与现有技术的兼容。

（12）安全性。由于没有单点故障，无人机在网络中的分布特性使其更加安全。然而，无人机节点本身也容易受到各种网络威胁。需要一些解决方案来提供安全通信。对于灾难恢复网络来说，安全是一个重要因素。为了应对不同的灾难环境，无人机需要强有力的安全解决方案。无人机节点上的传感器或编程很容易受到安全攻击。

8.6　展望

本节介绍了一些与无人机辅助灾难恢复网络有关的工作。以下的研究方向有助于学术界开发优化网络。我们必须加快以下领域的研究。

（1）为了在军事和自然灾害恢复方面进一步发展，无人机的设备硬件、网络结构、使能技术和处理能力应通过一个新的方法来实现。

（2）对于灾害管理，无人机与现有技术的整合必须对延迟、安保和安全方面进行研究。

（3）对于紧急情况，如流行病学部门和灾害管理，无人机有可能提供有关低延迟和高分辨率的解决方案。

（4）到目前为止，无人机网络还没有适当的标准。从无人机设备的制造、维修和销售的每一个步骤都必须得到适当的监控。

（5）无人机操作员和机主的选择也是一个有待研究的领域。应该进行适当的登记，以提高灾害管理的性能。

（6）希望有一个无人机模拟器来观察其性能，该模拟器将提供真实的结果。对于灾难恢复网络，模拟结果可能并不适用，因为应急环境是动态的。

（7）需要调查研究与数据收集机制有关的问题。无人机将被部署在作业区上空，以收集信息并上传到附近的云计算或雾计算服务器，并提供有效的连接。

（8）必须在覆盖区域和避免碰撞问题的约束下观察多无人机在该地区的移动。

（9）应开发其他技术，如人工智能和云计算与无人机的结合，以提高高数据率和低延迟的性能。

（10）为了在作业区提供所需的服务，国际电信联盟电信标准化部门（ITU-T）应该为网络发展提供标准。这种标准将有助于恢复管理网络的有效性。

8.7　总结

在本章中，我们介绍了对一些现有解决方案的比较分析，这些解决方案结合了无人机技术和其他架构，如云计算、机器学习、人工智能、网络功能虚拟化和软件定义网络。我们分析了影响无人机性能的质量因素，并解释了无人机网络设计的考虑因素、优势和架构。表 8.1 可以用来为未来的应用提供解决方案。

参考文献

1 Guha-Sapir, D., Vos, F., Below, R., and Ponserre, S. (2014). Annual Disaster Statistical Review 2011: The Numbers and Trends. *Tech. Rep.*. Centre for Research on the Epidemiology of Disasters (CRED).

2 Reina, D.G., Toral, S., Barrero, F. et al. (2013). Modelling and assessing Ad hoc networks in disaster scenarios. *Journal of Ambient Intelligence and Humanized Computing* 4 (5): 571–579.

3 Reina, D., Askalani, M., Toral, S. et al. (2015). A survey on multihop Ad hoc networks for disaster response scenarios. *International Journal of Distributed Sensor Networks* 11 (10): 647037.

4 García-Campos, J.M., Gutiérrez, D., Sánchez-García, J., and Marn, S.T. (2018). A simulation methodology for conducting unbiased and reliable evaluation of manet communication protocols in disaster scenarios. *Smart Technologies for Emergency Response and Disaster Management*. IGI Global, pp. 106–143.

5 Hayat, S., Yanmaz, E., and Muzaffar, R. (2016). Survey on unmanned aerial vehicle networks for civil applications: a communications viewpoint. *IEEE Communications Surveys & Tutorials* 18 (4): 2624–2661.

6 Sánchez-García, J., García-Campos, J.M., Toral, S. et al. (2016). An intelligent strategy for tactical movements of UAVs in disaster scenarios. *International Journal of Distributed Sensor Networks* 12 (3): 8132812.

7 Van Tilburg, C. (2017). First report of using portable unmanned aircraft systems (drones) for search and rescue. *Wilderness & Environmental Medicine* 28 (2): 116–118.

8 Bekmezci, I., Sahingoz, O.K., and Temel, c.S. (2013). Flying ad-hoc networks (FANETs): a survey. *Ad Hoc Networks* 11 (3): 1254–1270.

9 Marketsandmarkets, unmanned aerial vehicle(uav) market (2018), https://www.marketsandmarkets.com/Market-Reports/unmanned-aerial-vehicles-uav-market-662.html, (Online; accessed 13-12-2020).

10 Acevedo, J.J., Arrue, B.C., Maza, I., and Ollero, A. (2013). Cooperative large area surveillance with a team of aerial mobile robots for long endurance missions. *Journal of Intelligent & Robotic Systems* 70 (1–4): 329–345.

11 De Freitas, E.P., Heimfarth, T., Netto, I.F. et al. (2010). UAV relay network to support WSN connectivity. *International Congress on Ultra Modern Telecommunications and Control Systems*, IEEE, pp. 309–314.

12 Maza, I., Caballero, F., Capitán, J. et al. (2011). Experimental results in multi-UAV coordination for disaster management and civil security applications. *Journal of Intelligent & Robotic Systems* 61 (1–4): 563–585.

13 Semsch, E., Jakob, M., Pavlicek, D., and Pechoucek, M. (2009). Autonomous UAV surveillance in complex urban environments. *2009 IEEE/WIC/ACM International Joint Conference on Web Intelligence and Intelligent Agent Technology*, vol. 2, IEEE, pp. 82–85.

14 George, J., Sujit, P., and Sousa, J.B. (2011). Search strategies for multiple UAV search and destroy missions. *Journal of Intelligent & Robotic Systems* 61 (1–4): 355–367.

15 Hermosilla, A., Zarca, A.M., Bernabe, J.B. et al. (2020). Security orchestration and enforcement in NFV/SDN-aware UAV deployments. *IEEE Access* 8: 131779–131795.

16 Bekkouche, O., Bagaa, M., and Taleb, T. (2019). Toward a UTM-based service orchestration for UAVs in MEC-NFV environment. *2019 IEEE Global Communications Conference (GLOBECOM)*, IEEE, pp. 1–6.

17 Zhao, L., Yang, K., Tan, Z. et al. (2020). A novel cost optimization strategy for SDN-enabled UAV-assisted vehicular computation offloading. *IEEE Transactions on Intelligent Transportation Systems* early access: 1–11.

18 Zhu, Y., Wang, S., Liu, X. et al. (2020). Joint task and resource allocation in SDN-based UAV-assisted cellular networks. *2020 IEEE/CIC International Conference on Communications in China (ICCC)*, IEEE, pp. 430–435.

19 e Silva, T.D., de Melo, C.F.E., Cumino, P. et al. (2019). STFANET: SDN-based topology management for flying ad hoc network. *IEEE Access* 7: 173499–173514.

20 Vishnevsky, V., Kirichek, R., Elagin, V. et al. (2020). SDN-assisted unmanned aerial system for monitoring sensor data. *2020 12th International Congress on Ultra Modern Telecommunications and Control Systems and Workshops (ICUMT)*, IEEE, pp. 313–317.

21 Xiong, F., Li, A., Wang, H., and Tang, L. (2019). An SDN-MQTT based communication system for battlefield UAV swarms. *IEEE Communications Magazine* 57 (8): 41–47.

22 Liu, B., Zhang, W., Chen, W. et al. (2020). Online computation offloading and traffic routing for UAV swarms in edge-cloud computing. *IEEE Transactions on Vehicular Technology* 68 (8): 8777–8791.

23 Khan, U.A., Khalid, W., and Saifullah, S. (2020). Energy efficient resource allocation and computation offloading strategy in a UAV-enabled secure edge-cloud computing system. *2020 IEEE International Conference on Smart Internet of Things (SmartIoT)*, IEEE, pp. 58–63.

24 Chen, W., Liu, B., Huang, H. et al. (2019). When UAV swarm meets edge-cloud computing: the QoS perspective. *IEEE Network* 33 (2): 36–43.

25 Luo, F., Jiang, C., Yu, S. et al. (2017). Stability of cloud-based UAV systems supporting big data acquisition and processing. *IEEE Transactions on Cloud Computing* 7 (3): 866–877.

26 Kim, H., Lee, J., Ahn, E. et al. (2017). Concrete crack identification using a UAV incorporating hybrid image processing. *Sensors* 17 (9): 2052.

27 Sankarasrinivasan, S., Balasubramanian, E., Karthik, K. et al. (2015). Health monitoring of civil structures with integrated UAV and image processing system. *Procedia Computer Science* 54: 508–515.

28 Sharma, A., Singh, P.K., and Kumar, Y. (2020). An integrated fire detection system using IoT and image processing technique for smart cities. *Sustainable Cities and Society* 61: 102332.

29 Eisenbeiss, H. and Sauerbier, M. (2011). Investigation of UAV systems and flight modes for photogrammetric applications. *The Photogrammetric Record* 26 (136): 400–421.

30 Wang, L., Che, Y.L., Long, J. et al. (2019). Multiple access mmwave design for UAV-aided 5G communications. *IEEE Wireless Communications* 26 (1): 64–71.

31 Zhao, J., Liu, J., Jiang, J., and Gao, F. (2020). Efficient deployment with geometric analysis for mmwave UAV communications. *IEEE Wireless Communications Letters* 9 (7): 1115–1119.

32 Zhong, W., Gu, Y., Zhu, Q. et al. (2020). A novel 3D beam training strategy for mmwave UAV communications. *2020 14th European Conference on Antennas and Propagation (EuCAP)*, IEEE, pp. 1–5.

33 Kumar, S., Suman, S., and De, S. (2020). Dynamic resource allocation in UAV-enabled mmWave communication networks. *IEEE Internet of Things Journal* early access: 1.

34 Arafat, M.Y. and Moh, S. (2019). Localization and clustering based on swarm intelligence in UAV networks for emergency communications. *IEEE Internet of Things Journal* 6 (5): 8958–8976.

35 Al-Turjman, F., Lemayian, J.P., Alturjman, S., and Mostarda, L. (2019). Enhanced deployment strategy for the 5G drone-BS using artificial intelligence. *IEEE Access* 7: 75999–76008.

36 Dai, F., Chen, M., Wei, X., and Wang, H. (2019). Swarm intelligence-inspired autonomous flocking control in UAV networks. *IEEE Access* 7: 61786–61796.

37 Liu, X., Liu, Y., and Chen, Y. (2020). Machine learning empowered trajectory and passive beamforming design in UAV-RIS wireless networks. *arXiv preprint arXiv:2010.02749*.

38 Chen, M., Saad, W., and Yin, C. (2019). Liquid state machine learning for resource and cache management in LTE-U unmanned aerial vehicle (UAV) networks. *IEEE Transactions on Wireless Communications* 18 (3): 1504–1517.

39 Liu, X., Liu, Y., Chen, Y., and Hanzo, L. (2019). Trajectory design and power control for multi-UAV assisted wireless networks: a machine learning approach. *IEEE Transactions on Vehicular Technology* 68 (8): 7957–7969.

40 Zhang, H. and Hanzo, L. (2020). Federated learning assisted multi-UAV networks. *IEEE Transactions on Vehicular Technology* 69 (11): 14104–14109.

41 Ruan, L., Wang, J., Chen, J. et al. (2018). Energy-efficient multi-UAV coverage deployment in UAV networks: a game-theoretic framework. *China Communications* 15 (10): 194–209.

42 Kusyk, J., Uyar, M.U., Ma, K. et al. (2020). Artificial intelligence and game theory controlled autonomous UAV swarms. *Evolutionary Intelligence* 1–18, https://doi.org/10.1007/s12065-020-00456-y.

43 Yan, S., Peng, M., and Cao, X. (2018). A game theory approach for joint access selection and resource allocation in UAV assisted IoT communication networks. *IEEE Internet of Things Journal* 6 (2): 1663–1674.

44 Messous, M.-A., Sedjelmaci, H., Houari, N., and Senouci, S.-M. (2017). Computation offloading game for an UAV network in mobile edge computing. *2017 IEEE International Conference on Communications (ICC)*, IEEE, pp. 1–6.

45 Tipantu na, C., Hesselbach, X., Sánchez-Aguero, V. et al. (2019). An NFV-based energy scheduling algorithm for a 5G enabled fleet of programmable unmanned aerial vehicles. *Wireless Communications and Mobile Computing* 2019: 1–20.

46 White, K.J., Denney, E., Knudson, M.D. et al. (2017). A programmable SDN+NFV-based architecture for UAV telemetry monitoring. *2017 14th IEEE Annual Consumer Communications & Networking Conference (CCNC)*, IEEE, pp. 522–527.

47 Nogales, B., Sanchez-Aguero, V., Vidal, I. et al. (2018). A NFV system to support configurable and automated multi-UAV service deployments. *Proceedings of the 4th ACM Workshop on Micro Aerial Vehicle Networks, Systems, and Applications*, pp. 39–44.

48 Niethammer, U., Rothmund, S., Schwaderer, U. et al. (2011). Open source image-processing tools for low-cost UAV-based landslide investigations. *International Archives of the Photogrammetry, Remote Sensing and Spatial Information Sciences* 38 (1): C22.

49 Singhal, C. and Rahul, K. (2019). Efficient QoS provisioning using SDN for end-to-end data delivery in UAV assisted network. *2019 IEEE International Conference on Advanced Networks and Telecommunications Systems (ANTS)*, IEEE, pp. 1–6.

50 Pinto, M.F., Marcato, A.L., Melo, A.G. et al. (2019). A framework for analyzing fog-cloud computing cooperation applied to information processing of UAVs. *Wireless Communications and Mobile Computing* 2019: 1–14.

51 Salhaoui, M., Guerrero-González, A., Arioua, M. et al. (2019). Smart industrial IoT monitoring and control system based on UAV and cloud computing applied to a concrete plant. *Sensors* 19 (15): 3316.

52 Saura, J.R., Reyes-Menendez, A., and Palos-Sanchez, P. (2019). Mapping multispectral digital images using a cloud computing software: applications from UAV images. *Heliyon* 5 (2): e01277.

53 Pehere, S., Sanganwar, P., Pawar, S., and Shinde, A. (2020). Detection of pothole by image processing using UAV. *Journal of Science and Technology* 5 (3): 2456–5660.

54 Cheng, L., Zhu, Q., Wang, C.-X. et al. (2020). Modeling and simulation for UAV air-to-ground mmWave channels. *2020 14th European Confer-*

ence on Antennas and Propagation (EuCAP), IEEE, pp. 1–5.

55 Li, Z., Chen, M., Pan, C. et al. (2019). Joint trajectory and communication design for secure UAV networks. *IEEE Communications Letters* 23 (4): 636–639.

56 Asheralieva, A. and Niyato, D. (2019). Game theory and Lyapunov optimization for cloud-based content delivery networks with device-to-device and UAV-enabled caching. *IEEE Transactions on Vehicular Technology* 68 (10): 10094–10110.

57 Liang, X., Xu, W., Gao, H. et al. (2020). Throughput optimization for cognitive UAV networks: a three-dimensional-location-aware approach. *IEEE Wireless Communications Letters* 9 (7): 948–952.

58 Wang, Y., Li, Z., Chen, Y. et al. (2020). Joint resource allocation and UAV trajectory optimization for space–air–ground internet of remote things networks. *IEEE Systems Journal* early access: 1–11.

59 Fang, S., Chen, G., and Li, Y. (2020). Joint optimization for secure intelligent reflecting surface assisted UAV networks. *IEEE Wireless Communications Letters* 10 (2): 276–280.

60 Feng, W., Tang, J., Zhao, N. et al. (2020). NOMA-based UAV-aided networks for emergency communications. *China Communications* 17 (11): 54–66.

61 Liu, Y., Qin, Z., Cai, Y. et al. (2019). UAV communications based on non-orthogonal multiple access. *IEEE Wireless Communications* 26 (1): 52–57.

62 Yang, Y., Gao, Z., Zhang, Y. et al. (2020). Codeword selection for concurrent transmissions in UAV networks: a machine learning approach. *IEEE Access* 8: 26583–26590.

63 Zhang, Q., Saad, W., Bennis, M. et al. (2020). Predictive deployment of UAV base stations in wireless networks: machine learning meets contract theory. *IEEE Transactions on Wireless Communications* 20 (1): 637–652.

64 Challita, U., Ferdowsi, A., Chen, M., and Saad, W. (2018). Artificial intelligence for wireless connectivity and security of cellular-connected UAVs. *arXiv preprint arXiv:1804.05348*.

65 Liu, X., Chen, M., Liu, Y. et al. (2020). Artificial intelligence aided next-generation networks relying on UAVs. *arXiv preprint arXiv:2001.11958*.

66 Messous, M.-A., Senouci, S.-M., Sedjelmaci, H., and Cherkaoui, S. (2019). A game theory based efficient computation offloading in an UAV network. *IEEE Transactions on Vehicular Technology* 68 (5): 4964–4974.

67 Goudarzi, S., Anisi, M.H., Ciuonzo, D. et al. (2020). Employing unmanned aerial vehicles for improving handoff using cooperative game theory. *IEEE Transactions on Aerospace and Electronic Systems* early access: 1.

第 9 章 | Chapter 9 |

用于锁定场景智能监控的网络辅助无人机通信

9.1 引言

保持安全社交距离和避免身体接触已成为病毒传播的关键因素。为了实施这种限制，物联网架构可以作为一种潜在的解决方案，通过部署各种可穿戴和环境传感器来监测个人的健康和位置，并收集数据以预测病毒症状的发生或与患病个人的接触。在本章中，我们重点实施基于无人机的解决方案，用精确定位[1]、热成像和传感器数据采集等技术监测社交距离并限制身体接触。获得的数据可以通过长期演进技术或第五代网络传输给监测的相关机构。无人机不仅可以执行官方监控，还可以进行大规模筛查、发布公告，以及运送医疗用品，并到达无法进入的地区。

整合无人机网络以提供蜂窝网络的连接，在智慧城市应用中获得了极大的关注[2]，尤其是在服务恢复和灾难救援等紧急场景中[3-4]。安装有收发器的无人机作为空中基站或中继站与地面蜂窝网络连接。如图 9.1a 所示，空中基站可以根据利益相关者的需求部署[5]，通过悬停或安装在路灯上的智能摄像头进行通信，以提供高质量的链路通信，收集事件的信息，用于智能监测的锁定。来自空中基站的信息可以通过微型基站（MBS）转发到控制中心，在那里人们的身份与存储在政府数据库中的数据进行匹配。如图 9.1b 所示，在多跳空中基站通信的帮助下，可以利用类似的方法自主监测封锁期间的交通情况。图 9.1c 清楚地描述了空中基站通信对视线连接的依赖性。微型基站为空中基站提供回程连接，如果任何空中基站在微型基站的覆盖范围之外，它可以利用邻近的空中基站来到达微型基站，从而形成多跳空中基站通信。

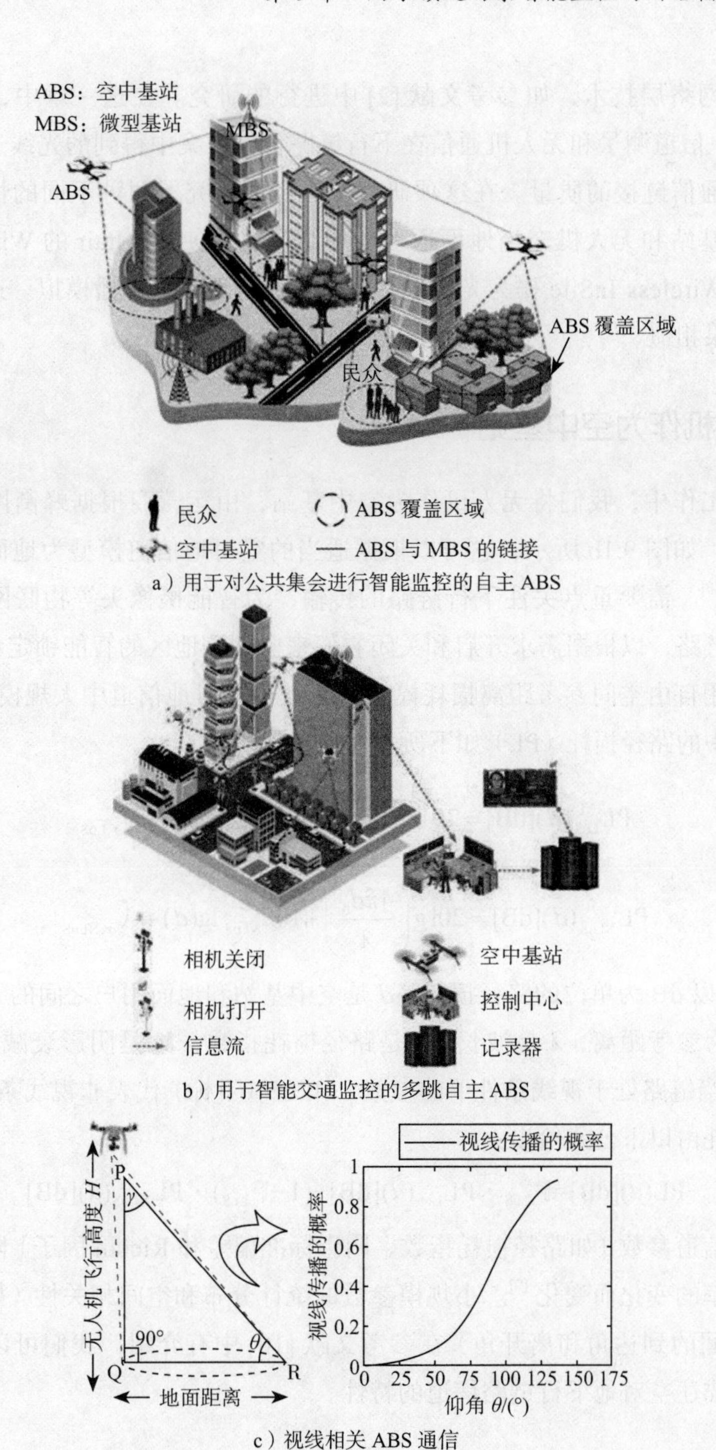

a）用于对公共集会进行智能监控的自主 ABS

b）用于智能交通监控的多跳自主 ABS

c）视线相关 ABS 通信

图 9.1　用于智能监控锁定的蜂窝网络辅助低空航空基站（ABS）

将无人机整合到 5G 及以后的研究有几个领域，如重新定义网络架构，开发新的物理层和网络层技术，如参考文献 [2] 中进行的研究。在这一章中，我们强调空对地（A2G）信道测量和无人机通信在下行链路传输方案中得到的光线追踪结果，以进一步提高通信链接的质量。在这项研究中，我们研究了两种不同的情况，如无人机充当航空基站和无人机充当地面通信的中继。我们使用 Altair 的 WinProp 套件和 Remcom 的 Wireless InSite 作为光线追踪工具来进行无线电传播模拟。这两个软件与现场测量结果相似[6-7]。

9.2 无人机作为空中基站

在这项工作中，我们将无人机作为空中基站，由运营商根据蜂窝网络的流量需求进行部署，如图 9.1b 所示；它可以根据适当的空对地信道模型为地面用户提供蜂窝网络覆盖[8]。需要重点关注下行链路的传输，为智能摄像头等物联网设备提供高质量的通信链路，以根据需求开启和关闭它们来监测该地区的智能锁定情况。

我们使用自由空间参考距离损耗模型[9]来获得空对地信道中大规模衰减的特性，空对地信道中的路径损耗（PL）如下所示：

$$\mathrm{PL}_{\mathrm{LoS}}(d)[\mathrm{dB}]=20\lg\left(\frac{4\pi d_0}{\lambda}\right)+10n_{\mathrm{LoS}}\lg(d)+X_{\sigma,\mathrm{LoS}} \tag{9.1}$$

$$\mathrm{PL}_{\mathrm{NLoS}}(d)[\mathrm{dB}]=20\lg\left(\frac{4\pi d_0}{\lambda}\right)+10n_{\mathrm{NLoS}}\lg(d)+X_{\sigma,\mathrm{NLoS}} \tag{9.2}$$

式中，PL 是以 dB 为单位的路径损耗，d 是空中基站和地面用户之间的无线电链路距离，d_0=1m 为参考距离，λ 是波长，n 是路径损耗指数，X_σ 是阴影衰减。另外，LoS（下标）代表当链路处于视线条件下的参数，NLoS（下标）代表非视线条件下的参数。平均路径损耗由以下公式给出：

$$\mathrm{PL}(d)[\mathrm{dB}]=\mathbb{P}_{\mathrm{LoS}}\cdot\mathrm{PL}_{\mathrm{LoS}}(d)[\mathrm{dB}]+(1-\mathbb{P}_{\mathrm{LoS}})\cdot\mathrm{PL}_{\mathrm{NLoS}}(d)[\mathrm{dB}] \tag{9.3}$$

大规模信道参数（如路径损耗指数、阴影标准偏差和 Rician 因子）随空中基站高度和传输功率的变化而变化[9]。小规模参数的统计分布和空间相关性（如空中基站和地面用户之间的到达角和离开角）在参考文献 [10] 中有介绍。我们可以通过相同的仿真设置来描述空对地下行链路信道的特性。

9.2.1 仿真设置

仿真是在三种不同的环境中进行的，包括郊区、城市和城市高层。这些环境是

根据国际电信联盟 – 无线电通信部门（ITU-R）的参数在 3DS Max 中创建的 [11]。

（1）α 是建筑物覆盖的土地面积占总面积的比例（无单位）。

（2）β 是单位面积上的平均建筑数量（建筑数 / km^2）。

（3）γ 是决定建筑物高度分布的变量。

仿真区域为 1000m × 1000m，32500 个接收器均匀地分布在地面上，空中基站放置在中心位置，如图 9.2 所示。在我们的模拟环境中，我们认为空中基站是静态的，只随高度盘旋；但是，可以根据交通要求和信号质量进行轨迹规划 [12]。建筑物的密度取决于环境的类型，郊区的密度最小，城市高层的密度最大，建筑物的高度服从瑞利分布 [11]。空中基站的高度从 100 ～ 2000m 不等。在 2.4 GHz 载波频率和 20 MHz 信号带宽下，空中基站多种高度间隔下进行了模拟，空中基站的传输功率从 18 ～ 46 dBm 不等。在环境的不同地方捕获了许多模拟快照。这些模拟的结果在相应的高度和传输功率下进行了平均，以提高结果的准确性。与实际测量的结果相比，Wireless InSite 中进行的模拟较为准确 [7]。

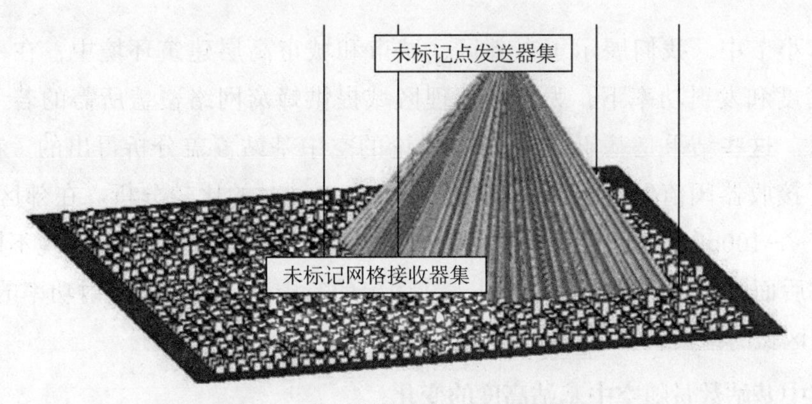

图 9.2　城市环境中的光线跟踪模拟

9.2.2　在一个地理区域内实现蜂窝网络覆盖的最佳空中基站数量

为某一地理区域提供蜂窝网络覆盖的空中基站数量取决于海拔高度、发射功率和传播环境的类型。当空中基站的海拔较低时，由于传播衰减较小，覆盖一个地区所需的传输功率较小。然而，当海拔较高时，覆盖同一地区需要更多的传输功率。这意味着空中基站的高度和发射功率之间应该有一个权衡。因此，需要一个最佳的高度和发射功率来获得特定传播环境的最佳覆盖。这些最佳值可以从参考文献 [13,14] 中看出。这里，我们确定了郊区、城市和城市高层环境中不同高度的空中基站数量和空中基站的发射功率。为此，我们首先使用式（9.4）计算空中基站的覆盖率。我们发现空中基站的覆盖范围是移动设备接收功率高于阈值的那部分地理区域。

$$C=\frac{1}{A_{\mathrm{C}}}\int_{A_{\mathrm{C}}} r\cdot P(P_{\mathrm{rx}}(r)\geqslant P_{\min})\mathrm{d}r\mathrm{d}\phi \tag{9.4}$$

式中，r 是每个接收器与空中基站之间的距离，ϕ 是方位角，P 是接收功率 P_{rx} 大于阈值 $P_{\min}$ 的概率，A_{C} 是用于归一化最终覆盖区域的假定小区面积。从空中基站的覆盖结果来看，空中基站数量可以简单地从式（9.5）中求出：

$$\text{空中基站的数量}=\frac{\text{需要覆盖的整个区域面积}}{\text{单个空中基站覆盖的区域面积}} \tag{9.5}$$

因此，我们发现在固定的地理区域内，空中基站的数量随空中基站高度和发射功率的变化而变化。我们还在固定的高度和发射功率下模拟地理区域的变化。

9.2.3 性能评估

在本小节中，我们展示了在郊区、城市和城市高层建筑环境中，在不同的空中基站高度和发射功率下，为一个地理区域提供蜂窝网络覆盖所需的若干空中基站的结果。这些结果是基于9.2.2节中讨论的空中基站覆盖分析得出的。在此，我们展示了接收器阈值保持在 −120dBm 和 −100dBm 时的比较分析。在郊区环境中，在 −120 ～ −100dBm 之间出现了类似的趋势变化。这是由于与城市环境不同的衰减情况，在后面的章节中会解释。另外，在固定的空中基站高度和发射功率的情况下，随着地理区域的增大，空中基站的数量也有变化。

1. 空中基站数量随空中基站高度的变化

图9.3显示了空中基站数量随海拔高度的变化。这些结果是基于半径为200m的地理区域得出的。然而，据观察，增加地理区域并不改变曲线的走势，只是改变所需的空中基站数量。从式（9.5）中，我们可以看到，所需的空中基站数量只取决于每个空中基站的覆盖范围，因为这里假定要覆盖的地理区域是恒定的。在 −120dBm 的阈值 [即LTE移动设备的最低接收信号强度指标（RSSI）] 下，由于多径和散射传播效应，只有少数接收器能满足式（9.4）中给出的概率条件，因此在低海拔地区需要的空中基站数量更多。当海拔高度增加时，所需的空中基站数量在一定程度上会减少。空中基站的最佳海拔高度是可以获得最大覆盖并使用最少空中基站的高度，此处为350 ～ 400m[13]。在更高的高度，空中基站的数量又开始增加，因为路径损

失效应导致了更高的信号衰减，从而减少了每个空中基站的覆盖范围。此外，郊区环境所需的空中基站数量也低于城市和城市高层环境。这是因为从光线追踪模拟和 Zajic[15] 中观察到，郊区环境中出现了瑞利消退从而导致覆盖面积增加，而城市环境中的瑞利消退是在空对地信道观察到的。与更高的阈值 -100dBm 相比，在城市和城市高层环境中也观察到类似的行为，其中空中基站的数量比更低的阈值结果多。这是由于移动用户需要更高的容量和更好的连接，从而需要更多的空中基站。

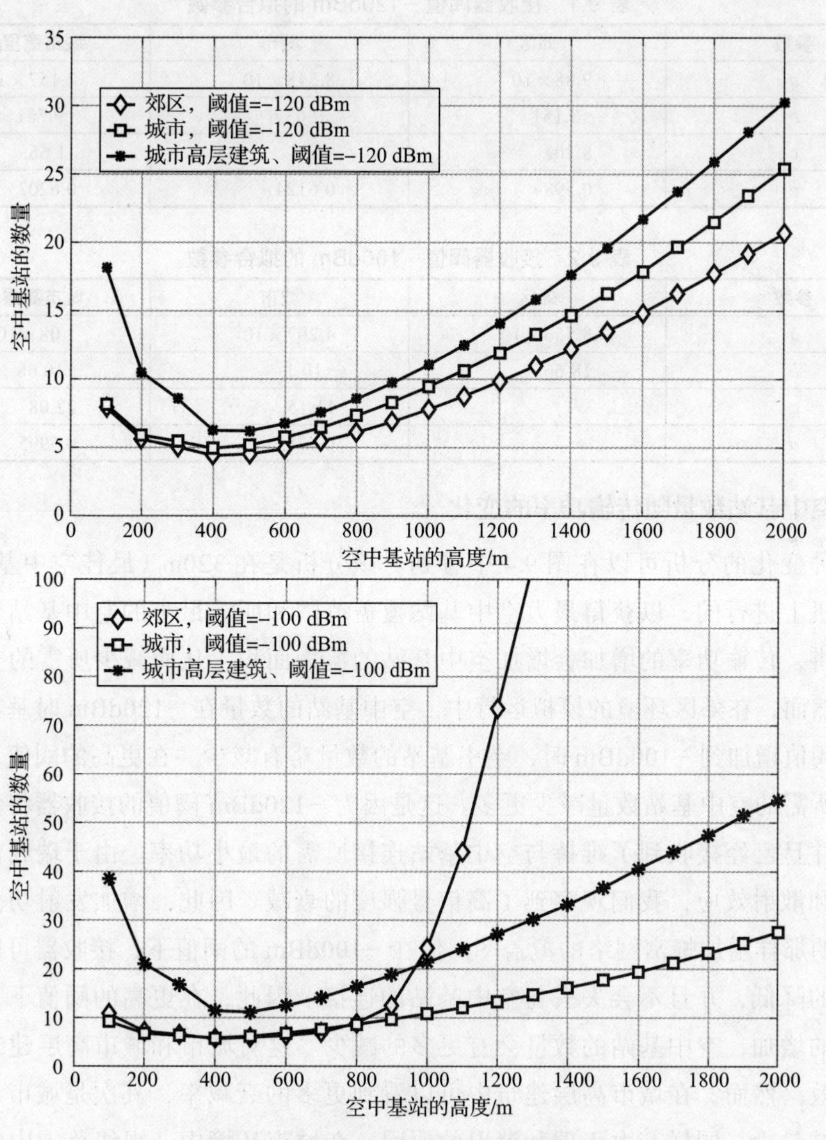

图 9.3　空中基站数量随海拔高度的变化

在郊区环境中可以观察到空中基站数量的指数增长。这是因为由于瑞利消退和高海拔地区较高的路径损耗导致移动设备的接收功率进一步降低。空中基站的数量 Ω 随其高度 h 的变化可以表示为一个指数函数。

$$\Omega = a \times \exp(b \times h) + c \times \exp(d \times h) \tag{9.6}$$

式中，a、b、c、d 为拟合参数，如表 9.1 和表 9.2 所示。

表 9.1　接收器阈值 −120dBm 的拟合参数

参数	郊区	城市	城市高层建筑
a	9.88×10^{-6}	8.548×10^{-7}	2.157×10^{-6}
b	−8.151	−9.637	−9.761
c	8.202	9.81	11.66
d	0.5984	0.6124	0.6202

表 9.2　接收器阈值 −100dBm 的拟合参数

参数	郊区	城市	城市高层建筑
a	8.556×10^{-9}	4.297×10^{-7}	1.08×10^{-6}
b	18.66	−10.1	−10.68
c	—	11.15	22.08
d	—	0.5755	0.5995

2. 空中基站数量随传输功率的变化

这种变化的分析可以在图 9.4 中看到。该分析是在 320m（最佳空中基站高度）的无人机上进行的，以获得最大空中基站覆盖范围和所需最小的空中基站数量。从理论上讲，传输功率的增加会增加空中基站的覆盖面积，从而减少所需的空中基站数量。然而，在郊区环境的模拟运行中，空中基站的数量在 −120dBm 时基本保持不变，当阈值增加到 −100dBm 时，空中基站的数量略有减少。在更高的阈值下，我们观察到所需的空中基站数量减少更多。这是因为 −120dBm 阈值的接收器将位于区域边界，并且已经接收到了维持与空中基站连接所需的最小功率。由于瑞利消退、多径损耗和散射效应，我们观察到了高信号强度的衰减。因此，增加发射功率并不能像预期的那样增加蜂窝网络的覆盖率。但在 −100dBm 的阈值下，接收器可以承受接收功率的降低，并且不会失去与空中基站的连接。因此，在更高的阈值下，随着传输功率的增加，空中基站的数量会有更多的减少。这对城市和城市高层建筑环境也仍然有效。然而，在城市高层建筑中可以看到更多的衰减率，其次是城市，而在郊区的衰减最少。同样，由于瑞利消退的原因，在城市环境中，视线范围内的组件可以在更高的传输功率下达到更远的距离，并有更多的 ABS 覆盖。我们也提供了一个类似的空中基站数量的分析表达式：

$$\Omega = a' \times \exp(b' \times P) + c' \times \exp(d' \times P) \tag{9.7}$$

式中，a'、b'、c'、d' 是表 9.3 和表 9.4 中的拟合参数。

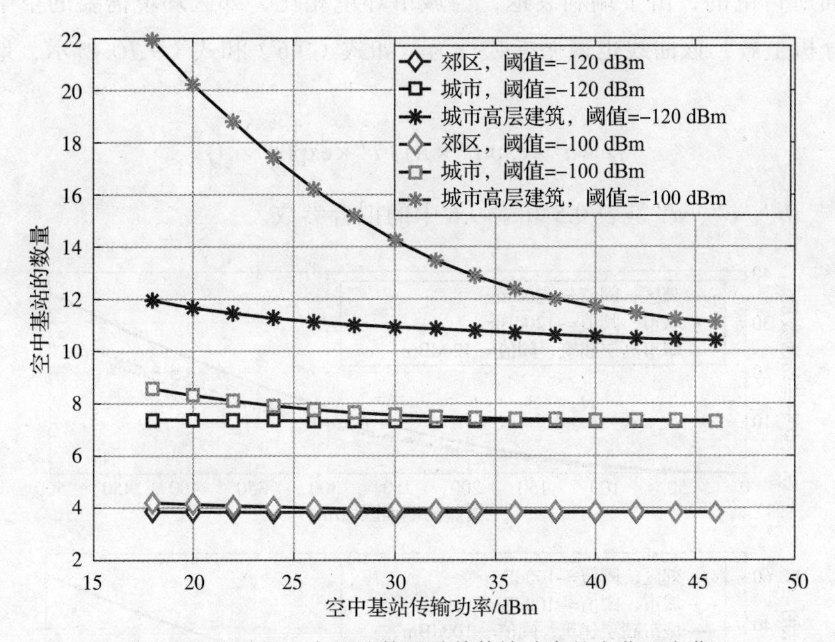

图 9.4　所需的空中基站数量随其传输功率的变化而变化

表 9.3　接收器阈值 −120dBm 的拟合参数

参数	郊区	城市	城市高层建筑
a'	0.000394	0.002649	0.01987
b'	−2.647	−1.911	−2.237
c'	3.825	7.331	10.82
d'	−0.0002713	-5.503×10^{-5}	−0.02689

表 9.4　接收器阈值 −100dBm 的拟合参数

参数	郊区	城市	城市高层建筑
a'	0.4818	0.3378	8.613
b'	−0.4185	−0.9818	−0.4974
c'	3.42	7.14	4.789
d'	0.0292	0.01231	0.2619

3. 空中基站的数量随地理区域的变化

图 9.5 显示了空中基站的数量随覆盖的地理区域的变化而变化。这些模拟是在固

定的海拔高度和空中基站的传输功率下进行的。然而，在其他海拔高度和传输功率下，也得到了类似的特征。正如预期的那样，在空中基站覆盖范围保持不变的情况下，覆盖指定地理区域所需空中基站的数量随着地理区域面积的增加而增加。另外，正如前面所讨论的，由于瑞利衰退，与城市环境相比，郊区环境需要的空中基站更少。从分析上看，该曲线也遵循指数行为，如式（9.6）和式（9.7）所示，地理区域为 A。

$$\Omega = a'' \times \exp(b'' \times A) + c'' \times \exp(d'' \times A) \tag{9.8}$$

式中，a''、b''、c''、d'' 是表 9.5 和表 9.6 中的拟合参数。

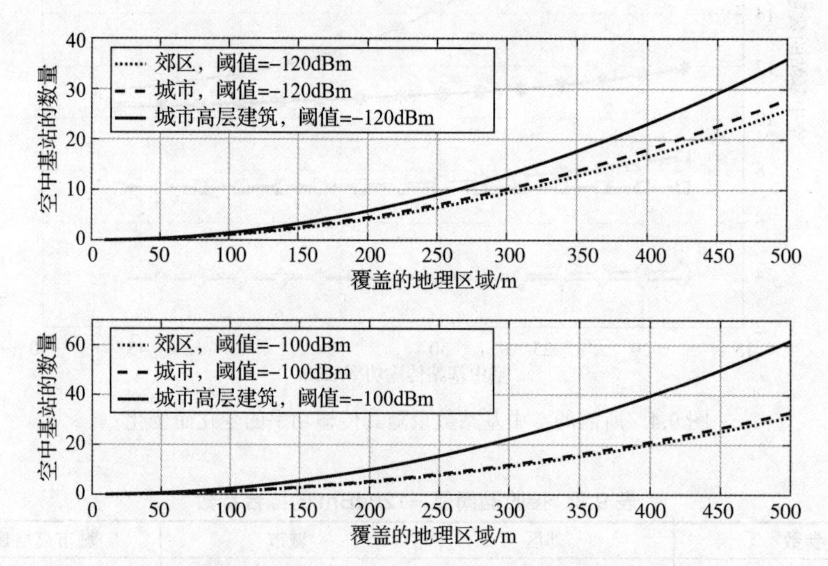

图 9.5 所需空中基站的数量随覆盖的地理区域的变化而变化

表 9.5 接收器阈值 –120dBm 的拟合参数

参数	郊区	城市	城市高层建筑
a''	386.3	–7592	–1579
b''	0.3457	0.3387	0.3372
c''	–379.4	7599	1588
d''	0.3332	0.3394	0.3414

表 9.6 接收器阈值 –100dBm 的拟合参数

参数	郊区	城市	城市高层建筑
a''	1.028×10^{-5}	–851.3	268.4
b''	0.3228	0.3354	0.361
c''	-1.028×10^{-5}	860	–252
d''	0.3227	0.3426	0.3169

9.3 无人机作为地面通信的中转站

考虑一个带有 5G 天线的地面基站（TBS）与主控无人机进行通信。它是一个动态定向天线，跟随无人机的位置，向安装在无人机上的收发调制器提供数据。地面基站的天线被放置在离地面 3m 的地方。图 9.6 展示了地面基站的路径损失与传输功率。

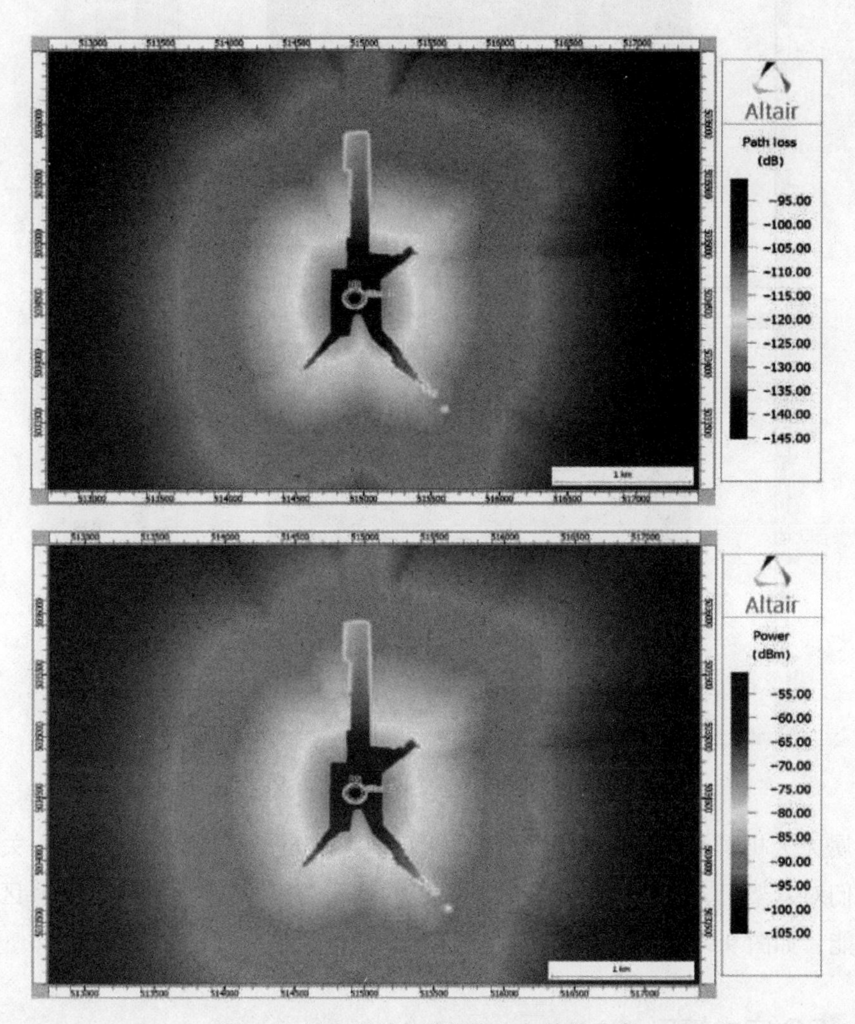

图 9.6　地面基站的路径损失与传输功率

主控无人机被用作调制解调器 / 路由器，其信号强度和功率已在光线追踪模拟中得到预测。主控无人机引导从属无人机（SUAV）群，主控无人机的飞行高度为 100m，从属无人机随其移动，以减少并在理论上消除由移动引起的多普勒位移。由于主控无人机的高度较高，信号的功率平均分布在整个预测区域（见图 9.7），从属无人机的巡航高度也为 100m。

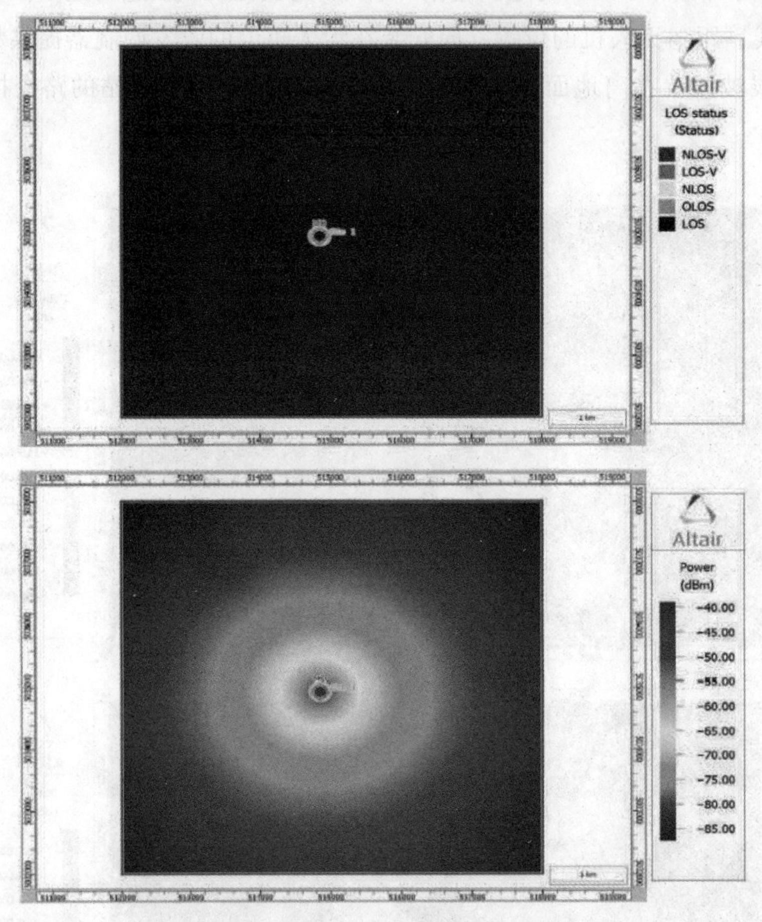

图 9.7　主控无人机发射功率和视线

从属无人机群被用来为地面上的用户（高度 1.5m）提供互联网通信。关于该系统，我们对六架无人机进行了仿真，其天线的综合功率可以充分保证 $4km^2$ 区域的全信道性能，如图 9.9 所示。

9.3.1　5G 空中接口

空中接口是描述移动或无线通信中两个不同站点之间通信联系的接入模式。空中接口涉及物理层和数据链路层。空中接口的物理连接一般是基于无线电的，这是基站（BS）和移动站（MS）之间的链接。通过不同的多址技术 [如频分多址

（FDMA）、时分多址（TDMA）或空分多址（SDMA）] 可以在有限的频谱中创建多个链接。一些高级的多路传输技术结合了频分和时分方法，如正交频分多址（OFDM）或码分多址（CDMA）。

有许多 5G 应用 [16]，大致分为三个领域：增强型移动宽带（EMBB），其中用户需要大量的数据和高数据率；海量机器型通信（MMTC），其中用户需要少量的数据，持续时间较长；超可靠低延迟通信（URLLC），其中用户要求数据传输的往返延迟非常低，且没有任何数据损失。因此，为多业务场景实施一个通用的空中接口并不可行，灵活配置的正交频分多址（FC-OFDM）可以作为一个合适的候选方案，它可以灵活配置不同的子带字符 [34]。5G 标准的商业应用应该是在 2020 年部署。对于每一个新的移动时代，都会分配更高的频段和更宽的频谱带宽以增加吞吐量，即 1G 为 30kHz，2G 为 200kHz，3G 为 5MHz，4G 为 20MHz，而 5G 为 100MHz。

9.3.2　仿真设置

Altair WinProp 套件，特别是 ProMan 和 WallMan，被用来进行智能光线跟踪（IRT）预测。ProMan（传播）软件包被设计用来准确预测发射器和接收器之间的路径损耗，包括移动无线电信道的所有重要参数。ProMan 软件为 2G/2.5G、3G/3.5、4G/LTE、WLAN 和 WiMAX 通信协议提供网络规划模块。静态网络规划模块以及动态网络模拟器都包括在内。除了蜂窝网络规划功能，ProMan 还支持广播网络（地面和卫星）的规划。该仿真旨在模拟和收集基于使用无人机的真实系统部署的数据。如图 9.8 所示，该系统被分为三个不同的频道块。对于模拟，所使用的参数已显示在表 9.7 中。

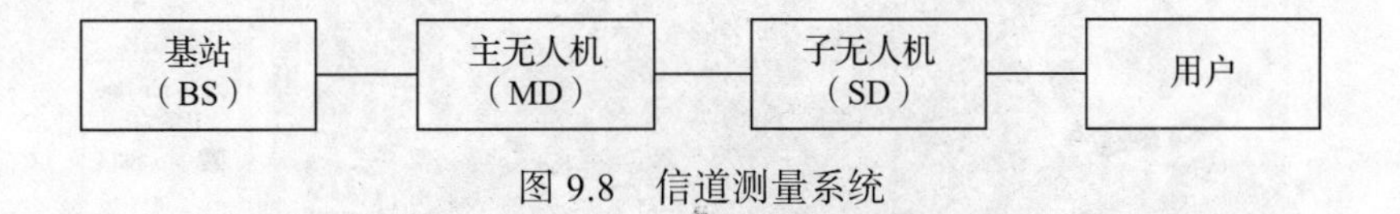

图 9.8　信道测量系统

表 9.7　5G 空中接口仿真参数

多址技术	OFDMA	通道带宽	100MHz
子载波的最大数量	2048	载波频率	28GHz
保护子载波	255	MIMO	最多四个数据流
副载波间隔	75 kHz	双工分离	FDD
符号持续时间	13.33μs	QAM 的资源块	100
资源块上的子载波	14		

意大利米兰场景被用作城市环境，具有高建筑密度，PL 系数 η=5。在所有的模拟中，天线是一个各向同性的辐射器，发射功率为 40dBm，发射器天线增益为 25dB，方位角等于零，下倾角为零且垂直极化。图 9.6 和图 9.7 显示了地面基站和主控无人机的发射功率和路径损耗。设计和分析通信系统链路预算的最重要内容之一是大规模的衰减效应，如路径损耗和遮挡。从表 9.8 中可以看出，在这些假设下，所需的性能得到了满足，其中使用 128-QAM 调制方案实现了 459.4Mbit/s 的数据速率。此外，图 9.9 和图 9.10 显示了地面用户由从属无人机集群中接收的功率和吞吐量。

表 9.8　下载最大吞吐量

BItSK	65.63Mbit/s
16-QAM	262.5Mbit/s
32-QAM	382.1Mbit/s
64-QAM	393.8Mbit/s
128-QAM	459.4Mbit/s

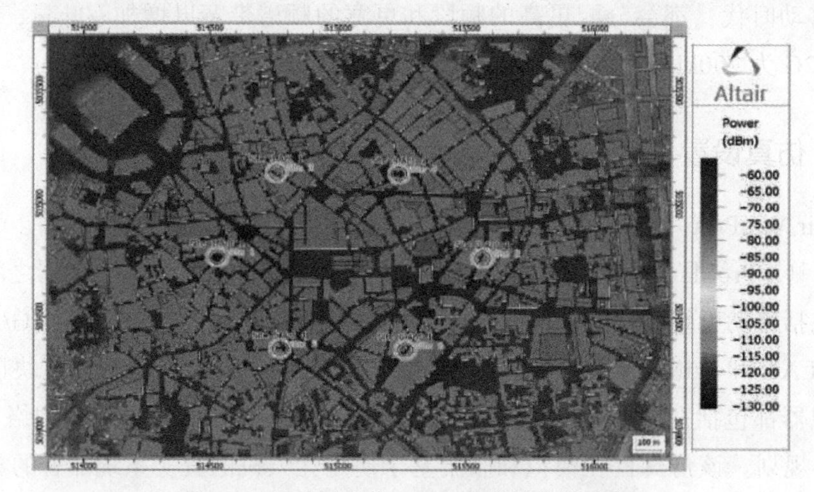

图 9.9　地面用户从 SUAV 集群接收的功率

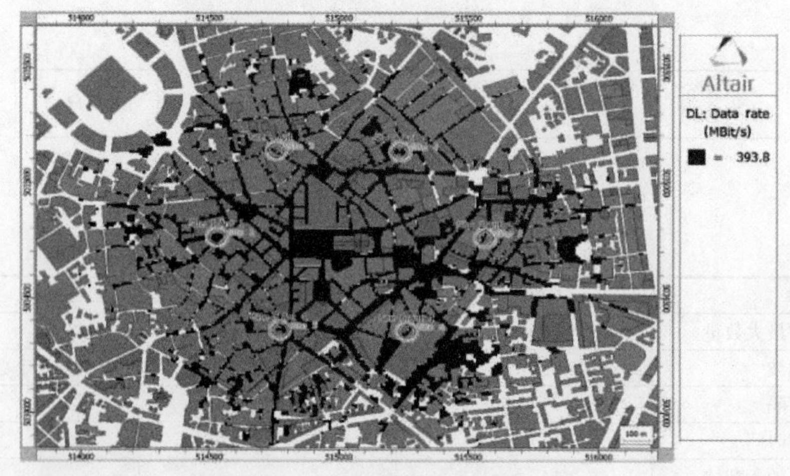

图 9.10　64-QAM 吞吐量覆盖区域

9.4 总结

在本章中，我们讨论了无人机在智能城市环境中监测社交距离、公共集会和物理接触等对于防范病毒传播的重要性。我们讨论了两个用例场景，其中无人机被电信运营商部署为地面通信网络的空中基站和中继。我们通过两个无线电传播软件的光线追踪模拟设置来实现这两个场景，即 WinProp Suite 和 Wireless InSite。随后，我们对信道测量和 5G 空中接口进行了详细讨论。此外，为了评估关键性能指标，如区域覆盖率、吞吐量和地面用户的接收功率，我们讨论了详细的模拟结果。仿真结果显示，在覆盖特定地理区域所需的空中基站数量方面，空中基站的高度和传输功率之间存在权衡。结果显示，随着空中基站高度的增加，覆盖一个地理区域所需的空中基站数量成比例地增加。

同时，随着空中基站传输功率的增加，覆盖同一地理区域所需的空中基站数量按比例减少。然而，减少的速度在城市高层建筑中更明显，然后是城市，在郊区减少得最少。这是由于城市环境中的瑞利衰落导致视线范围内的组件能够以更高的传输功率到达更远的距离，从而有更多的空中基站覆盖。此外，据观察，增加地理区域并不改变曲线的行为，而只是改变了所需的空中基站数量。总的来说，可以得出这样的结论：通过对空中基站数量、传输功率和高度的优化选择，空中基站可以成为覆盖人群监视和监测地理区域的潜在解决方案之一。

参考文献

1 Arafat, M.Y. and Moh, S. (2019). Localization and clustering based on swarm intelligence in UAV networks for emergency communications. *IEEE Internet of Things Journal* 6 (5): 8958–8976. https://doi.org/10.1109/JIOT.2019.2925567.

2 Li, B., Fei, Z., and Zhang, Y. (2019). UAV communications for 5G and beyond: recent advances and future trends. *IEEE Internet of Things Journal* 6 (2): 2241–2263.

3 Masood, A., Scazzoli, D., Sharma, N. et al. (2020). Surveying pervasive public safety communication technologies in the context of terrorist attacks. *Physical Communication* 41: 101109. https://doi.org/https://doi.org/10.1016/j.phycom.2020.101109.

4 Masood, A., Sharma, N., Alam, M.M. et al. (2019). Device-to-device discovery and localization assisted by UAVs in pervasive public safety networks. *Proceedings of the ACM MobiHoc Workshop on Innovative Aerial Communication Solutions for FIrst REsponders Network in*

Emergency Scenarios, pp. 6–11.

5 Sharma, N., Magarini, M., Jayakody, D.N.K. et al. (2018). On-demand ultra-dense cloud drone networks: opportunities, challenges and benefits. *IEEE Communications Magazine* 56 (8): 85–91. https://doi.org/10.1109/MCOM.2018.1701001.

6 Hoppe, R., Wölfle, G., Futter, P., and Soler, J. (2017). Wave propagation models for 5G radio coverage and channel analysis. *2017 Sixth Asia-Pacific Conference on Antennas and Propagation (APCAP)*, pp. 1–3. https://doi.org/10.1109/APCAP.2017.8420499.

7 Mede?ovi?, P., Veleti?, M., and Blagojevi?, . (2012). Wireless insite software verification via analysis and comparison of simulation and measurement results. *2012 Proceedings of the 35th International Convention MIPRO*, May 2012, pp. 776–781.

8 Khawaja, W., Guvenc, I., Matolak, D.W. et al. (2019). A survey of air-to-ground propagation channel modeling for unmanned aerial vehicles. *IEEE Communications Surveys Tutorials* 21 (3): 2361–2391. https://doi.org/10.1109/COMST.2019.2915069.

9 Sharma, N., Magarini, M., Dossi, L. et al. (2018). A study of channel model parameters for aerial base stations at 2.4 GHz in different environments. *2018 15th IEEE Annual Consumer Communications Networking Conference (CCNC)*, pp. 1–6. https://doi.org/10.1109/CCNC.2018.8319165.

10 Sharma, N., Magarini, M., Reggiani, L., and Alam, M.M. (2019). Channel characterization at 2.4 GHz for aerial base station. *Procedia Computer Science* 151: 1092–1099. https://doi.org/https://doi.org/10.1016/j.procs.2019.04.155. *The 10th International Conference on Ambient Systems, Networks and Technologies (ANT 2019) / The 2nd International Conference on Emerging Data and Industry 4.0 (EDI40 2019) / Affiliated Workshops*.

11 ITU-R (2003). Propagation data and prediction methods for the design of terrestrial broadband millimetric radio access systems. Geneva, Switzerland, Rec. P.1410-1412, P Series, Radiowave Propagation.

12 Sheikh, M.U., Riaz, M., Jameel, F. et al. (2020). Quality-aware trajectory planning of cellular connected UAVs. *Proceedings of the 2nd ACM MobiCom Workshop on Drone Assisted Wireless Communications for 5G and Beyond*, pp. 79–85.

13 Cileo, D.G., Sharma, N., and Magarini, M. (2017). Coverage, capacity and interference analysis for an aerial base station in different environments. *2017 International Symposium on Wireless Communication Systems (ISWCS)*, Aug 2017, pp. 281–286. https://doi.org/10.1109/ISWCS.2017.8108125.

14 Sharma, N., Sharma, V., Magarini, M. et al. (2019). Cell coverage analysis of a low altitude aerial base station in wind perturbations. *2019 IEEE Globecom Workshops (GC Wkshps)*, pp. 1–6. https://doi.org/10.1109/GCWkshps45667.2019.9024665.

15 Zajić, A. (2012). *Mobile-to-Mobile Wireless Channels*. Artech House.

16 Navarro-Ortiz, J., Romero-Diaz, P., Sendra, S. et al. (2020). A survey on 5G usage scenarios and traffic models. *IEEE Communications Surveys Tutorials* 22 (2): 905–929. https://doi.org/10.1109/COMST.2020.2971781.

17 Lin, H. (2015). Flexible configured OFDM for 5G air interface. *IEEE Access* 3: 1861–1870. https://doi.org/10.1109/ACCESS.2015.2480749.

第 10 章 | Chapter 10 |

用于农业的无人机：基于物联网场景的概述

10.1 引言

智能农业（SF）是指将信息和通信技术（ICT）应用于农业。由于通过 ICT 收集和分析数据可实现更高效的生产，因此科学家、从业者、私人和公共公司共同努力开发相关技术并鼓励农民应用这些创新技术。有待充分开发的技术是卫星图像、农业机器人、多传感器的数据收集，以及无人机的遥感和执行[1]。遥感，特别是基于无人机的遥感，被用于大量不同的场景（例如林业[2]），选择安装在遥感系统上的传感器也取决于场景。卫星是遥感的一个长期解决方案，物联网方案也可以应用于卫星领域[3]。与卫星不同的是，从有效载荷的角度来看，无人机提供了极大的灵活性，因为这些载荷可以在每次飞行中改变。无人机已经被视为一种突破性技术，一种改变游戏规则的技术[4-5]。当无人机与物联网和低功耗广域网（LPWAN）相结合时，其潜力是巨大的。应用这些技术的场景如下：使用数据采集和数据分析为决策支持系统（DSS）提供信息；采用半自动解决方案收集土壤中的水、水分含量、电导率和酸度等数据；使用在其他领域建立的解决方案，如风、温度、湿度和太阳辐射传感器。一个特别值得关注的案例是通过与机器视觉系统相结合的光学元件来检测杂草[6]。

农业领域的无人机可以在各种问题上提供支持——例如重建作物的三维模型，确定作物高度，或利用例如多光谱相机的优势估计农业指数的值，如叶面积指数（LAI）或归一化差异植被指数（NDVI）。此外，还可以收集非常精确的图像，并通过可作为飞行自组网络（FANET）[9] 的机群[7-8] 来监测农田。无人机可用于检测疾病、估计产量、监测害虫和创建虚拟种植园，还可进行表型分析。无人机在这种情况下显示出了潜力，因为收集的图像可以通过图像分析技术来提高产量。

10.2 相关研究项目概况

在本节中，我们将调查欧盟（EU）近期在智能农业领域资助的相关研究项目，特别是那些利用无人机的项目。除了描述感兴趣的应用场景之外，主要目标是强调对这些活动日益增长的关注，并分析所涉及的技术。

在过去的几年里，考虑到无人机可以发挥的潜在作用，欧盟一直在积极开展 R&I 活动，为欧洲农业的数字化奠定基础。为支持数字技术的应用开发新的解决方案，欧盟已经资助了一些战略干预措施。在表 10.1 中，我们列举了近期欧盟资助的无人机的项目在农业领域的应用，详细说明了项目名称和开始日期，并从应用场景的角度说明待实现的目标，以及利用的技术。其目的是强调使用无人机实现不同的项目目标。正如预期的那样，大多数项目都依赖于以综合方式使用多种技术和工艺；在此，我们强调最突出的项目。

使用无人驾驶车辆是一个备受关注的趋势，表 10.1 中的项目也证实了这一点。在下文中，我们将更广泛地描述每个计划。APMAV 项目包括一个基于无人机技术和智能云平台的农业管理解决方案，为农民提供有价值的、可操作的、实时的建议，以推动降低成本和提高作物性能。Flourish 项目也利用了无人机，旨在从空中测量田地，然后用无人地面车辆（UGV）在地面进行有针对性的干预。这个想法是为了开发一个以精准农业（PF）应用为目标的 DSS，并尽量减少用户干预。SWAMP 项目为精确灌溉领域的智能水管理开发了基于物联网的方法，以便更有效地利用水资源，避免灌溉不足和过度灌溉。

Dragon 项目中提出了数据驱动的活动，其主要努力方向是技术转让，以方便采用精准农业技术。该项目考虑了几个数据源，并通过使用大数据技术对数据流进行分析，以提供农业知识和开发信息系统。该项目联合使用了几种技术的。PANTHEON 项目通过利用新型机器人技术、遥感和大数据管理技术，旨在设计一个综合系统，让数量有限的异构机器人组件（包括地面和空中机器人）在果园内移动，收集数据并执行一些最常见的农业操作。SWEEPER 项目提出了一个机器人系统，用于收获温室中的甜椒，利用机器视觉技术获取颜色和距离信息，然后将收集的物品储存在一个机载容器中。另一个机器人平台已在 ROMI 项目中以开放和轻量级的方式开发，用于协助减少杂草和作物监测。这些机器人减少了人工劳动，提高了生产力。陆地机器人还获得了植物样本的详细信息，并与无人机相配合，获得了作物层面的补充信息。大数据葡萄项目专注于葡萄和葡萄酒生产，使用机器学习（ML）来支持决策。数据也是通过无人机收集的，例如树冠特征信息。RUC-APS 项目以管理方法为中心，旨在加强农业系统中的智能农业解决方案，应用运筹学来优化农场生产。从智能农业数字技术的角度来看，IoF2020 项目是一个非常大的计划。该项目旨在加速物联网的应用，以确保充足、安全和健康的食物，并加强欧洲农业和食品的竞争力。它的目标是成为促进农民、食品工业、技术供应商和研究机构的共生生态系统。从表 10.1 可以看出，无人驾驶车辆可用于不同的场景，如监测、收获和支持不确定条件下的决策。它们的使用通常与地面传感器以及云解决方案（通过分析收集到的数据提供解决方案）相配合。10.3 节介绍了农业领域的物联网方案，强调了无人机可以发挥的作用。

表 10.1　近期欧盟资助的无人机项目在农业领域的应用

项目	开始日期	目标	云计算 / 边缘计算	数据服务	传感器		无人系统		数据分析	
	是否结束（是 / 否）			信息系统	地面	卫星	空中	地面	大数据	机器学习
SWEEPER	2015 年 2 月（是）	收割机器人			×		×	×		
Flourish	2015 年 3 月（是）	作物监测	×		×		×	×		×
RUC-APS	2020 年 10 月（否）	农产品	×				×			
IoF2020	2017 年 1 月（是）	作物监测 畜牧场 乳制品监视	×	×	×		×	×	×	
APMAV	2017 年 3 月（是）	作物监测	×		×		×		×	×
ROMI	2017 年 11 月（否）	作物监测					×	×		×
PANTHEON	2017 年 11 月（否）	果园监测 水资源利用			×		×		×	
SWAMP	2017 年 11 月（是）	水资源利用	×	×			×		×	
BigDataGrapes	2018 年 1 月（是）	作物监测	×	×	×		×		×	×
Dragon	2018 年 10 月（否）	作物监测 技巧获取	×	×	×	×	×		×	×

10.3　农业领域的物联网场景

与城市地区相比，无人机在农村地区的使用较少受到法规的限制[10]，因此该场景下应用速度正在加快[11]。这主要是由于人和建筑物的密度较低，无人机本身的障碍较少。农村网络覆盖程度较低，这迫使人们倾向于使用专用的解决方案，而不是依赖现有的网络（如蜂窝网络）。与城市相比，农村地区与机场的距离较远，因此对飞行的限制较少，可以完全根据预设方案进行，需要飞行员的干预最少。无论如何，飞行员的存在几乎是世界上所有地区的要求，限制了超出视线（BVLoS）的飞行范围。无人机以及其他技术的效用在于改变农业实践，催生智能农场。在下文中，我们将集中讨论有关无人机在几个农业场景中使用的文献，特别是基于物联网的应用。表 10.2 是物流领域文献汇总，表 10.3 详细说明了参考文献中涵盖的农业场景和无人系统的应用。

表 10.2　物流领域文献汇总（特别是无人车在物联网场景中的使用）

参考文献	场景
[6]	自主农业车辆的车载机器视觉综述
[7]	精准农业操作的自主检查
[8]	精准农业的农场管理信息系统（FMIS）
[12]	无人机应用于农业的调查
[13]	农业无人机的遥测和图像分析
[14]	为土壤取样目的的无人机管理区确定
[15]	农业无人机的应用场景和已知限制
[16]	农业场景中物联网的使用调查
[17]	用 RGB-D 传感器估计耕作深度的无人机
[18]	无人机区分糖用甜菜和杂草
[19]	无人机和地面传感测量树叶温度
[20]	用于精确喷洒的无人机
[21]	无人机在野外使用的 802.15.4 信道建模
[22]	无人机在葡萄栽培中寻找消失的植物
[23, 24]	在农业和林业中空中和地面机器人的应用
[25]	对旧金山商用无人机平台的调查
[26]	农业物联网场景的远程联网
[27]	物联网温室管理系统
[28, 29]	具有远程联网的物联网灌溉系统
[30]	农业中物联网的监控系统
[31]	产量和对无人机施肥的反应

表 10.3 参考文献中涵盖的农业场景和无人系统的应用

场景	参考文献	无人系统的应用	
		空中	地面
犁耕评价	[17]	√	
喷涂	[20, 24]	√	√
监控	[7, 8, 13, 15, 16, 22]	√	
土壤 / 田地测绘和分析	[14, 15, 23]	√	√
播种 / 种植	[15]	√	
除草	[6, 18, 23]	√	√
灌溉 / 水资源管理	[15]	√	
健康评估	[12, 13]	√	
产量估算	[31]	√	

低成本传感器节点的普及和解决方案的应用，推动了农业生产的机械化。实时流处理、分析和推理是该领域实现自动化的关键[23]，即更多地使用能够以最小延迟地适应空间和时间变化的机器人。机器人可以进行精确操作，并在车队中运行，正如参考文献 [24] 中提出的那样，机器人包括无人地面车辆和无人机。移动系统依靠全球导航卫星系统（GNSS）技术进行精确定位，而精准农业应用需要更高的精度。因为实时运动学（RTK）可用于提高定位精度，所以一些商业系统集成了全球导航卫星系统接收器，并使用一个或多个固定的实时运动学参考基站[32]，以提供高达厘米级的精度。除了精确定位，机器人还依赖机器视觉系统来导航[6]；根据技术和所考虑的场景，特定的光谱特征是有意义的 [例如，归一化差异植被指数（NDVI）]，而高光谱图像已应用于本地和遥测。已经应用于船上的商业设备可以在此处用于捕获红绿蓝彩色（RGB）和近红外（NIR）波段，立体视觉系统可以用来建立环境的三维地图[6]。

无人机可以作为数据骡，从空地上的节点收集数据[21]，或者评估一个地区是否被耕种以及耕种的深度。在参考文献 [17] 中，作者考虑使用无人机作为卫星的替代品。事实上，根据作者的说法，高分辨率的卫星也不能对地形的粗糙程度进行分类，这促使了无人机的使用。无人机上安装了一个红绿蓝彩色相机，对收集到的地理参考数据进行分析，以评估耕作深度。在参考文献 [18] 中，也是通过无人机收集红绿蓝彩色和近红外光，目的是对植物和杂草进行分类。拟议的系统在仅有红绿蓝彩色的情况下利用了过量绿色指数（ExG）[18]，它取决于图像中的绿色、红色和蓝色的占比；如果近红外也被应用，可以使用归一化差异植被指数，因为它提供的信息更丰富。通过将这些结果与几何特征相结合，即使在植物重叠的情况下也能识别糖用甜菜；此外，据报道，在糖用甜菜行间区域，杂草检测是准确的。归一化差异植被指数也被用于葡萄种植领域的精确应用[22]：事实上，当无人机平台用于收集葡萄园中详细图像时，植物行与行间可以被区分开来，从而能够高效地精准识别缺失的植物。

无人机可以被看作是无线传感器网络的一部分，并作为移动节点[19]；因此，对移动无人机和地面固定节点之间的信道模型进行分析，成为人们感兴趣的问题[21]。特别是，精准农业利用了无人机（已经有几个商业系统[25]）的优势，能够以不同的速度和高度飞行，包括固定翼和旋翼无人机。用于上述的监测场景的无人机是精准农业的一个关键应用[20]。重型和大型无人机可用于大型田地，并通过多光谱技术制成的 NDVI 地图实现高效地农药喷洒和施肥。更准确地使用资源并避免任何浪费，这种想法已经存在了相当长的时间。

数据的使用和数据的所有权

正如 10.2 节所强调的，数据是农业转型过程的核心。现在，访问和使用所收集数据的权利是讨论中心。欧洲最近采取了措施，通过 COPA-COGECA 制定所谓的农业数据共享行为准则，让数据发起人（即农民）在控制数据的获取和使用方面发挥主导作用。

10.4　无线通信协议

在智能农业方案中，来自传感器和车辆的无线数据传输起着关键作用，因为大多数应用方案都是基于无线传感器网络使用的。本节概述了这一领域中采用最多的无线技术。

短程和远程通信标准可以发挥不同的作用。它们可以在复杂的场景中以综合方式使用，也可以根据具体的应用单独使用。通信标准根据可实现的数据传输率而不是覆盖范围进行分类；数据传输率对于带宽要求高的应用是至关重要的。同样，数据率对能源需求有一定影响，也就是说，高数据率（如用于成像和视频的数据，以及其他大量的数据）会带来高能耗；不同的是，在长时间监测和少量数据的情况下，数据率较低的无线协议在长距离和短距离通信中都能保证持久的运行。

考虑到大量无线通信协议和智能农业应用的需要，低功耗广域网协议的使用非常广泛。该协议系列用于在较大的覆盖区域上提供可负担的连接，并只需要相对较低的能量。长距离广域网（LoRaWAN）、Sigfox 网络和窄带物联网（NB-IoT）是当今的领先技术[33]。长距离广域网是由 LoRa 联盟创建的，它利用了 LoRa 调制与线性扩频调制的优势[34]，这在 LoRa 芯片上容易实现，而且价格低廉。LoRa 收发器在亚吉赫兹频率下工作（例如，欧洲的 868MHz，美国的 915MHz）。长距离广域网使用星形拓扑结构来互连节点，并通过一个中央集中器收集传感数据。它对这些数据进行转换，以便通过互联网传输。它是专门为物联网应用而设计的，以在一个大型网络上连接成千上万的传感器、模块和设备。长距离广域网通常应用于各种农业应用领域，包括天气预报[35]、灌溉控制[28]和农场监控[26]。Sigfox 网络是一种用于低数据率应用的超窄带无线协议，从而使该技术适合物联网和机器对机器（M2M）系统[36]。Sigfox 实现了差分二进制相移键控（D-BPSK）调制，并在非授权的 ISM 频段运行，即欧洲的 868MHz、北美的 915MHz 和亚洲的 433MHz。它是一种低功耗广域网络协议，基于其专利技术提供端到端的物联网连接解决方案。Sigfox 也适用于农业应用，可以监测筒仓和水箱的水位、测量粮食库存的温度、保护远端农舍和附属建筑、确保大门安全并阻止偷盗、通过远程监控蜂巢优化蜂群健康、以及监测整个冷链的食品温度。窄带物联网被认为是第三代合作伙伴关系项目（3GPP）中出现的最新无线电接入技术，支持物联网设备。与长距离广域网和 Sigfox 不同，窄带物联网与全球移动系统（GSM）和长期演进技术（LTE）共存于 900MHz[37] 的许可频段，频率带宽为 200kHz[38]。由于电池寿命长、覆盖范围大、成本低，窄带物联网是一种非常适合各种农业应用的解决方案，可用于如牲畜跟踪、温室监测[39]和精准农业[40]。从整体来看，除了这些专门的协议外，智能农业的其他技术解决方案已经在无线协议（即 Wi-Fi 和 Zigbee）的基础上实现。

Wi-Fi 是许多室内和室外应用中最常用的协议，它被认为是智能农业的各种物联网应用的主要选择，如数据收集、与云的连接。然而，Wi-Fi 的高耗电水平使其不太适合农业应用，尽管它仍被广泛采用。Wi-Fi 工作在 2.4GHz 或 5GHz 频段。它的传输范围几乎是有限的，最多只有 1km，但它在 2.4GHz 时提供了 1Mb/s 的标称最低比特率，并能为大带宽需求的应用扩展。ZigBee 是一种无线个人局域网络（WPAN）的通信技术，由 ZigBee 联盟基于 802.15.4 频段专门开发，用于家庭自动化的低成本和低功率解决方案[41]。由于成本低和现有商用（COTS）芯片的极大普及，Zigbee 已被应用于各种应用中，如温室监测[21, 27]、节水[29]和产量提高[30]。

此外，还需要考虑无线网络协议的其他特点。事实上，一些智能农业应用需要足够的数据传输率和较大的覆盖范围，这是因为有大量的传感器分布在田间。为传感器提供固定电源通常是不切实际的，应考虑使用电池的合理性。无论如何，频繁更换电池是不可取的。因此，功耗是传感器的另一个关键参数，必须仔细权衡用于无线传输的功率。考虑到这些关键特征，图 10.1 从范围和传输速率（轴）以及功耗（气泡大小）方面对智能农业中最广泛的无线通信协议进行定性比较。

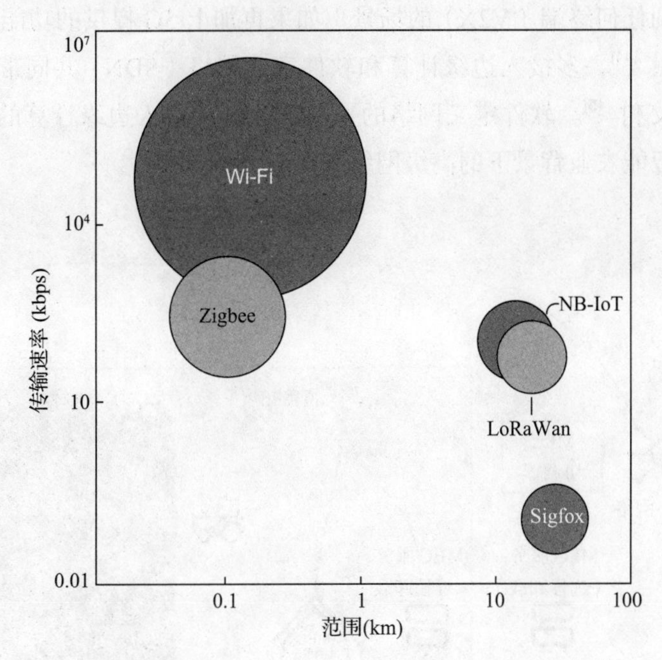

图 10.1　从范围和传输速率（轴）以及功耗（气泡大小）方面对智能农业中最广泛的无线通信协议进行定性比较

10.5　多接入边缘计算和 5G 网络

本节主要讨论在智能农业背景下利用多接入边缘计算范式带来的潜在优势。

云计算范式可以将数据和数据处理放置到远程服务器。这种方法本质上是集中式的，在当前的服务和应用需求方面显示出它的局限性。特别是，许多物联网应用需要移动性管理、位置感知、低延迟和可扩展性；集中式方法不能完全满足这些要求。单点故障、缺乏位置意识、丧失可及性和延迟等挑战这些都会严重影响预期的性能水平 [42]。此外，集中式服务器可能会被巨大的流量淹没，从而进一步增加延迟，并损失效率：事实上，基于云的应用和服务的极速增长正在使集中式基础设施面临压力 [42]。由于这些原因，边缘计算被提议作为候选方案，这意味着中间实体被置于终端设备和云之间。现场的多接入边缘计算服务器处理从近距离传感器收集的数据，从而避免了上传到远程云服务过程。该方法减少了整体延迟，并提供了具有高可用性的可靠服务。物联网被认为是多接入边缘计算的关键用例之一[43]，并预计将从中大大受益。在某些方面，由欧洲电信标准协会（ETSI）标准化的多接入边缘计算可以被看作是一个新的云时代，分散的基础设施打开了新的市场，并实现了实时的关键应用，如车辆到任何终端（V2X）的场景。如果再加上5G提供的功能，如图10.2中展示的网络切片[44]，多接入边缘计算和软件定义网络（SDN）共同带来了高效的网络运营和服务交付[45]。软件定义网络的普及加速了多接入边缘计算的应用，我们在下文中提出了智能农业背景下的高级网络架构。

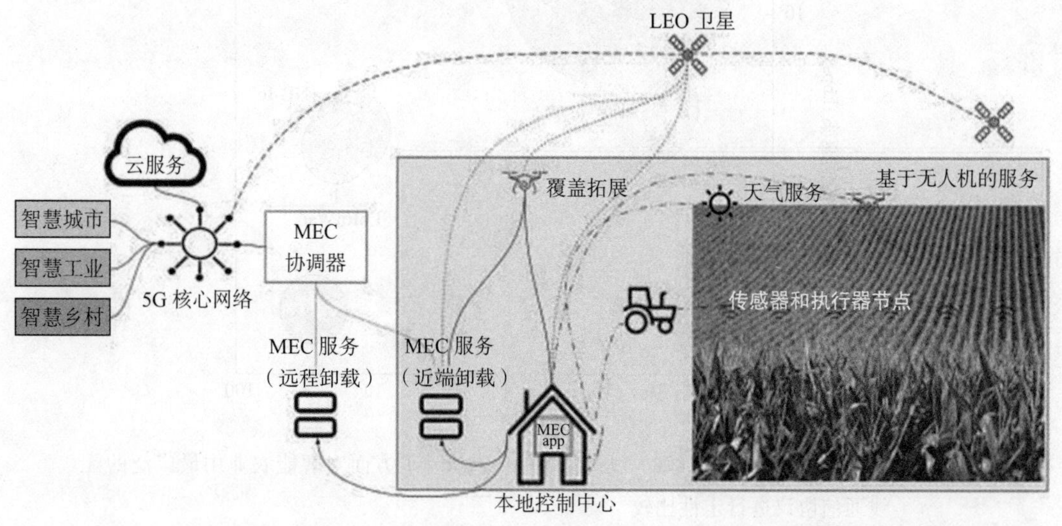

图 10.2　可行的网络架构：突出了移动边缘计算在近端卸载和远程卸载配置中的应用[46]

在农村背景下，互联网在一些地理区域的覆盖率仍然很低，很久以前，航空网络就在填补这一空白方面发挥了作用[9]。超低地球轨道（LEO）星座和纳米卫星的出现，作为地球同步（GEO）骨干网的补充[46]，预计将推动数字技术在智能农业下的大规模应用。随着卫星网络的完善，人们已提出通过卫星连接多接入边缘计算的架构[46-47]，以便在地面网络覆盖不佳的情况下也能利用多接入边缘计算，或提供具有一定预期体验质量（QoE）需求的多媒体流。图10.2描述了一个合理的场景，根据该场景考虑两种可能的参考架构。在小规模农业的情况下，本地多接入边缘计算服务器在经济上是不可行的，因此远程卸载[46]是最佳选择。虽然仍会出现卫星延迟，但依靠低地轨道卫星可大大降低这一数值（单程延迟可降至50ms以下，远低于地球同步轨道卫星的平均270ms），而靠近地面卫星网关（或无线网络控制器站点[48]）的边缘服务器将地面网络和处理延迟缩至最小。在大规模农业的情况下，由于潜在更大的收益，预计也会有更大的投资。近端卸载[46]在经济上是可行的，这种解决方案提供了非常低的延迟和接近所需位置的计算能力。

在参考文献 [49] 中，作者提出了具有空中多接入边缘计算功能的无人机，并考虑到了由于电池容量有限而产生的制约因素。要执行的任务被分成两部分：一部分在无人机上运行，另一部分被迁移到地面站。多接入边缘计算利用了 5G 技术，在无人机上设计这些功能有利于商业利益，但需要仔细设计分析。参考文献 [50] 考虑了支持移动和无线基础设施的空中无人机，即前者是利用 5G 连接的无人机，后者是中继或提供 5G 连接的无人机。作者确信，尽管将无人机整合到蜂窝网络是一个相当复杂的问题，但 5G 标准在建立基本支持机制方面已经取得了进展。

参照图 10.2，我们假设 5G 连接是通过低地轨道卫星提供的，而多接入边缘计算服务器作为一个中间实体，满足上述实时物联网的要求，例如依靠自主车辆和操作（如覆盖范围扩展和农业服务）。可以通过两种不同的方式提供连接：通过与卫星的直接连接，这意味着后者有机载透明接口；或者通过使用中继节点。图 10.2 考虑了两种选择：控制中心与卫星透明有效载荷直接连接的情况[51]和无人机作为覆盖范围扩展中继节点的情况[52]。目前，由于技术和经济原因，使用中继节点是最可行的解决方案。

在图 10.2 中，短距离和长距离的传感器节点都被部署在现场，例如那些利用长距离（LoRa）协议的节点，即使在恶劣的条件下也能覆盖很远的距离。传感器收集的数据被送到服务器上进行分析和存储。几个异质数据源通过放置在土壤中的传感器进行测量，例如水资源的使用情况、卫星 / 无人机图像以及来自野外站点的相关天气数据都被收集起来。作为数据类型和生成时间尺度的异质性来源，有必要在软件层面上整合和分析原始数据，目的是得出可供农民或自动车辆使用的有用信息。在前一种情况下，这样的系统作为决策支持系统满足农民的需求；在后一种情况下，该系统作为一个（无）监督的集中智能系统，在自主车辆的操作过程中指导它们，或向部署的执行器发送命令。无人机和无人地面车辆可以在出发前预装所需的信息或可交换数据，由中央智能在指导车辆时作为实时反馈使用。多接入边缘计算服务器的可用性对于实现极低延迟和有效地解释大量原始数据至关重要，这与在大规模农业的情况相同。无人机可以有效地支持环境监测[53]和农业应用[4, 21]。正如已经讨论过的，民用应用需要飞行员（出于安全原因仍然需要）与无人机有可视视线（VLoS）。因此，操作范围缩小限制了它们的使用范围。通过 4G/5G 链接来扩大使用无人机的

范围是参考文献 [54, 55] 中的研究主题[55]。在参考文献 [56] 中，作者测试了在丹麦的一个农村地区使用 LTE 网络来驾驶无人机的可能性，证实 LTE 网络可用于该目的。在参考文献 [57] 中，作者提出使用无人机到地面的视频传输，通过视觉背景支持地面上的远程飞行员在超视线条件下进行驾驶。在从无人机到地面控制站（GCS）的数据流中，视频馈送和遥测应该是相互补充和混合的。该研究是在更广泛的背景下进行的，即驾驶无人机群用于不同目的，如监测电力线、文化遗址或农业应用。

10.6 总结

农业正在经历一场新的革命，成功可能性取决于几个因素。在这项工作中，我们重点关注技术因素，如用于数据收集、覆盖范围扩展和农业特定应用场景的无人系统、用于数据收集的长程和短程网络解决方案、用于连接的 4G/5G 蜂窝网络和卫星解决方案，以及移动边缘计算和物联网在该领域的潜力。本章旨在提供一个关于农业 4.0 数字革命的所有技术的概览。

参考文献

1 Bacco, M., Barsocchi, P., Ferro, E. et al. (2019). The digitisation of agriculture: a survey of research activities on smart farming. *Array* 3: 100009.

2 Torresan, C., Berton, A., Carotenuto, F. et al. (2017). Forestry applications of UAVs in Europe: a review. *International Journal of Remote Sensing* 38 (8–10): 2427–2447.

3 Bacco, M., Boero, L., Cassara, P. et al. (2019). IoT applications and services in space information networks. *IEEE Wireless Communications* 26 (2): 31–37.

4 Bacco, M., Berton, A., Ferro, E. et al. (2018). Smart farming: opportunities, challenges and technology enablers. *IoT Vertical and Topical Summit on Agriculture-Tuscany (IOT Tuscany)*, IEEE, pp. 1–6.

5 Bacco, M., Brunori, G., Ferrari, A. et al. (2020). IoT as a digital game changer in rural areas: the DESIRA conceptual approach. *2020 Global Internet of Things Summit (GIoTS)*, IEEE, pp. 1–6.

6 Pajares, G., García-Santillán, I., Campos, Y. et al. (2016). Machine-vision systems selection for agricultural vehicles: a guide. *Journal of Imaging* 2 (4): 34.

7 Doering, D., Benenmann, A., Lerm, R. et al. (2014). Design and optimization of a heterogeneous platform for multiple UAV use in precision agriculture applications. *IFAC Proceedings* 47 (3): 12272–12277.

8 Zhai, Z., Martínez Ortega, J.-F., Lucas Martínez, N., and Rodríguez-Molina, J. (2018). A mission planning approach for precision farming systems based on multi-objective optimization. *Sensors* 18 (6): 1795.

9 Bacco, M., Cassará, P., Colucci, M. et al. (2017). A survey on network architectures and applications for nanosat and UAV swarms. *International Conference on Wireless and Satellite Systems (WISATS)*, EAI, pp. 1–10.

10 Reger, M., Bauerdick, J., and Bernhardt, H. (2018). Drones in agriculture: current and future legal status in Germany, the EU, the USA and Japan. *Landtechnik* 73 (3): 62–79.

11 Patel, P. (2016). Agriculture drones are finally cleared for takeoff. *IEEE Spectrum* 53 (11): 13–14.

12 Radoglou-Grammatikis, P., Sarigiannidis, P., Lagkas, T., and Moscholios, I. (2020). A compilation of UAV applications for precision agriculture. *Computer Networks* 172: 107148.

13 Kulbacki, M., Segen, J., Knieć, W. et al. (2018). Survey of drones for agriculture automation from planting to harvest. *2018 IEEE 22nd International Conference on Intelligent Engineering Systems (INES)*, IEEE, pp. 000353–000358.

14 Huuskonen, J. and Oksanen, T. (2018). Soil sampling with drones and augmented reality in precision agriculture. *Computers and electronics in agriculture* 154: 25–35.

15 Yinka-Banjo, C. and Ajayi, O. (2019). Sky-farmers: applications of unmanned aerial vehicles (UAV) in agriculture. In: *Autonomous Vehicles*, (ed: G. Dekoulis). IntechOpen.

16 Boursianis, A.D., Papadopoulou, M.S., Diamantoulakis, P. et al. (2020). Internet of things (IoT) and agricultural unmanned aerial vehicles (UAVs) in smart farming: a comprehensive review. *Internet of Things* 100187.

17 Tripicchio, P., Satler, M., Dabisias, G. et al. (2015). Towards smart farming and sustainable agriculture with drones. *International Conference on Intelligent Environments (IE)*, IEEE, pp. 140–143.

18 Lottes, P., Khanna, R., Pfeifer, J. et al. (2017). UAV-based crop and weed classification for smart farming. *International Conference on Robotics and Automation (ICRA)*, IEEE, pp. 3024–3031.

19 Moribe, T., Okada, H., Kobayashl, K., and Katayama, M. (2018). Combination of a wireless sensor network and drone using infrared thermometers for smart agriculture. *15th Annual Consumer Communications & Networking Conference (CCNC)*, IEEE, pp. 1–2.

20 Mogili, U.R. and Deepak, B. (2018). Review on application of drone systems in precision agriculture. *Procedia Computer Science* 133: 502–509.

21 Bacco, M., Berton, A., Gotta, A., and Caviglione, L. (2018). IEEE 802.15.4

air-ground UAV communications in smart farming scenarios. *IEEE Communications Letters* 22 (9): 1910–1913.

22 Matese, A. and Di Gennaro, S.F. (2018) Practical applications of a multisensor UAV platform based on multispectral, thermal and RGB high resolution images in precision viticulture. *Agriculture* 8 (7): 1–13.

23 Roldán, J.J., del Cerro, J., Garzón-Ramos, D. et al. (2017). Robots in agriculture: state of art and practical experiences. In: *Service Robots*, (ed: A. J. R. Neves). IntechOpen.

24 Gonzalez-de Santos, P., Ribeiro, A., Fernandez-Quintanilla, C. et al. (2017). Fleets of robots for environmentally-safe pest control in agriculture. *Precision Agriculture* 18 (4): 574–614.

25 Puri, V., Nayyar, A., and Raja, L. (2017). Agriculture drones: a modern breakthrough in precision agriculture. *Journal of Statistics and Management Systems* 20 (4): 507–518.

26 Citoni, B., Fioranelli, F., Imran, M.A., and Abbasi, Q.H. (2019). Internet of things and LoRaWAN-enabled future smart farming. *IEEE Internet of Things Magazine* 2 (4): 14–19.

27 Tafa, Z., Ramadani, F., and Cakolli, B. (2018). The design of a ZigBee-based greenhouse monitoring system. *2018 7th Mediterranean Conference on Embedded Computing (MECO)*, IEEE, pp. 1–4.

28 Fraga-Lamas, P., Celaya-Echarri, M., Azpilicueta, L. et al. (2020). Design and empirical validation of a LoRaWAN IoT smart irrigation system. *Multidisciplinary Digital Publishing Institute Proceedings*, Volume 42, p. 62.

29 Ma, W., Wei, Y., Sun, F., and Li, Y. (2019). Design and implementation of water saving irrigation system based on Zigbee sensor network. In: *IOP Conference Series: Earth and Environmental Science*, vol. 252, 052086. IOP Publishing, http://dx.doi.org/10.1088/1755-1315/252/5/052086.

30 Zhou, Z., Xu, K., and Wu, D. (2016). Design of agricultural internet of things monitoring system based on ZigBee. *Chemical Engineering Transactions* 51: 433–438.

31 Schut, A.G., Traore, P.C.S., Blaes, X., and Rolf, A. (2018). Assessing yield and fertilizer response in heterogeneous smallholder fields with UAVs and satellites. *Field Crops Research* 221: 98–107.

32 Thomasson, J.A., Baillie, C.P., Antille, D.L. et al. (2019). Autonomous technologies in agricultural equipment: a review of the state of the art. *American Society of Agricultural and Biological Engineers*. Distinguished lecture no. 40, 1–17, Louisville Kentucky USA. ASABE publication number 913c0119.

33 Mekki, K., Bajic, E., Chaxel, F., and Meyer, F. (2019). A comparative study of LPWAN technologies for large-scale IoT deployment. *ICT Express* 5 (1): 1–7.

34 Bankov, D., Khorov, E., and Lyakhov, A. (2016). On the limits of

LoRaWAN channel access. *2016 International Conference on Engineering and Telecommunication (EnT)*, IEEE, pp. 10–14.

35 Bacco, M., Barsocchi, P., Cassará, P. et al. (2020). Monitoring ancient buildings: real deployment of an IoT system enhanced by UAVs and virtual reality. *IEEE Access* 8: 50131–50148.

36 Lavric, A., Petrariu, A.I., and Popa, V. (2019). Long range SigFox communication protocol scalability analysis under large-scale, high-density conditions. *IEEE Access* 7: 35816–35825.

37 Adhikary, A., Lin, X., and Wang, Y.-P.E. (2016). Performance evaluation of NB-IoT coverage. *2016 IEEE 84th Vehicular Technology Conference (VTC-Fall)*, IEEE, pp. 1–5.

38 Wang, Y.-P.E., Lin, X., Adhikary, A. et al. (2017). A primer on 3GPP narrowband Internet of Things. *IEEE communications magazine* 55 (3): 117–123.

39 He, C., Shen, M., Liu, L. et al. (2018). Design and realization of a greenhouse temperature intelligent control system based on NB-IoT. *Journal of South China Agricultural University* 39 (2): 117–124.

40 Castellanos, G., Deruyck, M., Martens, L., and Joseph, W. (2020). System assessment of WUSN using NB-IoT UAV-aided networks in potato crops. *IEEE Access* 8: 56823–56836.

41 Baronti, P., Pillai, P., Chook, V.W. et al. (2007). Wireless sensor networks: a survey on the state of the art and the 802.15.4 and ZigBee standards. *Computer Communications* 30 (7): 1655–1695.

42 Porambage, P., Okwuibe, J., Liyanage, M. et al. (2018). Survey on multi-access edge computing for internet of things realization. *IEEE Communications Surveys & Tutorials* 20 (4): 2961–2991.

43 Sabella, D., Vaillant, A., Kuure, P. et al. (2016). Mobile-edge computing architecture: the role of MEC in the Internet of Things. *IEEE Consumer Electronics Magazine* 5 (4): 84–91.

44 Konstantinos, S., Costa-Perez, X., and Sciancalepore, V. (2016). From network sharing to multi-tenancy: the 5G network slice broker. *IEEE Communications Magazine* 54 (7): 32–39.

45 Blanco, B., Fajardo, J., Giannoulakis, I. et al. (2017). Technology pillars in the architecture of future 5G mobile networks: NFV, MEC and SDN. *Computer Standards & Interfaces* 54 (4): 216–228.

46 Zhang, Z., Zhang, W., and Tseng, F.-H. (2018). Satellite mobile edge computing: improving QoS of high-speed satellite-terrestrial networks using edge computing techniques. *IEEE Network* 33 (1): 70–76.

47 Ge, C., Wang, N., Selinis, I. et al. (2019) QoE-assured live streaming via satellite backhaul in 5G networks. *IEEE Transactions on Broadcasting*. 65 (2): 381–391.

48 Patel, M., Naughton, B., Chan, C. et al. (2014). Mobile-edge computing: introductory technical white paper. *MEC Industry Initiative* 1089–7801, https://www.etsi.org/images/files/etsiwhitepapers/etsi_wp11_mec_a_key_

technology_towards_5g.pdf.
49 Hua, M., Huang, Y., Sun, Y. et al. (2019). Energy optimization for cellular-connected UAV mobile edge computing systems. *International Conference on Communication Systems (ICCS)*, IEEE, pp. 1–6.
50 Bor-Yaliniz, I., Salem, M., Senerath, G., and Yanikomeroglu, H. (2019). Is 5G ready for drones: a look into contemporary and prospective wireless networks from a standardization perspective. *IEEE Wireless Communications* 26 (1): 18–27.
51 Guidotti, A., Vanelli-Coralli, A., Conti, M. et al. (2019) Architectures and key technical challenges for 5G systems incorporating satellites. *IEEE Transactions on Vehicular Technology* 68 (3): 2624–2639.
52 Amorosi, L., Chiaraviglio, L., D'Andreagiovanni, F., and Blefari-Melazzi, N. (2018). Energy-efficient mission planning of UAVs for 5G coverage in rural zones. *International Conference on Environmental Engineering (EE)*, IEEE, pp. 1–9.
53 Bacco, M., Delmastro, F., Ferro, E., and Gotta, A. (2017). Environmental monitoring for smart cities. *IEEE Sensors Journal* 17 (23): 7767–7774.
54 Van der Bergh, B., Chiumento, A., and Pollin, S. (2016). LTE in the sky: trading off propagation benefits with interference costs for aerial nodes. *IEEE Communications Magazine* 54 (5): 44–50.
55 Lin, X., Yajnanarayana, V., Muruganathan, S.D. et al. (2018). The sky is not the limit: LTE for unmanned aerial vehicles. *IEEE Communications Magazine* 56 (4): 204–210.
56 Nguyen, H.C., Amorim, R., Wigard, J. et al. (2017). Using LTE networks for UAV command and control link: a rural-area coverage analysis. *Vehicular Technology Conference (VTC-Fall), 2017 IEEE 86th*, IEEE, pp. 1–6.
57 Bacco, M., Cassara, P., Gotta, A., and Pellegrini, V. (2019). Real-time multipath multimedia traffic in cellular networks for command and control applications. *2019 IEEE 90th Vehicular Technology Conference (VTC2019-Fall)*, IEEE, pp. 1–5.

空中系统和水下监测

11.1 引言

湿地监测需要对地形和水深进行充分了解。地图可以使人们准确地了解环境。地图创建过程的自动化可以提高地图和数据的质量，同时减少人员工作时间并降低费用。使用无人机提供这种服务，可以减少对环境的影响，这是因为空中机器人可以将与环境的接触时间降到最低。

为了提供地图，我们研究了一系列的难点，并利用无人机解决了这些问题。无人机需要确定在一个给定区域内的土地和水域。这样就可以让专门的机器人来绘制地形和水深图，而不用担心用于测量地形的航空机器人在水中损坏系统，以及用于测深的航空机器人在陆地上撞坏系统。

为了开发一种自动区分水 / 陆的方法，我们需要一种自动标记图像的方法。这个方法结合了图像的聚类算法，使用无人机测量点的硬件系统，以及对每张图像进行标记的算法。然后这些图像可以为分类系统提供训练数据。

我们使用自动标记的图像，开发一个系统，找到最佳的机器学习方法，对无人机拍摄的图像进行视觉上的区分。这被自动编程到无人机上，它可以进行在线区分并确定水区在 GPS 坐标中的位置。

该系统将坐标信息与装备有测深地图的无人机进行交换。我们开发了一种离线方法来确定哪些点需要测量。这种离线方法事先选择点，然后由无人机测量这些点，并通过内插法创建地图。我们对这项工作进行了模拟，以确定在给定的测量点数量下的最佳算法组合和算法参数。

为了改进这种方法，我们探索了点选择问题的在线方法。我们实施并分析了一组不同的算法，这些算法根据当前的数据选择下一个要测量的点。我们的分析提供了一种算法，使生成地图中的均方根误差（RMSE）和最大差值最小。

这些想法与之前在远程反射面分类以及空中水测量方面的工作有关。据我们所知，在使用无人机对图像进行自动标注的领域还没有人进行过研究。在有关于湿地遥感方法的工作中[1-3]，卫星和飞机数据采集复杂性的增加需要我们对结果进行处理，这导致更新速度较慢。有关于空中机器人反射面分类的一些工作[4-7]与遥感工作类似。Xu 和 Dudek 所做的在线航空图像处理侧重于海岸线检测[8]。

据我们所知，现有的关于无人机在飞行时进行在线地形分类的研究主要是利用机器学习来支持地面机器人。Lunsaeter 等人[9]利用 Jetson 系统来提供在线分类；这需要大量的电力，从而限制了无人机的飞行时间。Matos-Carvalho 等人[10]使用现场可编程门阵列（FPGA）。我们的工作重点是可以在树莓派上运行的方法，树莓派的功耗较低（参考文献 [11] 中的典型值为 2 W，参考文献[12]中的典型值为 7.5 W）。其计算结果相当快，然而还需要一台连接到 FPGA 的计算机进行部分计算，目前还不清楚该系统如何在无人机上在线工作。

在使用无人机进行水域检测方面有一些工作，如参考文献 [13]；但是，没有一个工作是使用点测量来创建水深图的。

11.2 自动图像标记

我们的第一个系统生成了一组自动标记的分类图像，正确地显示了图像中水的位置。这个系统包括点选择算法、基于无人机测试点的测量系统以及区域标签算法。该系统被设计为自主和在线操作。由于无人机的飞行时间有限，无人机被设置为可多次进入同一区域，以便根据需要对每幅图像（或一组图像）进行多次飞行拍摄以完成标记。

本节首先描述了该系统，然后进行了现场实验。这些工作基于参考文献 [14]。

11.2.1 点的选择

算法 11.1 概述了点的选择。它首先根据色相、饱和度和 HSV 值将图像还原成一个集合。一个集合可能存在于图像中具有相似色彩、饱和度和 HSV 值的多个空间位置；为了提供空间背景，我们增加了分隔集合的轮廓线（注意，我们用集合来表示按色彩、饱和度和 HSV 值分组的像素，用轮廓线来表示按色彩、饱和度、HSV 值和空间位置分组的像素）。接着，我们检查等高线并找出那些面积大到足以让无人机成功测试的等高线。下一步，确定等高线的中心点，并选择前 10 个点进行测量。通过只选择 10 个点，我们减少了测量每幅图像所需的时间。

一旦选择了这些点，我们将这些点从左到右排序，并确定每个点的 GPS 坐标。

算法 11.1　点的选择

```
1: 将图像转换为色彩、饱和度和值
2: 通过 k-means 方法分类图像
3: 打开形态特征
4: 关闭形态特征
5: for 每个集合 do
6:     创建集合的位掩码
7:     找到集合的等高线
8: end for
9: for 每个等高线 do
10:   确定轮廓中心点
11:   if 中心到边缘大于 15 个像素 then
12:     使用该选择的中心点
13:   else
14:     测试所有点以找到离所有洞或边最远的点
15:   end if
16:   存储所选点的距离和轮廓面积
17: end for
18: 根据所选点到边的距离对等高线进行排序
19: 选择最高的 10 个点
```

11.2.2 测量系统

在确定了一组点之后，无人机飞到每个点，用我们定制的传感器测量电导率。

该传感器由一个直立于水中的浮力方块组成，一对金属触点放置在方块相对的两侧，当放置在水中时金属触点会低于自然水平线；还有一个机械开关，用于指导无人机上飞行。金属触点的放置方式是：当传感器在水中时，触点被淹没，而当传感器在陆地上时，触点被保持在水平面以上。此外，触点被固定在传感器的底部以上，这有助于防止在地面潮湿或泥泞的情况下将陆地错误地归类为水。

无人机携带着悬挂在绞盘上的系统，并使用绞盘将设备降到地面上（见图 11.1）。该装置在浮标和绞盘之间还连接有一个机械弹簧开关。在空中时，由于线的张力，开关是关闭的。一旦浮标装置到达水面，张力释放，开关打开，向无人机指示停止下降。如果存在电气连接，浮标就会确定该表面是水，如果触点之间不存在连接，就会确定是陆地。

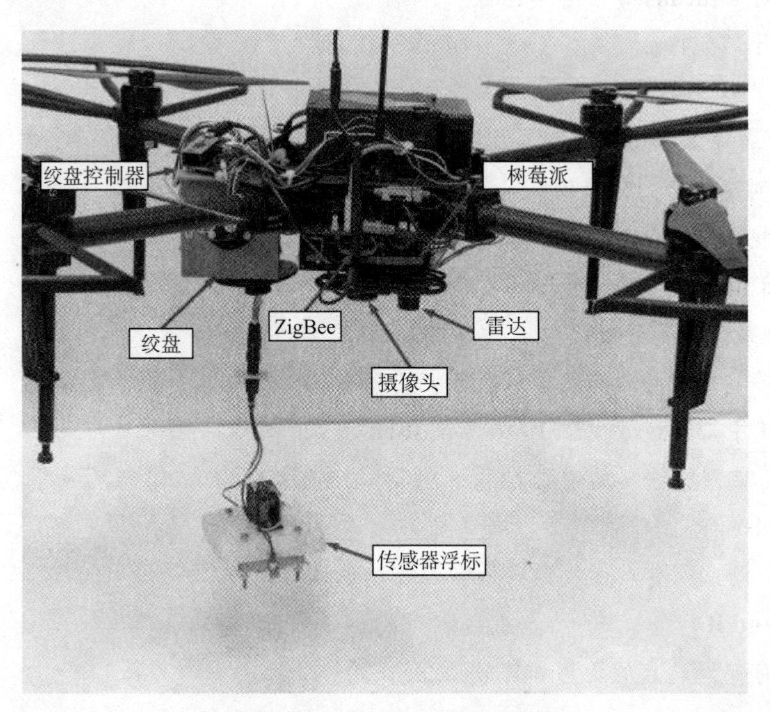

图 11.1 无人机的机载系统

11.2.3 区域标记

在测量完所有的点之后，系统需要确定产生的位掩码。测量结果只标记了轮廓的一个子集，所以首先需要标记其余没有直接测量的轮廓。

算法 11.2 概述了这些步骤。它检查相邻的等高线，如果超过 25% 的相邻等高线有标签，就分配给大多数相邻等高线所持有的标签；如果没有，该算法就跳过该轮廓，转到下一个轮廓。该算法将迭代所有的轮廓，直到整个图像被贴上标签或者已经发生 10 次迭代。如果到了最大的迭代次数，算法将选择最普遍的标签，即使它不满足超过 25% 的相邻等高线有标签。选择 25% 是为了确保所有的轮廓都被贴上标签，对这个参数的进一步研究将留待今后的工作。

算法 11.2 最终生成了图像的位掩码并确定了水和陆地区域。

算法 11.2　区域标记

```
1: 给定轮廓和已标记的选定点
2: while 轮廓未标记 do
3:   for 每个标记的轮廓 do
4:     if 迭代次数小于 10 次 then
5:       if 如果标记的相邻像素百分比 > 25% then
6:         用占比最大的相邻标签标注轮廓
7:       end if
8:     else
9:       用占比最大的相邻标签标注轮廓
10:    end if
11:  end for
12:  增加迭代次数
13: end while
```

11.2.4　测试

为了测试该系统，我们首先验证了测量系统的准确性，模拟了选点算法，然后通过现场实验测试了整个系统。

1. 测量系统的测试

为了测试测量系统，我们在加州斯托克顿太平洋大学校园内的 Calaveras 河进行了现场实验。这条河很窄，有大量的植被，使它类似于湿地环境。它的两岸有土路，还有过河的道路，我们可以用它来确保系统处理可能在湿地边上的非自然图像特征（在加州，大多数湿地是在活跃的农业区附近）。

我们的实验使用了 DJI Matrice 100 系统，该系统有一个定制的有效载荷，包含一个 Raspberry Pi 3、一个 Garmin LIDAR-Lite v3、一个 Digi ZigBee 无线电、一个 Logitech C310 网络摄像头。树莓派控制所有系统，与 Matrice 和任何其他有效载荷

（如绞盘）进行通信，以协调实验。

我们为无人机提供了两个测试点：一个在水上，一个在河岸的陆地上。无人机飞到第一个地点，放下绞盘，然后通过检查张力开关的状态来降低自己，直到浮标接触到水面。一旦浮标在水面上，系统就会采集 25 个电导率样本并对该点进行分类。然后，无人机向上飞到一个设定的高度，在该点重复测试 10 次。然后无人机提升绞盘，飞到下一个点进行测试。

总体而言，该系统测量了 58 个点，30 个水面和 28 个陆地。所有的点都被准确标记，成功率为 100%，这表明我们的硬件系统可以正确地标记点。

2. 选点模拟

通过我们的硬件验证，我们对点选择算法进行了模拟，以提供更多数量的测试。

模拟使用了 160 张图像（从 Calaveras 河上空的飞行中收集）来验证点选择算法。我们通过手动标记的位掩码来模拟测量阶段，这些位掩码可以识别水和陆地区域；我们还将算法的最终结果与标记的位掩码进行比较，以确定我们系统的有效性。表 11.1 概述了自动点选择的模拟结果。该系统正确标注了 97.3%（平均值）的区域，错误地将 3.4% 的水面标注为土地（考虑到 96.6% 被正确标注为水面），错误地将 2.9% 的土地标注为水面。在进一步分析图像后，有 21 幅图像不含水面，被完美标注，这是准确性最高的结果。

表 11.1 自动点选择的模拟结果

	水面分类精度	误报率	整体分类精度
平均值	96.6	2.9	97.3
最小值	47.5	0.0	90.5
最大值	100.0	13.4	100.0

图 11.2 显示了最差准确性的模拟结果。正如原始图像所显示的那样（见图 11.2a），图像中左侧的土地和右侧的土地之间存在着巨大的反差。图 11.2b 显示系统错误地将图像右侧的大部分土地标记为水。这个结果虽然不理想，但可以训练系统在测量时保持谨慎，因为它可以确保系统看到的水多于土地，这对我们的测绘应用是比较安全的。

图 11.3 显示了最差误报率的模拟结果，系统错误地将水标记为土地。该图像由有限的水面组成，而水面就存在于桥梁周围；这种情况需要更近、更详细的图像，以确保无人机不会撞上桥梁。

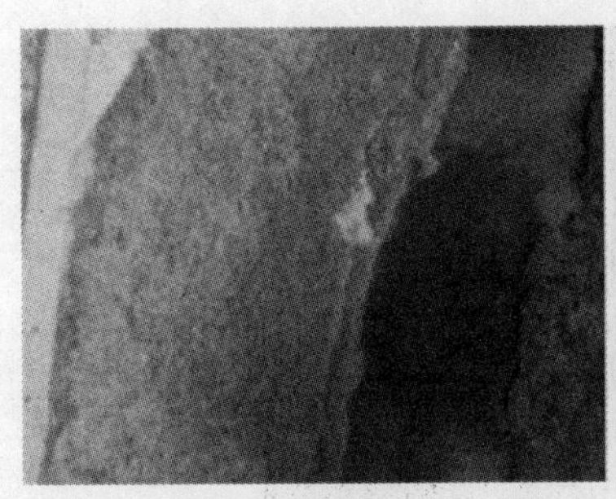

a）原始图像　　b）带标签的位掩码

图 11.2　最差准确性的模拟结果

虽然在修复最差图像的问题上还有一些未来工作的机会，但这些结果已经足够好，可以继续进行系统的实地测试。

a）原始图像　　b）带标签的位掩码

图 11.3　最差误报率的模拟结果

3. 现场试验

接下来，我们在无人机上验证了该算法，并在 Calaveras 河上测试了自动点的浮标。该系统飞到指定的 GPS 位置，拍下照片后返回陆地，并计算出需要测量的点。一旦有了这些点，它就按顺序飞往每个点，在每个点部署浮标并进行测量，直到所有的点都测量完毕。着陆后，在计算位掩码后完成这一过程。

图 11.4 显示了现场实验的过程和结果。无人机拍摄原始图像（见图 11.4a），然后对图像进行分类、平滑和轮廓处理（见图 11.4b），选择 10 个点进行测量（见图 11.4c），并构建图像的最终标记位掩码（见图 11.4d）。这个过程需要无人机对一幅图像进行两次拍摄。绞车似乎是这些实验中的限制因素，我们在 11.4 节中更新了它。

此实验证明了该系统的整体效果。有了标记过的图像，我们接下来的重点是使用图像来创建一个分类器。

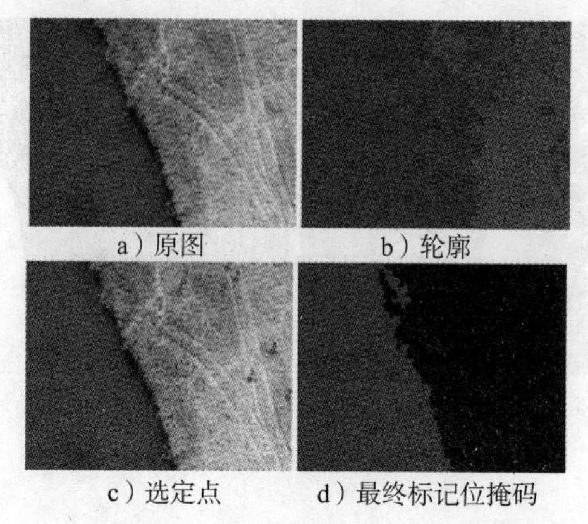

图 11.4　现场实验的过程和结果

11.3　水面 / 陆地的视觉区分

一旦我们能够使用无人机准确且自主地标记图像，我们就可以使用这些图像来训练机器学习算法，以区分图像中的土地和水面。我们描述了分类器的训练和选择、执行完全区分的在线算法以及实验。

11.3.1　分类器训练

为了确定这个问题的最佳分类器算法，我们使用了在参考文献 [15] 中介绍的元分类器系统。该系统生成并训练了大量具有广泛特征的机器学习分类器，以便为给定的数据选择最佳的分类器。其重点是找到这组分类器中那些空间需求较少和计算时间较短的分类器。

我们对其进行了修改，以便与图像一起使用，然后使用 12 种不同的算法和 12 种不同的特征在 500 张已标记的图像（使用 11.2.4 节中描述的系统收集的）上运行它。如前所述，算法的选项侧重于较少的计算时间，因此我们选择不包括卷积神经网络的算法（尽管它在图像上表现良好），以便我们可以通过更简单的算法（如决策树 / 森林、判别分析、回归、朴素贝叶斯等）获得结果（更多详细信息，请参见参考文献 [15]）。这些特征集要求最少有一个特征，最多有 12 个特征，从而形成了一个很大的模型集。

我们检查了全套结果，以确定在最高分类精度和最小特征数量方面最优的分类器。对于这个问题，最好的是使用两个特征（像素中红色的平均值和像素中蓝色的标准偏差）的 J48 模型，分类准确率为 97.5%，误报率为 2.09。因此，我们通过该模型在在线分类器上实现。

11.3.2 在线算法

经过训练的分类器是执行分区在线算法的一个关键部分。算法 11.3 概述了这些步骤。分类后，关键部分将分类后的位图图像翻译成地理区域，并将这些区域传送给其他无人机。

算法 11.3　在线算法的概览

1: 拍照
2: 执行遥测（无人机姿态和全球定位系统）
3: 使用分类器对图像进行分类
4: 地图中水域
5: 传输地图

11.3.3 绘图

映射算法（详见算法 11.4）使用我们的分类器所产生的二进制分类图像，以及无人机在拍摄时提取的遥测数据。二元分类图像是一个二维数组，其中分类为水域的像素用 1 表示，分类为陆地的像素用 0 表示。二元图像被侵蚀和扩张，以消除在较大分类区域内小的、错误的分类。该方法可以消除了在较大分类区域内因太小而无法绘图的小分类区域，从而大大简化了地图。

利用从无人机上收集的遥测数据，我们计算出拍摄照片的位置和角度；这使我们能够以现实世界的坐标和偏移量准确地绘制图像中的每个像素。具体来说，无人机的姿态由北东地（NED）坐标系统的旋转四元数、无人机的高度 / 海拔（从起飞时测量）和 GPS 坐标来表示。由于我们在绘制每个像素时需要高度值，无人机提供了两个高度 / 海拔测量值：起飞高度和 WGS-84 椭圆体高度，我们选择使用起飞高度。

由于湿地一般都是平坦的低洼地带，我们可以假设每次飞行所调查区域内地面高度的变化可以忽略不计，或者认为该变化在无人机上的气压高度传感器所带来的误差范围内。虽然从 WGS-84 参考椭圆体测得的高度在多次飞行中可能比较一致，但如果不使用精确的地图或地面高度数据库，我们将无法确定我们离地面的实际高度。利用所有这些遥测数据，我们对图像坐标进行旋转、缩放，并将其转换为现实世界的坐标和距离。

接下来，我们计算出用于代表水域轮廓线的近似点，在实际轮廓线指定安全距离（1m）内。近似的轮廓线使我们能够大大减少代表该区域所需的点的数量。此外，由于等高线是在实际等高线的实际距离内近似的，而不是像素距离，所以在整个地图上，在不同角度和高度拍摄的许多不同照片上，精度保持不变。

最后，我们消除低于指定阈值的等高线。只要这些位置是清晰的水域，且面积足够大，可以让无人机在其中工作，该方法就可以计算出水域的物理位置。下一步，我们考虑如何传输这些信息。

算法 11.4 映射算法绘图步骤

1：膨胀与腐蚀

2：寻找水域的轮廓

3：将像素映射到物理位置

4：实际轮廓 1 米内的近似轮廓

5：基于物理尺寸过滤 / 消除轮廓

11.3.4 传输

一旦知道指定地图中的水区轮廓，我们就使用算法 11.5 中描述的数据包结构来传输它们。

算法 11.5 数据包结构

等高线数量 (N)

for 每个轮廓 **do**

点的数量 (K)

第一点的 GPS 坐标

每个附加点相对于第一个点的偏移量 $(2*(K-x))$，以厘米为单位

end for

这导致分组传输，分组的大小为 $9N+4(K-1)$。

数据包的第一个字节指定了数据包所描述的总轮廓数。接下来，对每个轮廓进

行描述；这种描述不需要特别的顺序。每个等高线由该等高线内的点的数量、第一个点的 GPS 坐标（以 4 字节的浮点形式）以及其余每个点与第一个点的偏移量来指定。通过使用单精度浮点型数据，我们产生了约 10^{-6}°（经纬度）或约 7cm 的误差，但我们的数据包大小减少了 $8N$ 个字节。

这种结构平衡了通信量和其他系统为重新创建区域而必须执行的计算量。

11.3.5　现场实验

我们进行了三组实验。首先，我们校准了算法的映射部分。其次，我们通过模拟验证了操作，以增加测试案例的数量。最后，我们进行了现场实验，验证了整个方法。

1. 校准

我们最初的实验校准了通过地图结果计算现实世界位置时的相机缩放系数（基于参考文献 [16]）。我们拍摄了 Calaveras 河上人行桥的照片，并测量了桥的宽度，确定其为 5.79m。我们在每张图片上收集了三组点。用我们的算法将这些点转换为现实世界的坐标，并提供了一个距离；然后我们校准了缩放因子，以返回尽可能接近 5.79m 的距离，我们的典型飞行高度为 60 ～ 80m。校准缩放因子后，我们点的平均值为 5.76m，标准偏差为 0.24。

2. 仿真

我们在 Raspberry Pi 3 上使用 Python 实现了该算法。我们在 195 张图片上运行该算法，让它校准和绘制区域。

为了验证区分部分，我们将创建的地图与图像的原始位掩码进行比较。平均而言，与位掩码相比，结果的准确率为 90.9%。最高的准确率为 100%，最低的图像准确率为 57.1%。只有 13 幅图像的准确率低于 80%，剩下 182 幅图像高于这个水平。这些较差的结果中的部分结果与分类器的准确性有关，有些则与图像本身有关，因为有些图像有更多的人造结构（如桥），而总体上水域较少。不过总的来说，这个实验证实了 Raspberry Pi 上算法的正确性。

然后，我们分析了地图通信，看看每张图片的数据传输量是多少。平均而言，该算法传达了 22.1 条等高线或感兴趣的区域。在最坏的情况下，该算法识别并传达了 78 条轮廓。考虑到目前的通信系统，这比较合理，尽管我们正在探索压缩信息的方法。

3. 总结

最后，我们测试了整个系统。我们使用11.2.4节中描述的DJI Matrice 100系统，控制无人机在校园内的Calaveras河上空飞行。在飞行过程中，无人机拍摄了照片，对每张照片进行了分类。这成功地展示了我们系统的运作。

11.4　离线测深制图

既然我们的系统可以识别水域，我们就把重点放在使用空中机器人来创建测深地图。这涉及确定创建地图的适当算法，以及测量深度的硬件。

对于算法，我们分析了测深图创建的现有工作，将问题分为离线选点和插值。我们首先通过Matlab模拟进行了评估，然后在Raspberry Pi上用Python实现了这一点。通过现场实验，我们确认了无人机上算法的基本功能。Matlab中的初始工作曾在参考文献 [17] 中讨论过。

11.4.1　算法概述

创建一个未知区域的测深图应先确定待测量的点，并在测量后通过在这些点之间进行插值来创建地图。由于我们采用的是离线方法，所以点的选择是在无人机起飞和测量之前进行的。测量结束后，无人机降落并计算出地图。

我们研究了在区域未知时选择点的三种常见方法：1）均匀网格；2）随机；3）随机路径。这些方法提供了在没有事先了解地形的情况下最合理的方法。所有的方法都需要点的数量和区域作为输入。随机路径有一个参数限制了从当前点到下一个点的最大距离。

为了在测量点之间进行插值，我们探索了两种不同的算法：反距离加权（IDW）和样条法。反距离加权检查相邻的数值并对其进行加权，并基于相邻数值之间没有较大不连续的假设创建地图；该算法应定义两个参数：相邻数值的数量和加权函数的步长。样条法使用径向基函数（RBFs）来平滑和创建地图。径向基函数提供了改变实施的关键参数。我们的方法基于多元二次函数（MQF）和多重线性函数（MLF）。

11.4.2　算法模拟

为了分析算法并确定问题的最佳参数，我们在Matlab中实现了所有的算法，并使用随机的地形进行模拟。

我们改变了地形、测量点的数量、反距离加权邻域、反距离加权步长和样条法的径向基函数。我们测量了创建的地图和原始地图之间的均方根误差和最大差异。Basha 等人提供了这些测试的细节 [17]。

在探索了所有这些参数的影响后，我们根据测量点的数量和首选的度量标准确定了最佳的离线方法。对于点的选择，均匀网格在所有情况下都提供了最好的结果。

表 11.2 显示了内插算法的分析结果。样条法整体效果最好，但参数不同。如果点的数量少于 25 个，选择的指标就很重要。为了获得最低的均方根误差，一般采用二次基函数和常数为 2.5 的样条插值；然而，为了减少最大差值，最好采用线性基函数和常数为 1 的样条法。对于大于和等于 25 的点，常数为 5 的二次基函数提供了独立于度量的最佳结果。

表 11.2　最佳情况插值决策表

采样点数	均方根误差	最大差值
小于 25	MQF，2.5	MLF，1
大于等于 25	MQF，5	MQF，5

11.4.3　算法的实施

在模拟成功的基础上，本节开始实施算法。实施该算法需要额外考虑系统的整体流程以及算法与无人机的连接方式。

该系统被设计成由 Raspberry Pi 3（Pi）控制所有行为。Pi 是一个很好的嵌入式系统，可以控制无人机和其他硬件。首先，将 Matlab 翻译成 Python，以便在 Pi 上运行。我们使用 Python 3 和 NumPy 以确保功能相当。为了验证我们 Python 代码产生的输出与 Matlab 代码相同，我们将 Matlab 的地形保存为可读文件，使用这些地形在两个代码库上进行同等测试，并对输出进行比较，以确保结果相同。

当算法正常工作后，系统就会扩展到与无人机的连接。这个系统使用了大疆 Matrice 100 无人机，因为这种无人机为外部自动化提供了软件控制点。大疆公司提供了一个带有应用编程接口（API）的软件开发者工具包，用于控制和与 Matrice 进行通信。

Pi 启动后运行测深点选择算法。然后，系统检测每个点，由 Pi 向无人机发送移动命令；这些点可以提供相对坐标或 GPS 坐标，以实现最大的灵活性。一旦无人机发出信号说它已经到达该点，Pi 就控制测量系统测量该点的深度。实施中的一个细微差别是需要多次飞行来测量所有的点。无人机的飞行时间有限（15 ～ 20min，这取决于风况）。因此，该系统允许记录选定的点给无人机充电，然后重新进入下一组点的程序。一旦所有的点都测量完毕，它就通过插值算法创建地图。

通过现场实验，在没有测量系统的情况下，系统的算法、运动和电池管理被证实是可行的。该系统通过一些选点的途径，正确地移动到区域的起点，然后按顺序移动到每个点。该系统可以在正确的位置停止测量，返回基地，并在正确的位置重新启动。

11.4.4 水深测量系统

随着软件的开发和实施，下一个重点是测量的硬件系统。该系统作为有效载荷附着在无人机上，与无人机一起测量水深。它由两部分组成：直接连接到无人机上的绞盘和连接到绞盘上深度测量的有效载荷。本节将讨论这两部分以及测试情况。

绞盘系统由树莓派、两个用于提升和降低电缆的电机、一个定制设计的电路板和一个电池组成，如图 11.5 所示。选择两个马达是为了提高绞车系统的速度，这样就可以在任何一次飞行中进行更多的测量，而且有效载荷更大。该定制板使用 Teensy LC 微控制器来控制电机，并通过串行方式与传感器有效载荷进行通信。绞车有 150g 有效载荷的限制。在有效载荷为 126g 的情况下，降低有效载荷的平均时间为 4s，提高有效载荷的时间为 6.1s。

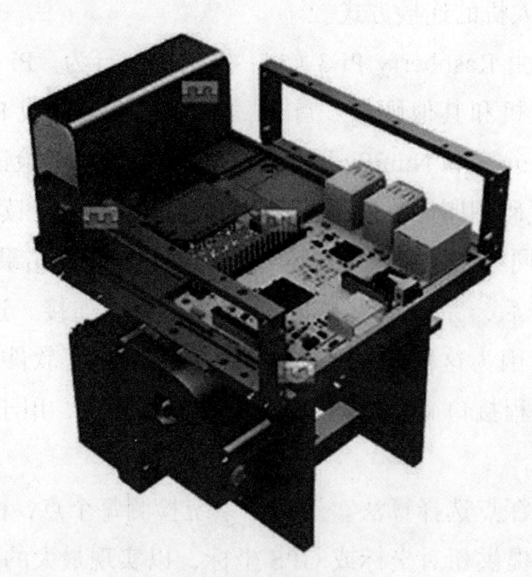

图 11.5 绞盘系统

传感器有效载荷执行深度测量。注意这不同于用于自动标记点的传感器有效载荷。如图 11.6 所示，它由一个 JSN-SR04T 深度传感器、一个 Arduino Pro Micro 微控制器和一个电池组成。JSN-SR04T 是一个防水的传感器，由一对超声波发射器 / 接收器组成；系统通过测量传感器的脉冲长度响应（微秒）来测量深度。当绞盘系统要求时，它将测量深度作为浮动值发送，以捕捉定时测量的细节。

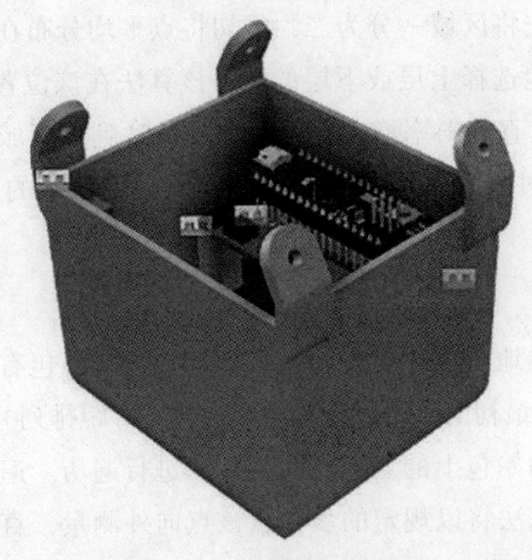

图 11.6　传感器有效载荷

这种超声波深度传感器在受控水池环境和附近的 Calaveras 河中进行了深度为 0.9 ～ 4m 的测试。从测试结果来看，确定该传感器在水中时的最小测试范围为 0.9m。

11.5　在线测深制图

上述离线方法并没有充分利用无人机所提供的适应性。当我们确认可以使用无人机进行水深测绘时，我们就通过探索适应所获信息的在线方法进一步开展工作。为此，我们根据机器人学和覆盖空间的现有问题确定了一些要使用的选点算法。

我们的评估选择标准包括计算复杂性，同时我们进行了模拟，以评估我们方法的准确性和其他问题。对于我们的模拟，我们在现有的软件框架内用 Python 实现了所有的算法，并将点选择算法与我们现有的插值算法相结合。

在这一节中，我们将讨论我们所评估的算法、评估方法以及结果。

11.5.1　选点算法

我们选择了六种不同的算法进行评估：单调链包算法、增量包算法、快速包算法、卷包裹算法、基于坡度的算法和组合（基于斜率和概率）算法。所有的算法都从测量的最大点数和要绘制的区域轮廓开始。每个算法都返回测量的坐标和测量深度的集合。

1. 单调链包算法

单调链包算法首先将区域一分为二，最初将点平均分布在分界线上。然后，它从第一列开始，随机地选择上层或下层的包。该算法在该位置并沿着包的方向（上层或下层）进行测量，直到斜率稳定并停止增加或达到该区域的上界或下界。它在每一个点上继续这个过程，直到包被创建。我们利用所有的测量点来创建我们的地图。

2. 增量包算法

递增包算法首先在地图的中心创建一个初始包。中心包有一个定义的半径，从整个区域的中心开始，最初的一组点在这个中心包上等距排列并被测量。

一旦算法测量了初始包上的点，它就会开始进行遍历。遍历开始时，从初始包中选择任何一个点。算法将以规定的步长从该点向外测量，直到坡度稳定或达到区域的边缘。然后，该算法将选择一个不同的点。

3. 快速包算法

快速包算法首先在地图上进行对角线遍历。在完成最初的遍历后，该算法将随机选择要遍历的地图部分（在对角线的上方或下方）。从那里开始，算法将开始沿着地图的边缘选择点并遍历到该点。有限状态机根据地形和坡度的变化率决定传入点之间的偏移大小，变化有限的区域比变化显著的区域穿越得快。一旦到达选定的点，该算法将重置到起点，选择一个新的点，然后再次穿越。

4. 卷包裹算法

卷包裹算法开始时，使用统一的概率将点随机分散到整个区域。然后，它选择区域左边最远的点并对其进行测量。从这个点开始，算法选择一个在右边和上面最接近它的点（如果存在多个点）。测量后，选择下一个测量点并计算最后两个测量点之间的角度。它继续测量和寻找最大角度的点，直到达到要测量的最大点数。

5. 基于坡度的算法

基于坡度的算法是一种遵循最陡峭坡度方向的选点算法。它试图探索具有更多信息的区域，因为坡度变化较快的区域信息量更大。该算法从一组初始的 8 个测量值开始，从区域的左上方开始，通过一个有序的万向列表（E、S、W、SE、NE、

SW 和 N）随机移动距离。通过所有的测量，计算出各点之间的成对斜率。然后，该算法确定一个随机的旅行距离，并沿着最陡峭的坡度方向移动（只要它仍然在该区域内）。它将更新坡度测量值，并继续沿着最陡峭坡度的任何方向进行测量，直到达到最大测量次数。

虽然如预期的那样容易计算，但这种类型算法的一个问题是：它经常卡在局部最小值。为了缓解这种情况，引入下一个算法。

6. 组合（基于斜率和概率）算法

为了缓解局部最小值的问题，组合算法增加了一个概率项。该算法不是只关注坡度，而是随机选择一个新的方向来跟踪。最初这个随机方向参数被设置为 50%，即赋予基于坡度的方法与随机方法的同等机会。根据一个阈值参数，概率被逐步改变，以增加随机性或增加遵循坡度的方法。阈值参数最初在两种选择之间是平等平衡的，并随着整体坡度的变化而变化。

11.5.2 仿真设置

所有的算法都在 Python 3 中实现和测试。

总的来说，模拟改变了测量点的数量、地形和算法指定的变量。测试使用 25 个点作为测量点的数量，这是因为地形被设置为 25×25 的网格元素。这为系统相对于区域大小所能测量点的数量提供了一个合理的比较。对于地形，创建了几个基线地形：一个提供了平滑的通道，一个提供了恒定的斜面。此外，还创建了两个随机地形。

测试了所有选点算法和插值算法的组合。对于选点算法，只有增量船体有一个参数可以改变，即步长。这个参数被设置为 1、2 或 3。我们还测试了离线方法中的均匀网格选点算法，以了解我们在线方法的表现。

每种插值算法都有参数需要修改。样条法有径向基函数和径向基函数权重（c）。有五个不同的径向基函数，即多元二次函数（MQF）、多元线性函数（MLF）、反多二次函数（IMQF）、自然三次样条函数（NCSF）和薄板样条函数（TPSF）可以测试。通过改变函数权重 c 以覆盖所有的值（0.5、1、2、2.5、5、10、20）。反距离加权算法的指数可以变化。我们的测试使用 1 或 2。相邻点也在 1 ～ 8 的范围内变化。

对于每一个设置组合，测试都要运行 10 次并取平均值。使用与我们离线工作相同的两个指标将生成的地形与初始地形进行比较：均方根误差和最大差异。

11.5.3 结果和分析

在确定在线测深制图的最佳组合之前，我们分析了每种插值算法的结果。

1. 样条法

我们首先分析样条法。在均方根误差方面，使用多元二次函数或多元线性函数基础函数的结果比较好，与我们的离线结果相呼应。对于最大差异，反多二次函数提供了最好的结果。

该算法在 C 值较低（低于 10）的情况下表现较好，而在超过 10 的情况下则呈指数级下降。常数值和均方根误差 / 最大差值之间似乎有一种线性关系，常数值越小，它们就越小。这方面的例外是在常数为 10 时，均方根误差和最大差异都达到最小。

图 11.7 显示了样条法的结果。关于选点算法，网格或卷包裹在均方根误差方面的表现最好。在最大差异方面，卷包裹或基于坡度的方法表现最好。单调链包方法的表现明显差于所有其他算法。

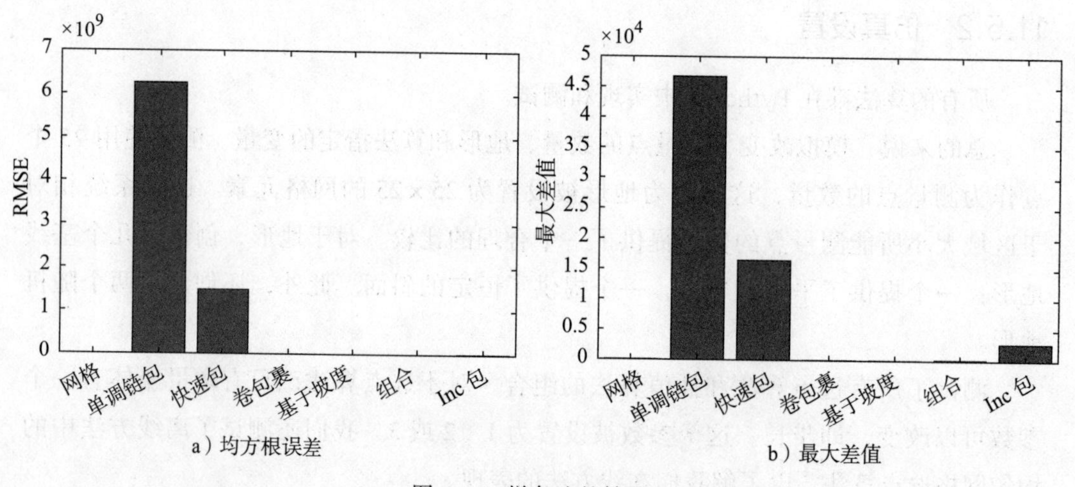

图 11.7 样条法的结果

2. 反距离加权法

我们接下来研究反距离加权插值算法。在参数方面，对于这两种指标，指数为 2，邻域数为 3 ～ 5 的情况下，结果都比较好。

图 11.8 显示了反距离加权法的结果。在所有的设置中，卷包裹算法在两个指标上都表现得最好，其次是增量包。单调链包仍然表现最差，尽管没有达到样条法的程度。

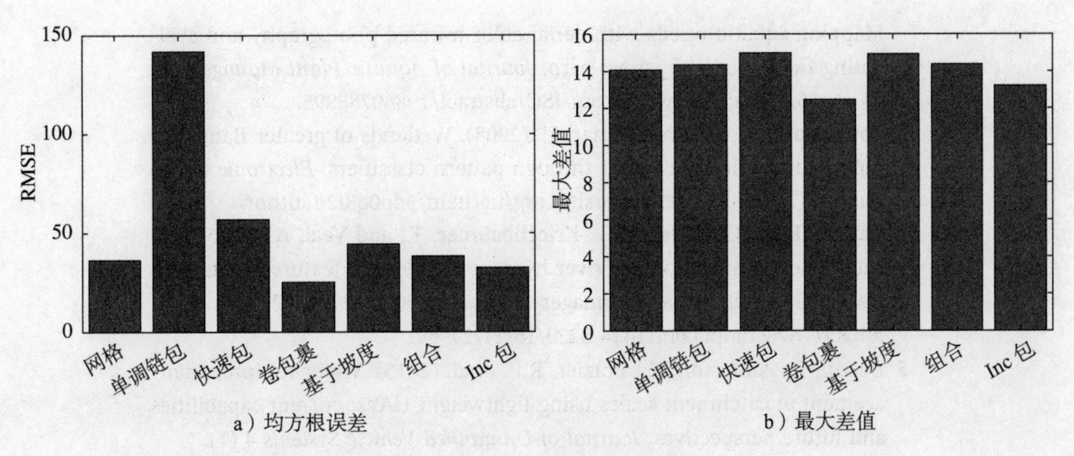

a）均方根误差　　b）最大差值

图 11.8　反距离加权法的结果

3. 总结

纵观所有的算法和设置，最好的选择是卷包裹算法与反距离加权法的结合。

我们在现有的 Python 代码库中实现了这一点。用这些算法和 11.4.4 节中描述的硬件进行现场实验是下一步的工作。

11.6　总结和未来工作

我们设计一套使用无人机进行测深制图的系统。它根据航空图像自动确定感兴趣水域的位置，然后创建该区域的地图。根据时间和处理方式的不同，该地图可以基于均匀网格的离线选点算法，也可以基于卷包裹的在线选点算法，为每一种算法配上最佳插值算法，并且确定所有参数。我们设计了一个定制的绞盘和传感系统附在无人机上，以进行所需的深度测量。

在未来，我们计划全面测试在线算法，并将所有的碎片连接成一个有凝聚力的现场实验。我们还在研究共享分类的计算方法，以便尝试更复杂的神经网络算法。

参考文献

1 Baker, C., Lawrence, R., Montagne, C., and Patten, D. (2006). Mapping wetlands and riparian areas using Landsat ETM+ imagery and decision-tree-based models. *The Society of Wetlands* 26 465, https://link.springer.com/article/10.1672/0277-5212(2006)26[465:MWARAU]2.0.CO;2.

2 Martyn, R.D., Nobel, R.L., Bettoli, P.W., and Maggio, R.C. (1986).

Mapping aquatic weeds with aerial color infrared photography and evaluating their control by grass carp. *Journal of Aquatic Plant Management* 24 46–56, https://www.cabi.org/ISC/abstract/19860788995.
3 Ramachandra, T.V. and Kumar, U. (2008). Wetlands of greater Bangalore, India: automatic delineation through pattern classifiers. *Electronic Green Journal* (26), https://escholarship.org/uc/item/3dp0q8f2#author.
4 Casado, M.R., Gonzalez, R.B., Kriechbaumer, T., and Veal, A. (2015). Automated identification of river hydromorphological features using UAV high resolution aerial imagery. *Sensors* 15 (11): 27969–27989, https://www.mdpi.com/1424-8220/15/11/27969.
5 DeBell, L., Anderson, K., Brazier, R.E. et al. (2015). Water resource management at catchment scales using lightweight UAVs: current capabilities and future perspectives. *Journal of Unmanned Vehicle Systems* 4 (1): 7–30, https://cdnsciencepub.com/doi/10.1139/juvs-2015-0026.
6 Hung, C., Xu, Z., and Sukkarieh, S. (2014). Feature learning based approach for weed classification using high resolution aerial images from a digital camera mounted on a UAV. *Remote Sensing* 6 (12): 12037–12054.
7 Papakonstantinou, A., Topouzelis, K., and Pavlogeorgatos, G. (2016). Coastline zones identification and 3D coastal mapping using UAV spatial data. *Unmanned Aerial Vehicles in Geomatics* 5: 75, https://www.mdpi.com/2220-9964/5/6/75#cite.
8 Xu, A. and Dudek, G. (2010). A vision-based boundary following framework for aerial vehicles. *Proceedings of the IEEE/RSJ International Conference on Intelligent Robots and Systems (IROS).*
9 Lunsaeter, S.F., Iwashita, Y., Stoica, A., and Torresen, J. (2020). Terrain classification from an aerial perspective. *2020 IEEE International Conference on Systems, Man, and Cybernetics (SMC)*, pp. 173–177.
10 Matos-Carvalho, J.P., Moutinho, F., Salvado, A.B. et al. (2019). Static and dynamic algorithms for terrain classification in UAV aerial imagery. *Remote Sensing* 11 (21), https://www.mdpi.com/2072-4292/11/21/2501#cite.
11 Raspberry Pi Organization. (2020). Raspberry pi power requirements. https://www.raspberrypi.org/documentation/hardware/raspberrypi/power/README.md (accessed 13 March 2021).
12 NVIDIA. (2017). NVIDIA Jetson TX2 Delivers Twice the Intelligence to the Edge. https://developer.nvidia.com/blog/jetson-tx2-delivers-twice-intelligence-edge/ (accessed 13 March 2021).
13 Ore, J.-P., Elbaum, S., Burgin, A., and Detweiler, C. (2015). Autonomous aerial water sampling. *Journal of Field Robotics* 32 (8): 1095–1113.
14 Klein, C., Speckman, T., Medeiros, T. et al. (2018). UAV-based automated labeling of training data for online water and land differentiation. In: *Proceedings of the 2018 International Symposium on Experimental*

Robotics, ISER 2018, Buenos Aires, Argentina (5–8 November 2018), *Springer Proceedings in Advanced Robotics*, vol. 11 (ed. J. Xiao, T. Kroger, and O. Khatib), 106–116. Springer.

15 Basha, E., Watts-Willis, T., and Detweiler, C. (2017). Autonomous meta-classifier for surface hardness classification from UAV landings. *2017 IEEE/RSJ International Conference on Intelligent Robots and Systems*, IROS 2017, Vancouver, BC, Canada (24–28 September 2017), IEEE, pp. 3503–3509.

16 Barber, D.B., Redding, J.D., McLain, T.W. et al. (2006). Vision-based target geo-location using a fixed-wing miniature air vehicle. *Journal of Intelligent and Robotic Systems* 47 (4): 361–382.

17 Basha, E., Morales, C., Thalken, S. et al. (2020). Automated bathymetric mapping using unmanned aerial vehicles for wetlands monitoring. *2020 International Congress on Environmental Modelling and Software*, iEMSs 2020, Brussels, Belgium (14–18 September 2020).

第 12 章 | Chapter 12

未来卫星网络的需求、安全威胁与相关问题

12.1 引言

5G 网络为自动驾驶汽车、远程医疗、物联网和智能城市等不同应用场景提供了无限潜力，使我们的生活更轻松、安全和健康，它能以毫秒级的延迟提供 10 Gbit/s 的速度。使未连接网络的 39 亿人连接入网有望在 6G 网络中实现 [1]。为了用蜂窝网络连接偏远地区，卫星网络似乎是最可行的解决方案。基本上，卫星网络是对地面网络的补充，以提供对偏远农村地区的覆盖 [2]。然而，在卫星网络中，缺乏对许多应用案例（高吞吐量和低延迟）的支持，而这些用例是地面网络所固有的。

由于上述原因，近几十年来，卫星网络获得了很多关注。事实上，相关文献已为未来的蜂窝网络（如 6G 及以后）提出了一个综合卫星及地面网络（ISTN）方案，以实现覆盖更多的用例和全球覆盖 [3]。这种整合将为传统蜂窝网络无法到达或因灾害而受损（部分或全部）的地区提供更高的数据速率覆盖。

除了提供全球互联网覆盖，未来的卫星网络可实现星际通信，这不仅是探索太阳系的需要，也是连接深空卫星和地球的需要。在这方面，未来的卫星网络将是高度动态的，范围从地球上的地面站（GS）到星际网络，包括深空探测任务的卫星。我们把这种完整的卫星网络生态系统称为卫星网络及深空网络（ISDSN）[4]。

这样一个动态环境不仅在网络、卫星间链路（ISL）、路由和物理层通信范式方面提出了不同的挑战，而且在这些网络的安全方面也提出了挑战。地面网络所面临的所有安全挑战也适用于卫星网络及深空网络。请注意，在深空环境中，通信链路的窃听变得非常困难。然而，由于纳米和皮米卫星（如迷你卫星）的引入，这

种可能性不能被忽视。由于其低部署成本和小型化推进器的发展，迷你卫星和超小型卫星被认为有可能彻底改变深空工业[5]。然而，由于其廉价的开发成本，恶意的实体可能为了非法的目的（如窃听或数据篡改等）在太空中发射卫星。在设计和配置卫星网络及深空网络的过程中，有必要将安全作为一个重要的方面纳入所有层级。

为了解决卫星网络及深空网络所面临的安全挑战，物理层安全可以是一个潜在的解决方案[6]。物理层范式应从射频（RF）、自由空间光通信（FSO）[7-10] 和 / 或毫米波（mmWave）[11] 中选择。由于自由空间光学通信具有高度定向的光束特性，因此很难对通信链路进行窃听[12]。

在这项工作中，我们将卫星网络及深空网络分为不同的层级，突出了通信和网络范式。此外，我们还讨论了每个层级的安全要求、挑战和威胁。

12.2　卫星网络及深空网络

基于通信，未来的卫星网络可以分为三个层级。每个层级在通信环境、通信协议、通信节点的类型及其成熟度（即网络目前是否正在运行）方面都有所不同。

12.2.1　一级卫星网络

一级卫星网络包括卫星与地面站的链路。这是传统的卫星网络，已经运行了几十年。一级卫星网络（见图 12.1）的传统用途之一是作为光纤回程链路的备份，用于长距离通信[13]。此外，一级卫星网络还用来向没有蜂窝或有线网络的偏远地区提供通信覆盖。一级卫星网络主要用于城市场景、农村场景和偏远场景[14]。

城市用例包括但不限于为一些场景提供回程服务，如媒体广播、5G 基站、商业 IP，以及各种物联网设备。同样，农村用例包括向没有传统蜂窝网络的地区提供通信覆盖。一级卫星网络可以用来扩展农村地区的蜂窝网络覆盖。远程用例包括为在偏远地区作业的深海船舶、飞机、救灾车辆以及在极端偏远地区工作的人员提供通信覆盖，如在沙漠深处的石油和天然气勘探队伍。

对于上述大多数场景，一级卫星网络的通信协议和安全机制已有成熟的设计。一级卫星网络的 RF 主要用于通信。自由空间光学[15] 和毫米波[16]，也逐渐用于一级卫星网络。此外，近期出现的使用卫星网络为物联网提供连接的趋势[17] 给整个行业带来了严重的安全挑战。这些安全挑战将在 12.3 节中讨论。

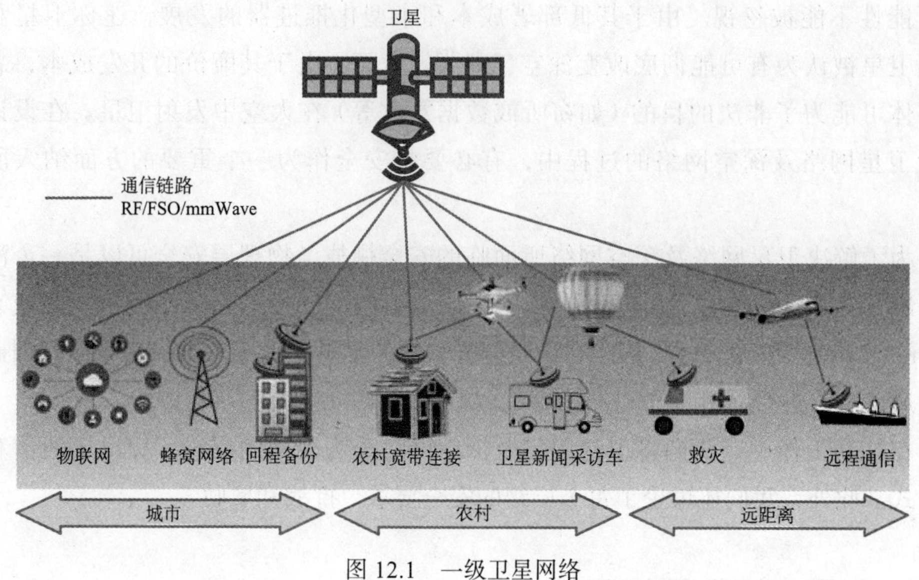

图 12.1　一级卫星网络

12.2.2　二级卫星网络

二级卫星网络包括低地球轨道（LEO）、中地球轨道（MEO）和地球同步赤道轨道（GEO）中各种卫星之间的链路。图 12.2 展示了二级卫星网络。二级卫星网络的潜在应用案例包括使用多个卫星星座提供全球互联网覆盖。迄今为止，在不同的轨道（LEO、MEO、GEO）上存在多个卫星星座，其中一个星座的所有卫星通过通信链路连接。

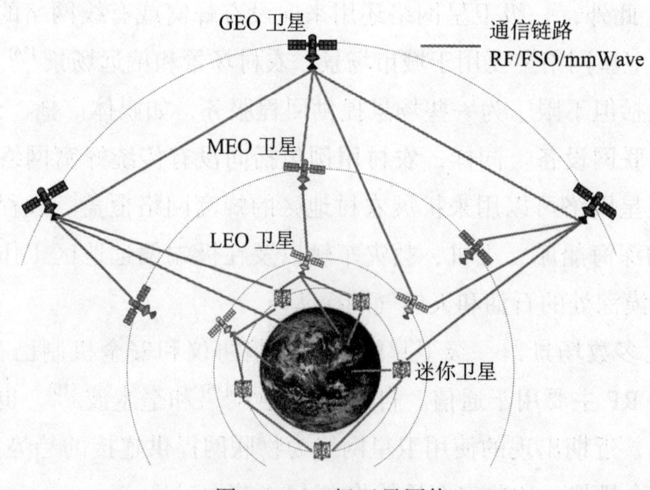

图 12.2　二级卫星网络

值得注意的是，大多数发送到太空的现代星座都具有使用自由空间光学或射频建立星际链路的能力。例如，空中客车公司的 Telesat LEO[18] 是由 117 ～ 512 颗卫星组成的低地球轨道星座，能够建立卫星间的光链路。同样，SpaceX2 的 Starlink LEO 卫星星座也提供光学星际链路。

大多数星座应用它们专有的卫星间链路协议。例如，太空中的铱卫星利用射频作为通信手段，并利用摩托罗拉专有类似 ATM 的交换作为卫星间链路协议 [19]。此外，Telesat 提供至少 16 个波束的波束控制和重构，并具有 IP 路由能力 [20]。

12.2.3　三级卫星网络

三级卫星网络包括地球同步轨道以外的通信链路，具体包括地球（或二级卫星网络）与月球、行星和深空卫星任务的通信。图 12.3 给出了三级卫星网络。星际通信和互联网服务的概念是在最近几十年出现的 [21]。尽管在三级卫星网络有许多通信频谱可供选择（如射频、自由空间光通信或毫米波），但由于频谱的充分可用性，自由空间光通信可能会成为更好的选择 [22, 23]。这一点从美国国家航空航天局（NASA）的首个空间激光通信系统演示 [24] 中可以明显看出，该演示利用激光作为传输技术在月球和地球之间建立链路，最大传输速率可达 622 Mbit/s。这一演示为未来星际通信的空间光中继网络奠定了基础。

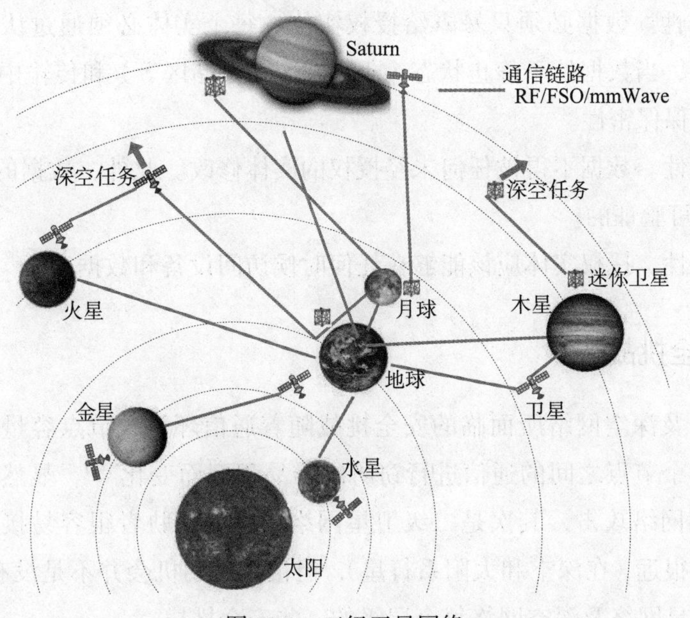

图 12.3　三级卫星网络

就路由和网络协议而言，这种通信节点之间距离如此之远的网络可以通过延迟容忍网络（DTN）的概念来处理[25]。延迟容忍网络可解决典型路由协议无法解决的问题。例如，存储和转发技术中的数据基本上存储在每一跳并递增地向前移动[26]。

除了星际互联网，深空探测卫星与地球通信也是三级卫星网络的重要组成部分。这些卫星可作为连接地球和其他行星的中继站。

12.3 卫星网络及深空网络的安全要求、挑战和威胁

卫星网络及深空网络的总体安全要求在所有层级都保持不变。然而，根据卫星/节点的能力、物理通信范式（RF/FSO/mmWave）以及它们在卫星网络及深空网络中的位置，潜在的安全威胁在卫星网络的每个层级都会发生变化。例如，三级卫星网络的通信模式与一级卫星网络和二级卫星网络不同，其中通信节点之间的平均距离非常大，它们与地球的距离也是如此。在三级卫星网络这个层次上，要窃听任何星际通信都变得非常困难。然而，在星际网络成为地球互联网一部分的情况下，被地球上节点破坏的概率也是不容忽视的。

在下文中，我们首先列举了卫星网络及深空网络的一般安全要求，并讨论一些安全威胁和挑战。

（1）保密性。数据必须只暴露给授权实体。每个实体必须通过认证机制来证明其身份。此外，当数据处于静止状态（即缓冲区、存储区等）和传输中时，所有网络节点都必须确保保密性。

（2）完整性。数据不得被任何未经授权的实体修改。此外，数据的来源（即数据出处）必须是可验证的。

（3）可用性。授权实体应该能够在任何时候访问设备和数据。

12.3.1 安全挑战

卫星网络及深空网络所面临的安全挑战随着通信环境、节点容量、节点之间的距离以及对两个节点之间的通信进行窃听的难易程度而变化[27]。显然，一级卫星网络更容易受到网络攻击，其次是二级卫星网络，因为威胁者很容易接触到。三级卫星网络离地球很远（在深空和太阳系行星），但被攻击的机会并不是没有。在下文中，我们将讨论卫星网络及深空网络每个层级的一些安全挑战。

1. 密钥管理

卫星网络及深空网络中的密钥管理仍然是一个公开的研究挑战，特别是在二级和三级卫星网络。一级卫星网络已经运行了几十年，参考文献 [28, 29] 对密钥管理问题进行了深入讨论。例如，参考文献 [29] 阐述了卫星多播网络中密钥管理的动态性。然而，由于某些问题，如较长的传播延迟、卫星节点在空间的极快移动和频繁的交接，二级和三级卫星网络的密钥管理变得更加复杂。在这种高度动态的情况下，选择合适的基于密码学的密钥管理技术变得非常关键。密钥管理已经成为几乎每一层通信的重要组成部分。对于地理上的大区域来说，拥有一个在线的密钥管理中心，使公钥和对称密钥在卫星网络或深空网络中得到有效的管理变得很困难。

在参考文献 [30] 中，密钥管理技术一般分为集中式、分布式、基于拓扑结构和预配置。所有这些在卫星网络及深空网络的二级和三级框架中都可能有一些优势和劣势。例如，如果考虑到一个节点加入或离开的情况，集中式密钥管理似乎是最可行的选择，这使得更新共享密钥更加容易。然而，在卫星网络及深空网络环境中，由于网络节点的地理分布极其广泛，要有一个中央管理机构是非常困难的。此外，由于卫星网络及深空网络节点加入 / 离开的频率可能相当高，所以必须设计一个密钥管理协议，以考虑到这种网络的动态性。

在卫星环境中更高的误码率（BER）可能是由于自由空间光学链路的视线不良或射频的干扰节点数量较多而引起的。较高的误码率、较高的通信负荷和较高的时间延迟限制了对有效密钥管理协议的选择。在这样的环境中，密钥管理必须主要集中在减少回合的复杂性和提高密钥更新的效率，特别是在有新加入 / 离开的情况下。

2. 安全路由

参考文献 [31] 广泛研究了一级卫星网络的路由协议。然而，相关文献对卫星间链路的路由和二级、三级卫星网络中路由的研究最少。鉴于卫星间链路和深空节点之间的距离，要通过安全的路由协议来获得所有节点之间的连接变得相当有挑战性。许多迷你卫星可以在低地轨道和深空任务中发射，这使得情况变得更加复杂。为了将这些卫星纳入卫星网络生态系统，二级和三级卫星网络需要有效的路由协议。

由于二级和三级卫星网络的高度动态环境，路由协议必须考虑以下几个方面，这也直接或间接地影响到卫星网络的安全。首先，必须考虑节点的流动性。路由协议必须与网络的动态相适应，确保在交接期间有一个可接受的阻塞概率。其次，为了最大限度地减少链路延迟，必须优化路由路径，减少跳数。再次，如果可能有不同的路线，该协议必须在不同的卫星之间平衡负载。最后，该协议必须采用稳健且安全机制来对抗各种攻击。

大多数参考文献只关注一级卫星网络路由。参考文献 [32] 中提供了此类协议的调查。从参考文献 [32] 中可以看出，在卫星环境中有关安全路由协议的文献并不详尽。此外，参考文献中很少研究二级和三级卫星网络路由，更不用说这些协议的安全问题了。

除了上述的安全挑战，卫星网络及深空网络中的其他一些挑战是关于卫星安全协议的可扩展性和卫星实体认证机制的。

12.3.2 安全威胁

1. 拒绝服务攻击

卫星网络中的拒绝服务（DoS）攻击是指通过阻塞或其他任何手段阻止与网络节点通信，从而损害合法用户网络的可用性。与任何地面网络类似，卫星网络也很容易受到拒绝服务和广泛的分布式拒绝服务（DDoS）攻击。尽管相关文献讨论了一级卫星网络的拒绝服务攻击，但相关文献很少讨论二级和三级卫星网络的拒绝服务和分布式拒绝服务攻击。参考文献 [33, 34] 只关注一级卫星网络，事实上，用于缓解拒绝服务和分布式拒绝服务攻击的技术 [35] 可以扩展到二级和三级卫星网络。

2. 数据篡改

卫星网络及深空网络中的数据篡改是指修改、操纵和 / 或编辑敏感信息，从而破坏网络的完整性。由于一级卫星网络的广播性质，窃听者更容易窃听卫星通信并有可能对其进行修改。然而，二级和三级卫星网络是很难破坏的，但是也并非完全不可能。对手很有可能发射一颗卫星，如迷你卫星，恶意窃听二级和三级卫星网络，并有可能篡改通信。

对于密钥管理、数据篡改等安全问题，一个解决方案是利用卫星的物理层安全 [36]，特别是对于通过自由空间光通信连接的情况 [37]。自由空间光通信本身是一种比射频更安全的技术。与射频不同，基于自由空间光通信的通信主要通过收敛的波束进行 [38]，窃听者很难窃听到任何信息。

另一个新出现的确保长距离通信系统安全的解决方案是量子密钥分发（QKD），该技术使用涉及量子力学成分的加密协议在两个通信方之间分享信息 [39]。研究人员已经提出了基于卫星的量子密钥分发系统来建立安全的洲际链路 [40]。

12.4　总结

本章将未来的卫星网络分为三个层次。我们认为这种网络将是未来蜂窝网络（例如 6G 及以上）的重要组成部分，其中低地球轨道的卫星将在提供全球覆盖方面发挥关键作用。同时，卫星间链路和深空网络将把整个太阳系连接在一起，地球将成为互联网的核心。我们强调了每个层级的通信和网络范式。最后，我们讨论了这种动态网络的安全要求、研究挑战和安全威胁。

参考文献

1 Yaacoub, E. and Alouini, M. (2020). A key 6G challenge and opportunity-connecting the base of the pyramid: a survey on rural connectivity. *Proceedings of the IEEE* 108 (4): 533–582.

2 Yang, L. and Hasna, M.O. (2015). Performance analysis of amplify-and-forward hybrid satellite-terrestrial networks with cochannel interference. *IEEE Transactions on Communications* 63 (12): 5052–5061.

3 Huang, X., Zhang, J.A., Liu, R.P. et al. (2019). Airplane-aided integrated networking for 6G wireless: will it work? *IEEE Vehicular Technology Magazine* 14 (3): 84–91.

4 Saeed, N., Elzanaty, A., Almorad, H. et al. (2020). Cubesat communications: recent advances and future challenges. *To appear in IEEE Communications Surveys Tutorials* 22 (3): 1839–1862.

5 Levchenko, I., Keidar, M., Cantrell, J. et al. (2018). Explore space using swarms of tiny satellites.

6 Illi, E., Bouanani, F.E., Ayoub, F., and Alouini, M.-S. (2020). A PHY layer security analysis of a hybrid high throughput satellite with an optical feeder link. https://arxiv.org/abs/2003.12358.

7 Ai, Y., Mathur, A., Cheffena, M. et al. (2019). Physical layer security of hybrid satellite-FSO cooperative systems. *IEEE Photonics Journal* 11 (1): 1–14.

8 Yang, L., Gao, X., and Alouini, M. (2014). Performance analysis of free-space optical communication systems with multiuser diversity over atmospheric turbulence channels. *IEEE Photonics Journal* 6 (2): 1–17.

9 Ansari, I.S., Yilmaz, F., and Alouini, M. (2013). On the sum of squared η-μ random variates with application to the performance of wireless communication systems. *2013 IEEE 77th Vehicular Technology Conference (VTC Spring)*, pp. 1–6.

10 Ansari, I.S., Abdallah, M.M., Alouini, M., and Qaraqe, K.A. (2014). A performance study of two hop transmission in mixed underlay RF and FSO fading channels. *2014 IEEE Wireless Communications and*

Networking Conference (WCNC), pp. 388–393.

11 Vuppala, S., Tolossa, Y.J., Kaddoum, G., and Abreu, G. (2018). On the physical layer security analysis of hybrid millimeter wave networks. *IEEE Transactions on Communications* 66 (3): 1139–1152.

12 Lei, H., Dai, Z., Ansari, I.S. et al. (2017). On secrecy performance of mixed RF-FSO systems. *IEEE Photonics Journal* 9 (4): 1–14.

13 Chan, V.W. (2003). Optical satellite networks. *Journal of Lightwave Technology* 21 (11): 2811.

14 ESOA 5G White Paper (2018). Satellite communications services: an integral part of the 5G ecosystem. https://www.esoa.net/cms-data/positions/5G%20infographic%20final_1.pdf (accessed 13 March 2021).

15 Pattanayak, D.R., Dwivedi, V.K., Karwal, V. et al. (2020). On the physical layer security of a decode and forward based mixed FSO/RF co-operative system. *IEEE Wireless Communications Letters* 9 (7): 1031–1035, https://doi.org/10.1109/LWC.2020.2979442.

16 Guidolin, F., Nekovee, M., Badia, L., and Zorzi, M. (2015). A study on the coexistence of fixed satellite service and cellular networks in a mmWave scenario. *2015 IEEE International Conference on Communications (ICC)*, pp. 2444–2449.

17 De Sanctis, M., Cianca, E., Araniti, G. et al. (2016). Satellite communications supporting internet of remote things. *IEEE Internet of Things Journal* 3 (1): 113–123.

18 Henry, C. (2018). Telesat says ideal LEO constellation is 292 satellites, but could be 512. https://spacenews.com/telesat-says-ideal-leo-constellation-is-292-satellites-but-could-be-512/ (accessed 13 March 2020).

19 Kusza, K.L. and Paluszek, M.A. (2000). Intersatellite Links: Lower Layer Protocols for Autonomous Constellations. Princeton Satellite Systems NJ, Tech. Rep. ADA451768.

20 del Portillo, I., Cameron, B.G., and Crawley, E.F. (2019). A technical comparison of three low earth orbit satellite constellation systems to provide global broadband. *Acta Astronautica* 159: 123–135.

21 Burleigh, S., Hooke, A., Torgerson, L. et al. (2003). Delay-tolerant networking: an approach to interplanetary Internet. *IEEE Communications Magazine* 41 (6): 128–136.

22 Yang, L., Gao, X., and Alouini, M. (2014). Performance analysis of relay-assisted all-optical FSO networks over strong atmospheric turbulence channels with pointing errors. *Journal of Lightwave Technology* 32 (23): 4613–4620.

23 Yang, L., Hasna, M.O., and Ansari, I.S. (2017). Unified performance analysis for multiuser mixed η - μ and $\mathcal{M}$ - distribution dual-hop RF/FSO systems. *IEEE Transactions on Communications* 65 (8): 3601–3613.

24 Boroson, D.M., Robinson, B.S., Murphy, D.V. et al. (2014). Overview and results of the lunar laser communication demonstration. *Free-Space Laser Communication and Atmospheric Propagation XXVI*, vol. 8971, International Society for Optics and Photonics, p. 89710S.

25 Jain, S., Fall, K., and Patra, R. (2004). Routing in a delay tolerant network. *SIGCOMM Computer Communication Review* 34 (4): 145–158. https://doi.org/10.1145/1030194.1015484.

26 Cruz-Sánchez, H., Franck, L., and Beylot, A.-L. (2010). Routing metrics for store and forward satellite constellations. *IET Communications* 4 (13): 1563–1572.

27 Jianwei, L., Weiran, L., Qianhong, W. et al. (2016). Survey on key security technologies for space information networks. *Journal of Communications and Information Networks* 1 (1): 72–85.

28 Arslan, M.G. and Alagoz, F. (2006). Security issues and performance study of key management techniques over satellite links. *2006 11th International Workshop on Computer-Aided Modeling, Analysis and Design of Communication Links and Networks*, pp. 122–128.

29 Howarth, M.P., Iyengar, S., Sun, Z., and Cruickshank, H. (2004). Dynamics of key management in secure satellite multicast. *IEEE Journal on Selected Areas in Communications* 22 (2): 308–319.

30 Barker, E., Smid, M., Branstad, D., and Chokhani, S. (2013). A framework for designing cryptographic key management systems. *NIST Special Publication* 800 (130): 1–112.

31 Qi, X., Ma, J., Wu, D. et al. (2016). A survey of routing techniques for satellite networks. *Journal of Communications and Information Networks* 1 (4): 66–85.

32 Alagoz, F., Korcak, O., and Jamalipour, A. (2007). Exploring the routing strategies in next-generation satellite networks. *IEEE Wireless Communications* 14 (3): 79–88.

33 Usman, M., Qaraqe, M., Asghar, M.R., and Ansari, I.S. (2020). Mitigating distributed denial of service attacks in satellite networks. *Transactions on Emerging Telecommunications Technologies* 31 (6): e3936. https://onlinelibrary.wiley.com/doi/abs/10.1002/ett.3936.

34 Onen, M. and Molva, R. (2004). Denial of service prevention in satellite networks. *2004 IEEE International Conference on Communications (IEEE Cat. No. 04CH37577)*, Volume 7, IEEE, pp. 4387–4391.

35 Zargar, S.T., Joshi, J., and Tipper, D. (2013). A survey of defense mechanisms against distributed denial of service (DDoS) flooding attacks. *IEEE Communications Surveys & Tutorials* 15 (4): 2046–2069.

36 Yang, L., Hasna, M.O., and Ansari, I.S. (2018). Physical layer security for TAS/MRC systems with and without co-channel interference over η-μ fading channels. *IEEE Transactions on Vehicular Technology* 67 (12): 12421–12426.

37 Lei, H., Luo, H., Park, K. et al. (2020). On secure mixed RF-FSO systems with TAS and imperfect CSI. *IEEE Transactions on Communications* 68

(7): 4461–4475.

38 Yang, L., Hasna, M.O., and Gao, X. (2015). Performance of mixed RF/FSO with variable gain over generalized atmospheric turbulence channels. *IEEE Journal on Selected Areas in Communications* 33 (9): 1913–1924.

39 Oi, D.K., Ling, A., Vallone, G. et al. (2017). Cubesat quantum communications mission. *EPJ Quantum Technology* 4 (1): 6.

40 Bacsardi, L. (2013). On the way to quantum-based satellite communication. *IEEE Communications Magazine* 51 (8): 50–55.

未来研究热点

由无人机支持的空中无线网络可以提供经济高效且可靠的无线通信，可用来支持未来网络中的用例。空中无线网络受到一些现实的限制，例如有限的电池电量、安全问题和严格的飞行区域。本书前述章节涉及空中网络的传播通道、自组织无人机及其一些用例，包括灾难恢复、农业、水下监控和智能锁定监控。下面我们简要讨论一些热门研究课题。

1. 太赫兹通信

传统无线通信系统中使用的低于 3 GHz 频谱带不足以满足新兴移动应用的高数据速率要求。太赫兹通信限于在短距离内提供超宽带，是下一代通信系统中满足高数据速率要求的有前途的候选方案。因此，无人机和无人驾驶飞机在太赫兹网络中的性能值得关注。由于预计路径损耗会严重下降，因此需要分析空中太赫兹网络的覆盖概率、区域频谱效率和视线概率模型。此外，还应研究无人机密度对覆盖范围和区域频谱效率的影响。

2. 三维多输入多输出空中网络

无人机网络可以被视为空中天线，可用于毫米波通信、大规模多输入多输出（MIMO）和三维多输入多输出等技术。三维多输入多输出空中网络可以产生更高的系统容量并支持更多的用户，因此非常适合于航空网络。三维多输入多输出在空中无线网络上的应用不仅需要在频谱效率方面进行研究，还需要在能量效率方面进行研究。三维多输入多输出空中网络的频谱效率和能量效率之间的权衡是未来的研究热点。这种研究可以扩展到三维多输入多输出毫米波和太赫兹空中网络。此外，无人机的高度和视线（LoS）信道条件（在无人机和地面用户之间）对仰角和方位角平面 / 域中实现有效波束的影响也值得在未来的研究中关注。

3. 支持缓存的空中网络

小型基站的缓存已经被确立为一种用于减少延迟和提高用户吞吐量的技术。然而，由于切换和需要在多个基站中缓存内容，这种静态缓存方法在具有移动性的密集网络中具有显著的局限性。支持缓存的空中网络可以提高服务质量和体验质量，其中流行内容可以动态缓存在无人机上，同时该网络还可以跟踪用户的移动模式。通过主动定位支持缓存的无人机来交付 UE 服务，可以进一步提高收益。

4. 支持区块链的空中无线网络

无人机和无人驾驶飞机可以用来携带传感器和软件，它们可以到达一个指定的区域，来获取所需的数据。在这种使用情况下，防止恶意实体更改空中网络通信中传输的数据非常重要。空中网络中的当前系统具有各种各样的漏洞，并且可以被入侵。区块链使用一致性算法、分布式存储和密码学的组合来创建去中心化的可信平台。当前区块链网络在用于空中网络时的安全性限制和挑战值得在未来的研究中关注。